DK 儿童太空
百科全书

中国大百科全书出版社

Original Title: Space: a children's encyclopedia
Copyright © Dorling Kindersley Limited, London, 2010, 2020
A Penguin Random House Company

北京市版权登记号：图字 01-2022-1723
审图号：GS 京（2022）0042 号
*本书插图系原文插图

图书在版编目（CIP）数据

DK儿童太空百科全书 / 英国DK公司编著 ; 班永鑫等
译. -- 2版. -- 北京：中国大百科全书出版社，2022.7
ISBN 978-7-5202-1146-8

Ⅰ. ①D… Ⅱ. ①英… ②班… Ⅲ. ①空间探索-儿童
读物 Ⅳ. ①V11-49

中国版本图书馆CIP数据核字（2022）第090941号

译　　者：班永鑫　曹亚军
　　　　　　陈彩连　刘慧莲
　　　　　　任丽文　王　佳
　　　　　　杨　帆

策 划 人：杨　振
责任编辑：应世澄
封面设计：邹流昊

DK儿童太空百科全书
中国大百科全书出版社出版发行
（北京阜成门北大街17号　邮编　100037）
http://www.ecph.com.cn
新华书店经销
北京华联印刷有限公司印制
开本：889毫米×1194毫米　1/16　印张：16
2022年7月第2版　2022年8月第2次印刷
ISBN 978-7-5202-1146-8
定价：198.00元

For the curious
www.dk.com

混合产品
源自负责任的
森林资源的纸张
FSC® C018179

目录

前言

 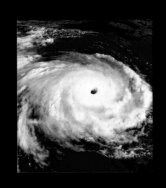 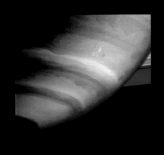  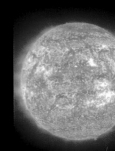

迄今为止，曾经离开地球进入太空的航天员有 500 余人。现在通过阅读这本太空百科全书，你也可以体验那种穿越空间和时间，享受奇幻太空旅行的感受。

翻开这本配以精美插图的百科全书，你将会了解到火箭和望远镜是如何工作的，以及航天员在太空工作和生活的状况。这本书还能帮你揭开太空边缘的神秘面纱。你将会从我们这颗蓝色的小星球飞往其他神秘的星球，那里可能有有毒的大气、隐秘的海洋和巨大的火山。接着，你还会深入银河去探寻缤纷的星云、行星和散布在宇宙中的星系。这本太空百科全书囊括了

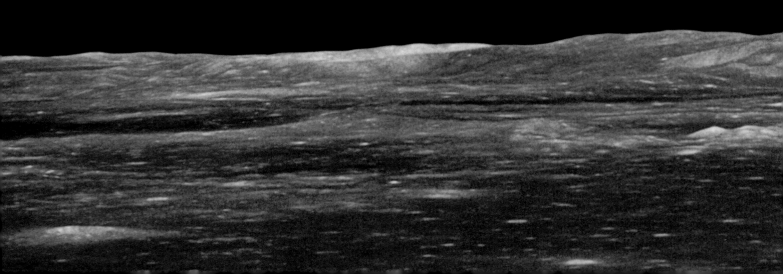

▲ **基本条目**主要集中讨论一些特定的话题（ ◉ 72 ～ 73 页），这里有知识栏、记录关键阶段的大事年表及图片资料。

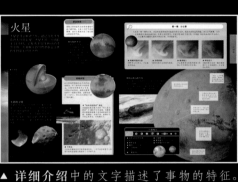

▲ **详细介绍**中的文字描述了事物的特征。例如，介绍了太阳系的结构、形成过程及每颗行星的特点（ ◉ 128 ～ 129 页）。

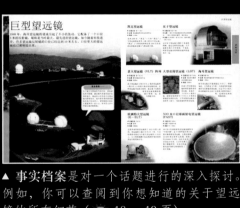

▲ **事实档案**是对一个话题进行的深入探讨。例如，你可以查阅到你想知道的关于望远镜的所有细节（ ◉ 18 ～ 19 页）。

▲ **图片延伸**主要针对每一章的焦点话题，例如恒星爆发（ ◉ 216 ～ 217 页）。

探索宇宙

我们生活在浩瀚宇宙中一颗微小的星球上，探索地球之外的事物是我们生活中最大的挑战之一。这一切要从人类开始凝视天空说起。

太空是什么？

我们所生活的这颗蓝色的小星球被称为"地球"。它的表面覆盖着岩石和液态水，外面还包裹着一层"空气毯子"，也就是我们所说的大气层。大气层以外就是太空。太空又称外层空间或宇宙空间，是一片广阔无限、寂静和空旷的区域。

探索宇宙

◀ **太空** 即使在远离恒星和行星的太空中，也散布着微粒和尘埃。

太空边缘

地球的大气层和太空之间并没有明显的界线，在你从地面飞向高空的过程中，大气逐渐稀薄。大多数科学家认为，太空的起点位于距离地球表面 100 千米处。在这个高度之上，还有一层非常稀薄的大气，我们称之为外逸层。外逸层是大气层的最外层，由于这里远离地面，地球引力对此处的约束力非常弱，以致氢气和其他质量轻的气体从这里缓慢地逸入太空。

比黑暗更幽深

行星可以反射恒星的光线，因此像地球这样的行星从太空中看上去亮闪闪的。而恒星能够发光则是因为它们内部的核聚变释放出了大量的能量。从这幅图上可以看到，在空旷的太空中，我们的地球被无尽的黑暗所包围。太空中的大部分区域看起来一片漆黑，这是因为宇宙非常广阔，人类用肉眼几乎看不见来自遥远天体的光线。

◀ **外逸层** 又称外大气层，是大气层的最外层，一直延伸到地面以上大约 10000 千米处。

太空……

10000 千米

100 千米

◀ **大气层** 保护着地球表面，使其免受有害辐射，并能隔绝一部分来自太阳的热量。在夜晚，大气层则会阻挡热量离开地球。

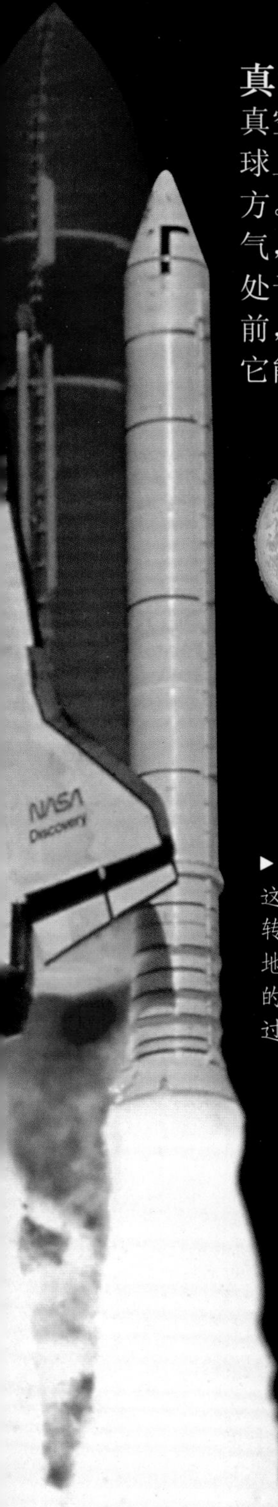

真空

真空是指空间内没有任何空气或气体存在。在地球上，空气能将热量从一个地方传送到另一个地方。在太空中，由于几乎没有能够传送热量的空气，航天器被阳光照射到的那一面温度很高，而处于黑暗中的另一面温度则极低。航天器在发射前，需要在热真空试验设备中接受测试，以确保它能够适应太空中的极端温度环境。

影像定格

在太空中，保持稳定速度的物体会处于失重状态。失重会使航天器中的物体飘浮起来，还可以使航天员徒手就能够举起巨大的卫星。当航天器减速或加速时，这种失重状态就会消失。

太阳

高热

▶ 金属转轮
这种缓慢旋转的转轮，可以有效地防止航天器上的各个部件温度过高或过低。

极寒

▲ 脱离地球引力
像美国航天飞机这样的航天器需要燃烧助推火箭中的所有燃料，才能脱离地球引力，进入太空。

离开地球

在地球引力的作用下，物体会向地球坠落，因此想要离开地球进入太空非常困难。如果想克服地球引力进入轨道，火箭的速度需要达到约 28000 千米／时，这需要通过燃烧大量的燃料来提供动力。如果想去往月球或其他行星，航天器需要达到更高的速度，即约40000 千米／时，也就是地球的逃逸速度（第二宇宙速度）。

太空中的地球

地球是我们的家园，对于人类来说，地球非常大。乘飞机环绕地球一圈大约需要一整天的时间，乘船则需要花费几周的时间。然而，在浩瀚的宇宙中，地球只是一个微小的圆点。如果有外星人存在，并经过我们的星系，外星人很可能根本不会注意到这颗微小的星球。

地球和月球

月球是距离地球最近的天体，也是地球唯一的天然卫星。月球比地球小很多，它的直径是地球直径的 1/4，50 个月球才能填满一个地球。月球看上去似乎离我们很近，实际上它距离我们有约 384000 千米。一艘载人航天器需要花费大约 3 天的时间才能从地球飞抵月球。

太阳系

地球是众多环绕太阳运行的天体之一。太阳系家族包括太阳、8 颗行星、许多矮行星、数百颗卫星、数百万颗彗星和小行星，以及大量的气体和尘埃。这些物质合在一起构成了太阳系。在太阳系的 8 颗行星当中，4 颗距离太阳较近、个头较小的行星由岩石构成，而另外 4 颗距离太阳较远、个头较大的行星则主要由气体、液体和冰构成。太阳系很大，"旅行者"号探测器用了 12 年的时间才从地球飞抵最外侧的太阳系行星——海王星。

本星系群

在本星系群中，已知有超过 50 个星系，其中银河系是最大的星系之一。这些星系大多是球状星团和疏散星团，比银河系小很多。最靠近银河系的两个星系分别是大麦哲伦云和小麦哲伦云，它们距离地球约 20 万光年。在地球的南半球，用肉眼就可以看见这两个星系。本星系群中最大的星系当属仙女星系。它是一个巨大的旋涡星系，看上去与银河系十分相像，位于距离地球 250 万光年的仙女座中。

宇宙

宇宙是万物的总称，包括空间、时间和其中存在的各种形态的物质和能量。宇宙中有数百万个星系团，事实上，无论你身处地球上的哪个角落，当你拿起望远镜向天空看去，都能看到天空中布满了星系。科学家们推测，宇宙中存在着 10^{23} 颗恒星，这个数量比地球上所有海滩的沙粒总和还要多。

银河系

银河系是一个巨大的旋涡星系，太阳系就位于银河系当中。银河系中大约有 2000 亿颗恒星，我们的太阳只是其中之一。太阳距离银河系中心约 2.6 万光年。银河系非常巨大，它的直径超过 10 万光年。一艘航天器以光速（约 300000 千米 / 秒）飞行，也至少要花费 10 万年才能从银河系的一端飞到另一端。在我们所处的这部分银河系中，恒星之间的距离非常遥远。距离我们的太阳最近的恒星也在 4 光年以外。

▶▶ 知识速览 ▶▶

■ 一架普通喷气式客机需要飞行超过 100 万年才能抵达太阳系外距离地球最近的恒星。

■ 1 光年是指光在真空中 1 年所走的距离，约为 94605 亿千米。

■ 宇宙到底有多大？没有人知道答案，因为我们无法看到它的边缘——如果有的话。我们目前所能观测到的宇宙，其直径至少有 930 亿光年。

■ 宇宙没有中心。

星星之圈

这幅延时曝光的照片是于一个夏季的夜晚，在加拿大不列颠哥伦比亚省拍摄的。照片上呈圆环状的光圈是在北极地区能看到的星星的轨迹。其实这些星星并没有移动，这些轨迹的出现是因为地球绕轴自转时，照相机也在

古人的观点

地球和我们周围的万物相比，似乎非常大。在古代，人们认为地球是宇宙中最大、最重要的地方，其他所有天体都是围绕着地球旋转的。一直到 17 世纪初，随着望远镜的出现，这种观点才开始逐渐转变。

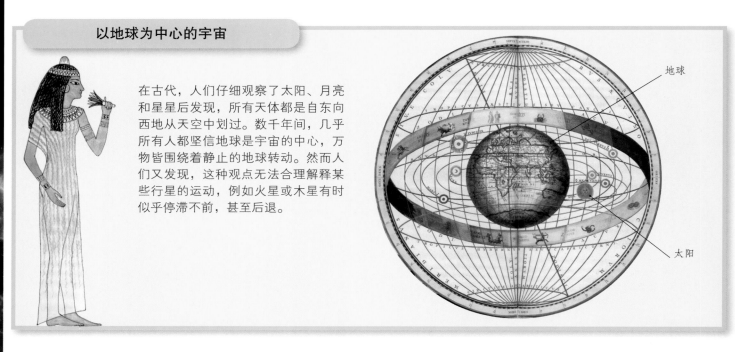

以地球为中心的宇宙

在古代，人们仔细观察了太阳、月亮和星星后发现，所有天体都是自东向西地从天空中划过。数千年间，几乎所有人都坚信地球是宇宙的中心，万物皆围绕着静止的地球转动。然而人们又发现，这种观点无法合理解释某些行星的运动，例如火星或木星有时似乎停滞不前，甚至后退。

地球

太阳

地球是平的还是圆的？

如果站在海边向海平线望去，你会觉得地球似乎是平坦的。事实上，在很长一段时间里，人们认为地球就是平的，而且如果你走到地球的尽头，就会掉落下去。然而后来人们逐渐意识到地球是圆的，就像一个巨大的球。大自然为此提供了一些线索：

- 月食发生时，地球在月球上投射的阴影是弯曲的，而不是直的。
- 当水手驾驶船只向着正南或正北方向航行时，他会看到星星从海平线升起或落下。如果地球是平的，那么他看到的都应该是相同的星星。
- 如果地球是平的，那么向远处行驶的船只看起来应该越来越小。事实上，船身会首先从视野中消失，之后船帆也会消失在人们的视野里。

▼ **嘿，陆地！** 当船逐渐靠近岛屿时，水手会首先看到山顶。之后当船到达弧面顶端时，地势较低的陆地才会进入水手的视野。

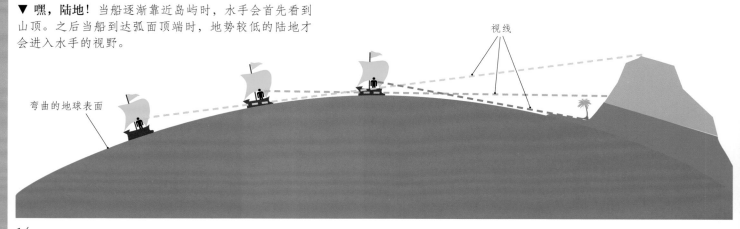

视线

弯曲的地球表面

轨道

古希腊人认为，圆是最完美的形状，因此所有行星沿着圆形轨道运行的观点似乎是合乎逻辑的。遗憾的是，测量结果表明，这一观点并不符合天体在太空中的运行规律。另一种观点是在大的圆形轨道周围存在若干小的圆形轨道，但这也说不通。这个谜团直到 1609 年才被德国天文学家、数学家约翰内斯·开普勒揭开。他意识到，行星实际上是沿着椭圆轨道运行的。

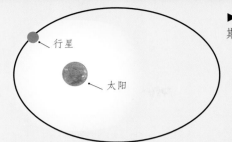

行星

太阳

► 约翰内斯·开普勒

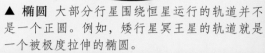

▲ **椭圆** 大部分行星围绕恒星运行的轨道并不是一个正圆。例如，矮行星冥王星的轨道就是一个被极度拉伸的椭圆。

了不起的明星！

波兰天文学家尼古拉·哥白尼（1473 ~ 1543）是第一个提出宇宙的中心是太阳，而不是地球的人。他的观点在当时极其不受欢迎。

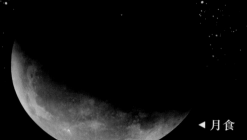

◄ 月食

► **他预见了未来** 依巴古发明了一种利用数学计算来预测日食和月食的方法。

令人震惊的天文学家

尼西亚的依巴古（前 190 ～前 120）是古希腊最伟大的天文学家之一。他有许多重大发现，包括地球绕倾斜轴自转，从而产生了季节变换。他还通过对比日偏食和日全食的图像，计算出了地球与月球之间的距离。他还发现月球沿椭圆轨道环绕地球运行，且速度并不恒定。此外，他还按照亮度为肉眼能看到的星星排序。另一位古希腊天文学家托勒密于公元 2 世纪将这些星星编入 48 个星座。

日历

许多古文明都制造过用来研究太阳和星星等天体位置的工具。古代人利用太阳的移动来计算时间，并建造了反映日历的纪念碑和神殿。中美洲的托尔特克人建造了库库尔坎金字塔，这座金字塔共有 365 级台阶，代表一年中的 365 天。

▲ **库库尔坎金字塔** 这座金字塔是为了纪念羽蛇神库库尔坎而建造的。当太阳处于特定的位置时，就会在金字塔下方投射出一个蛇形的阴影。

望远镜

望远镜是用来观察远距离物体的仪器。我们通过望远镜得知了许多有关太空的信息。理论上光学望远镜可以捕捉到宇宙最深处的光线，不过受到反射镜和透镜大小的限制。

► 叶凯士天文台由商界大亨查尔斯·叶凯士出资建成。叶凯士最早是通过建造芝加哥的交通系统起家的。

折射望远镜

第一架天文望远镜是一架折射望远镜，它的主要工作原理是利用透镜来聚焦光线。世界上最大的折射望远镜位于美国威斯康星州的叶凯士天文台。建成于 1897 年的叶凯士天文台，被用于观测恒星并追踪它们的运行轨迹。

▼ 叶凯士望远镜
1897 年建成的叶凯士望远镜，拥有一个口径达 1 米，重量达 5.5 吨的透镜。这个重量相当于一头成年非洲象的体重。

折射望远镜

折射望远镜使用一块玻璃的凸透镜（镜片中央向外弯曲）为物镜，来收集和聚集入射光线。使用一块凹透镜（镜片中央向内弯曲）为目镜，来放大图像。由于透镜本身很重，当透镜体积太大时，就会向下坠，从而造成图像失真。这个问题限制了折射望远镜的规模和功能。

反射望远镜

反射望远镜是物镜为反射镜的光学望远镜。凹面镜将光线聚集到一块较小的反射镜上，光线又从这块镜子传递到目镜上，由此放大了图像。同等放大倍率的反射镜比透镜更轻，因此反射望远镜比折射望远镜的功能更强。

更大的望远镜

尽管反射望远镜可以比折射望远镜更大，但是当反射望远镜的口径超过 8 米时也会出现问题。天文学家通过将若干小反射镜组装在一起，形成一个大反射镜的方法来解决这个问题。每一块镜子都受计算机控制，镜片位置的调整幅度甚至可以小于一根头发丝的直径。

反射镜

不是所有的望远镜都使用玻璃镜片，有的也会用液态金属代替。浅槽内高速旋转的汞或银，形成了薄薄的反射面。这种液体反射镜的不足之处在于，它不能转动来追踪物体，一旦镜面倾斜，液态金属就会洒出来！

看一看：早期的望远镜

1608 年，荷兰的眼镜制造商汉斯·利伯希制造出了第一架望远镜。这种望远镜由一对安装在圆筒内的玻璃透镜组成，属于最简易的折射望远镜。意大利天文学家伽利莱·伽利略从利伯希的发明中得到启发，开始着手制作具有更大放大倍率的望远镜。

▲ **汉斯·利伯希**发明了望远镜，据说他是因为看到两个小男孩玩透镜而得到了启发。

▶ **伽利略的图纸**
1610 年，伽利略利用他发明的一种更强大的望远镜来研究月球表面、金星和木星的卫星，并记录观测结果。

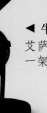

◀ **牛顿望远镜**
艾萨克·牛顿于 1668 年制作了第一架工作用反射望远镜。

巨型望远镜

1948 年，海耳望远镜的建成引起了不小的轰动。它配备了一个口径 5 米的反射镜，堪称是当时最大、最先进的望远镜。如今随着科技进步，许多望远镜反射镜的口径已经达到 10 米左右。口径更大的望远镜也已被制造出来。

更多信息……

为了减少云层和大气的干扰，获取更优质的图像，望远镜大多被安放在高海拔地区。偏远的山区也是安放望远镜的理想场所，因为那里受周围城镇的光线干扰非常少。冒纳凯阿山是位于夏威夷的一座火山，那里是众多大型望远镜的聚集地。

凯克望远镜

- **主镜口径** 每个 10m
- **位置** 美国夏威夷州的冒纳凯阿山
- **海拔** 4145m

直到 2009 年，"凯克" 1 号和 "凯克" 2 号望远镜都是世界上最大的光学望远镜。"凯克" 2 号利用每秒钟改变 2000 次形状的反射镜来克服大气扰动的干扰。

双子望远镜

- **主镜口径** 每个 8m
- **位置** 一架位于美国夏威夷州的冒纳凯阿山，一架位于智利的塞罗 – 帕拉纳山
- **海拔** 北半球的一架 4213m，南半球的一架 2722m

这对双子望远镜分别位于赤道的两侧。通过这两架望远镜，几乎能够看到天空中的每一个角落。两架望远镜由特殊的高速网络连接在一起。

甚大望远镜（VLT）阵列

- **主镜口径** 每个 8.2m
- **位置** 智利的帕拉纳尔山
- **海拔** 2635m

甚大望远镜由 4 架口径 8.2 米的望远镜和 4 架口径 1.8 米的可移动望远镜组成。这些望远镜可以联合使用，通过地下光缆将每架望远镜观测的数据汇聚到一起，进行图像分析。

大型双筒望远镜（LBT）

- **主镜口径** 每个 8.4m
- **位置** 美国亚利桑那州的格雷厄姆山
- **海拔** 3260m

组成大型双筒望远镜的两架紧挨着的望远镜，各装有一个口径 8.4 米的主镜，能够收集到相当于口径 11.8 米的反射镜收集到的光线。大型双筒望远镜是目前世界上最大、功能最强的单体望远镜。

海耳望远镜

- **主镜口径** 5m
- **位置** 美国加利福尼亚州的帕洛马山
- **海拔** 1700m

海耳望远镜已经建成超过 70 年了，即便如此，它仍然是当今第二大的使用单块玻璃作为反射镜的望远镜。比这个尺寸更大的反射镜往往会由于自身重力的作用而下坠，造成接收到的图像扭曲。

欧洲特大望远镜（E - ELT）

- **主镜口径** 39.3m
- **位置** 智利
- **海拔** 3060m

这架革命性的望远镜将于 2025 年投入使用。望远镜的主镜口径为 39.3 米，可以收集的光线是当今最大望远镜的 15 倍以上。它主要的观测目标是找到环绕其他恒星运行的类地行星。

500 米口径球面射电望远镜 (FAST)

- **主镜口径** 500m
- **位置** 中国贵州省
- **海拔** 约 1100m

500 米口径球面射电望远镜也被称为 "中国天眼"，是当今世界最大单口径、最灵敏的射电望远镜。它的反射面由 4450 块反射单元组成，面积约 250000 平方米。2020 年正式启动运行以来，它已经发现了数百颗脉冲星，并且在快速射电暴等研究领域取得了重大突破。

观察光线

宇宙中传播速度最快的是光，它以 300000 千米／秒的速度传播。这意味着光从纽约到伦敦只需要 1/200 秒的时间，比眨一下眼睛的时间还要短。光既具有粒子的特性，又具有波的特性。

现在你能看到它了
光看上去是白色的，然而当它照射到一块棱镜（有特殊形状的玻璃）上时，就会分裂成彩色的光带。由于是肉眼可见的，我们把这些颜色（波长）的光构成的光谱称为可见光谱。

▲ **白光**是可见光谱中所有波长的光的混合体。

▲ 当白光光束照射到棱镜表面时，会发生折射弯曲。各色光的波长不同，其弯曲的程度也不同，从而把光束分成光谱色带。

电磁波

不同波长的光承载的能量不同。波长即从一个波峰到下一个波峰之间的距离。波的能量越高，其波峰之间的距离越短。电磁波的完整排列被称为电磁波谱。

γ 射线	X 射线	紫外线

 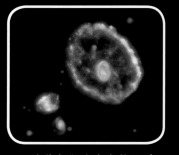 

▲ γ 射线的波长最短，能量最高。当宇宙射线碰撞到普通物质、类星体或超大质量黑洞时，γ 射线令释放出来。

▲ 科学家们认为车轮星系边缘明亮的白色区域是中子星和黑洞发射出来的强烈 X 射线所致。

▲ 这幅 NGC 300 星系图像中的蓝色区域是恒星的形成区域。新形成的恒星散发出大量的紫外线。

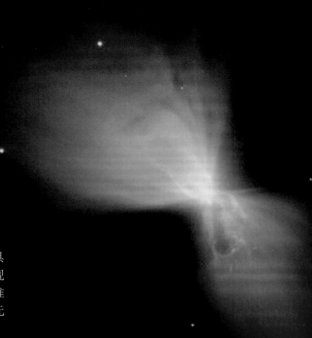

▶ 我们可以利用光来测量物质的成分和温度。这种方法让我们得知，旋镖星云是宇宙中已知最寒冷的天体，其温度约 -272℃。

光谱学

这是一种利用颜色来测定恒星的组成及温度的技术。每种化学元素都会产生自己的光谱。当光穿过一种名叫衍射光栅的特殊工具时，我们就能看见光谱。通过观察光谱的图案，科学家们能够推断出存在哪些元素，以及每种元素的含量。

利用光谱

尽管我们看不到所有波长的光，但是我们可以探测到它们，并利用它们来发现那些通常不可见的事物。每种物质都会释放出某种能量，这意味着它们可以被对电磁波非常敏感的望远镜捕捉到。

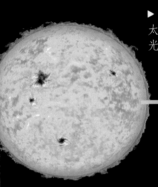

▶ 与所有恒星一样，太阳拥有其独特的光谱波纹。

吸收光谱

发射光谱

吸收光谱显示，有一些光在到达我们的眼睛或观测仪器前就被吸收了。

发射光谱显示了特定原子或化合物发出的光的图案。

原子吸收或散发特定波长的辐射会形成光线。

波长

我们看到的有颜色的部分就是可见光谱。

可见光

▲ 太阳的可见光只是其所散发出的能量中很小的一部分。我们的眼睛看不到其他波长的光，但是我们能够感受到红外线带来的热量。

红外线

▲ 天文学家利用红外线技术，能够透过尘埃观测银河系。这种技术帮助天文学家发现了 3 颗新形成的"婴儿恒星"。

微波
（无线电波的一个波段）

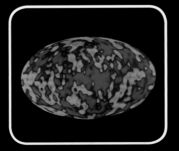

▲ 利用微波，我们探测到了宇宙大爆炸的余热。它只比绝对零度高 2.7K。绝对零度是物质理论上所能达到的最低温度。

无线电波

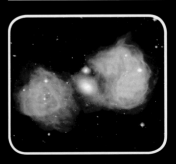

▲ 无线电波的波长最长。天炉座 A 星系中心的巨大黑洞是一个强大的无线电波源，即图中的橙色区域。

红外天文学

我们对彩虹的颜色很熟悉，它们分别是红、橙、黄、绿、蓝、靛、紫。这些颜色是可见光谱的一部分。在可见光谱的红端之外是红外线，红外线具有热效应。尽管我们用肉眼看不到红外线，但是使用特殊的望远镜可以探测到它，这种望远镜能够探测到隐藏在尘埃云后面的区域。

土星的热点

土星的红外图像显示土星上存在着一个"热点"，这是第一个被发现的温暖的极冠。这里是土星上温度最高的区域，温度甚至比土星的赤道地区还要高。一场巨大的风暴横跨数千千米，不断地在土星的南极地区肆虐。

◀土星的红外图像 浅色区域显示的是土星上最温暖的地方。

遥远的星系

M81 是位于大熊座北部的一个旋涡星系，也叫作波德星系，距离地球大约 1200 万光年。通过双筒望远镜或小型望远镜就可以很容易地看到 M81。由于其中包含着大量被炽热的巨大新生恒星加热的尘埃，在红外望远镜下其旋臂清晰可见。

斯皮策空间望远镜

来自太空的红外线几乎完全被地球大气层吸收了，因此红外望远镜大多被安置在高山、飞机或人造卫星上。美国国家航空航天局的斯皮策空间望远镜是最强大的红外望远镜之一。它花费 18 小时，拍摄 1.1 万次，最终合成了下面这幅仙女星系的图像。

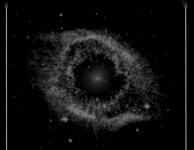

▲ 天空中的眼睛

这幅螺旋星云的红外图像显示了一颗垂死的恒星和它周围明亮的尘埃云，看起来就像是太空中的一只巨大的眼睛。

了不起的明星！

威廉·赫歇耳（1738 ~ 1822）是英国天文学家和音乐家，他生于德国，1757 年移居英格兰。他利用棱镜分解了太阳光，还利用温度计探测热量，证实了在可见光谱之外还存在着不可见的光。这种不可见的光后来被称为"红外线"。

▲ 这是我们通常在可见光下看到的仙女星系，它的红外图像（大图）显示了仙女星系旋臂的细节。其非常不规则的结构，暗示了仙女星系可能曾受到过两个伴星系的碰撞。

看一看：猎户座

当抬头仰望猎户座时，你可以辨认出它的轮廓，此外还能看到位于猎户座腰带下方的亮斑。这块星云是孕育恒星的摇篮，很多新恒星在这里诞生。如果你的眼睛对红外线敏感，那么当仰望猎户座时，你会看到那些炽热的年轻恒星周围的巨大尘埃云和亮斑。恒星自身温度过高，因此在红外线下看不到。

▲ 可见光

猎户座中的恒星。

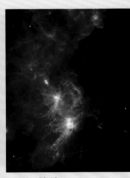

▲ 红外线

围绕着猎户座的明亮的尘埃云。

来自星星的信息

1931 年，美国工程师卡尔·央斯基利用自制天线接收到了来自太空的无线电波，开创了此方面研究的先河。今天，科学家们利用无线电波来研究太空中的各种物体，甚至试图利用它来联络外星生命。

射电天文学

射电天文学是研究太空中能够产生无线电波物体的学科。无线电波类似光波，但无线电波的波长大于可见光。不可见的无线电波能够被射电望远镜探测到，并转化为可见的图像。

从 1 ～ 10 的数字，表明我们是如何计数的。

代表地球生命中的重要化学物质的符号。

地球生命的蓝图——脱氧核糖核酸（DNA）分子。

人类的外形，以及 1974 年时地球上的人口。

地球在太阳系中的位置。

代表阿雷西博射电望远镜的符号。

阿雷西博射电望远镜

阿雷西博射电望远镜是世界上最大的单镜面射电远镜之一，位于加勒比海的波多黎各。其口径为305 米，天线置于山坡的凹陷处。无线电接收器悬挂在其上方 137 米处，看起来就像是一只巨大的钢铁蜘蛛。尽管阿雷西博的天线不能移动，但是它位于赤道附近，因此能够观测到天空中很大一片区域。

电影明星
阿雷西博射电望远镜在讲述人类首次与外星生物接触的科幻电影《超时空接触》，以及詹姆斯·邦德系列电影《007之黄金眼》中起了重要作用。

▲ 那里有生命吗？
1974 年，阿雷西博射电望远镜向太空传送了这些编码信息。到目前为止，我们还没有收到任何回复。

探索宇宙

望远镜网络

多天线微波连接干涉仪网（MERLIN）

- **尺寸** 各种不同尺寸
- **位置** 英国多个地区

多天线微波连接干涉仪网的操作中心位于焦德雷尔班克射电天文台，它是一个贯穿整个英国的由 7 个抛物面天线组成的望远镜网，其中包括口径 76.2 米的洛弗尔望远镜。其所有部分组合在一起，相当于一架口径 217 千米的望远镜。它的功能非常强大，可以探测到 100 千米以外的一枚硬币。

甚长基线干涉阵（VLBA）

- **尺寸** 25m
- **位置** 美国本土、夏威夷州和西印度群岛

美国甚长基线干涉阵是由 10 个射电望远镜天线组成的系统。其观测效果相当于口径 8000 千米的单个望远镜。它能够探测极微小的细节，相当于能站在纽约阅读远在洛杉矶的一张报纸。

在这幅无线电图像中，木星被一条辐射带环绕着。

抛物面天线将信号反射给副反射器。

副反射器将信号集中到接收器中。

木星呼叫地球……

1955 年，人类从木星上第一次探测到了来自遥远行星的无线电信号。从那以后，人们发现所有巨大的气态行星都在发射无线电波。同样，无线电信号也能够用来探测固态行星和小行星。

甚大天线阵

甚大天线阵是世界上最重要的射电天文观测站之一，位于美国的新墨西哥州。它由 27 个抛物面天线组成，呈 Y 字形排列，Y 字的每个臂长约 21 千米。将每个天线的无线电信号合成在一起后，整个列阵相当于一个 36 千米的巨型天线。

直径 25 米的天线能够沿轨道移动，变换位置。

不可见光

紫外线、X 射线和 γ 射线都是极热物体发出的电磁辐射，它们属于不可见光。太空中的大部分不可见光都被地球的大气层吸收了，因此观测它们的最佳方式是通过在高空飞行的气球、火箭或航天器上的望远镜进行观测。

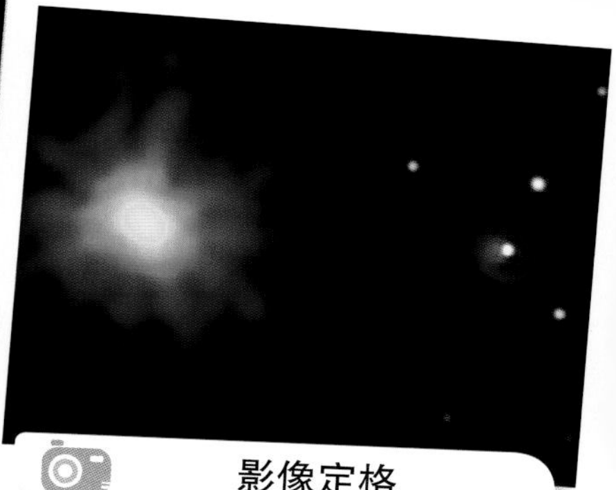

📷 影像定格

有些 γ 射线暴会发出令人难以置信的亮光，我们用肉眼就可以看到。2008 年 3 月发生于牧夫座的一次 γ 射线暴就是如此。尽管发生该事件的天体距离地球有 75 亿光年，但是亮光却异常清晰。

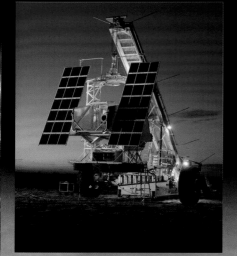

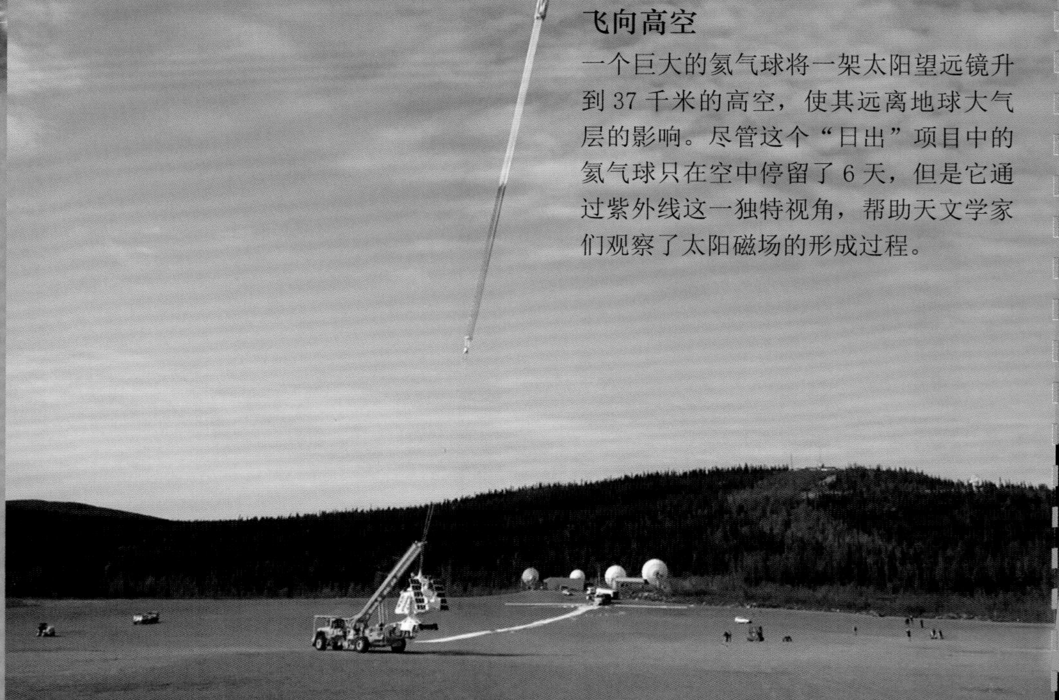

◀ 这种**气球**是用薄塑料制成的，宽 110 米，足以容纳两架波音 767 飞机。

▲ 这架**望远镜**通过气球上升到了北极圈的上空。夏季的北极圈太阳从不落下，因此科学家们可以全天监测太阳。

γ 射线暴

γ 射线是能量最高的
γ 射线暴可能是由恒
或中子星碰撞所引发

飞向高空

一个巨大的氢气球将一架太阳望远镜升到 37 千米的高空，使其远离地球大气层的影响。尽管这个"日出"项目中的氢气球只在空中停留了 6 天，但是它通过紫外线这一独特视角，帮助天文学家们观察了太阳磁场的形成过程。

γ射线

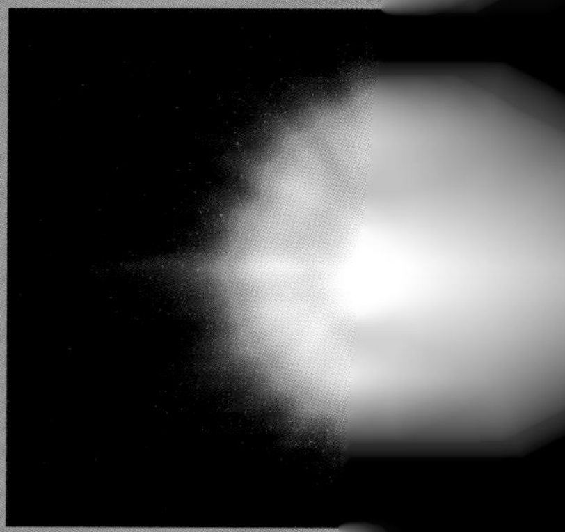

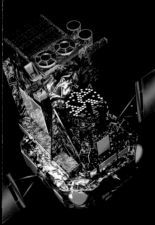

国际 γ 射线天体物理实验室 (INTEGRAL)

国际 γ 射线天体物理实验室配备了能够同时利用 X 射线、γ 射线和可见光探测物体的高灵敏探测器。2002 年升空以来，它每 3 天绕地球一圈，探测 γ 射线暴、超新星爆发和黑洞。

▶ 国际 γ 射线天体物理实验室**利用地球**作为屏障阻挡了来自遥远黑洞的辐射，由此发现了来自我们银河系的，或强或弱的 γ 射线和 X 射线信号，这可能是中子星和黑洞发出的信号。

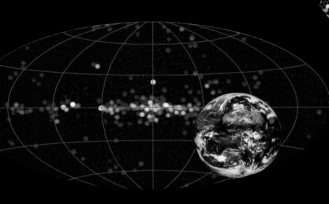

太阳动力学天文台（SDO）

太阳动力学天文台利用不同波长的光，尤其是紫外线来研究太阳。科学家们利用天文台连续观测收集到的数据来研究太阳活动对地球生命的影响。

月球的 X 射线

科学家们惊奇地发现，像月球这种冰冷的天体也会发出微弱的 X 射线。下面是月球同一区域的可见光图像和 X 射线图像的对比。当太阳发出的 X 射线到达月球表面时，会激发月球岩石中的原子，产生 X 射线。

可见光图像   X 射线图像

太阳

通过光学望远镜，我们能够看到太阳上散布的暗黑色太阳黑子。当通过紫外望远镜观察这些太阳黑子时，你就会看到正在爆发的炽热的太阳耀斑。

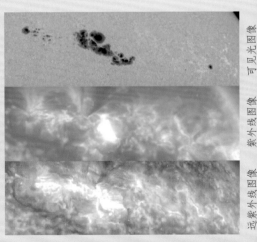

可见光图像

紫外线图像

远紫外线图像

X射线

紫外线

可见光

哈勃空间望远镜

哈勃空间望远镜（HST）是最著名的空间望远镜。1990年4月被"发现"号航天飞机送入近地轨道以来，哈勃空间望远镜已经传回了大量的科学数据和太空图像。

📷 了不起的明星！

埃德温·哈勃（1889 ~ 1953）是第一个证明了在银河系以外还存在着其他星系的人。他认为在宇宙膨胀过程中，这些星系也在彼此远离。

哈勃空间望远镜的每个部件几乎都被更换过。一旦完成修复和升级，它就会被重新送入轨道。

维修任务

哈勃空间望远镜是唯一可以在太空中维修的望远镜。执行维修任务时，航天飞机绕着望远镜飞行，用机械臂握住望远镜并将其送入航天飞机的货舱中，以便航天员完成维修和更换零件等工作。

模糊的太空

哈勃空间望远镜发射升空后传回的第一幅图像就遭遇了巨大的挫折，图像模糊不清。最终查明是望远镜的一个反射镜因操作失误而被过度抛光了，镜面边缘过于扁平，只有一根头发直径的1/50那么薄。3年后，航天员们为其添加了透镜来调整焦距，问题最终得到解决。

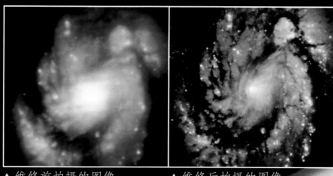

▲ 维修前拍摄的图像　　▲ 维修后拍摄的图像

宇宙之眼

哈勃空间望远镜拍摄到了月球、冥王星及太阳系中几乎所有行星的图像（水星距离太阳太近，因此无法被拍摄到）。它还传回了恒星死亡和新生时令人惊叹的尘埃云图像，以及数千幅星系图像。右图是蝴蝶星云的图像，展示了一颗濒临死亡的恒星所喷射出的气体和尘埃，它是由 2009 年安装在望远镜上的当时最新、最先进的照相机拍摄的。

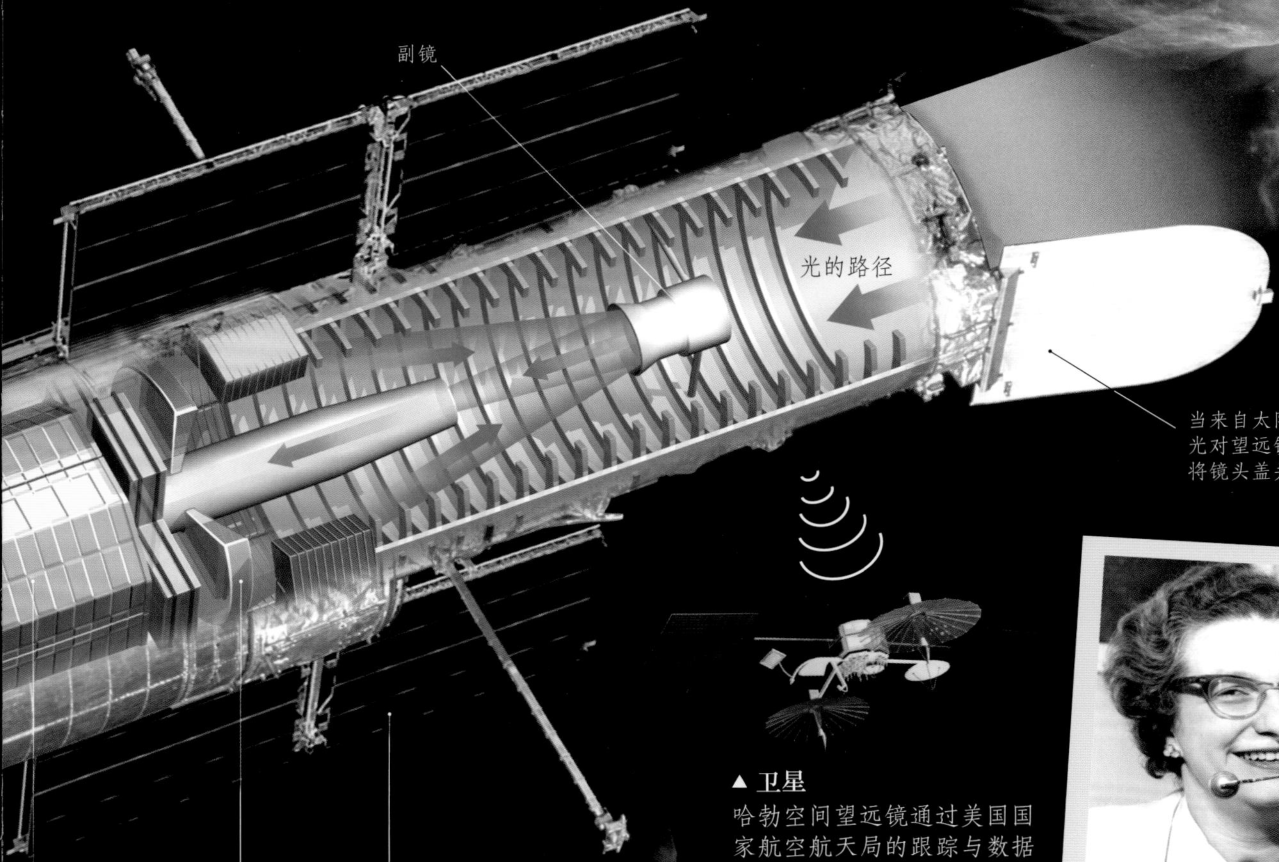

副镜

光的路径

当来自太阳、地球或月球的光对望远镜产生危害时，需将镜头盖关闭。

主镜：利用矫正"镜片"来解决由于反射镜形状而引发的问题。

设备舱

太阳能电池阵：将收集到的能量存储在 6 个太阳能电池阵中。当望远镜飞行到地球阴影区域时，电池阵将为其提供能量。

▲ 卫星
哈勃空间望远镜通过美国国家航空航天局的跟踪与数据中继卫星系统（TDRSS）与地面取得联系。

📷 了不起的明星！

南希·格雷丝·罗曼（1925 ~ 2018）为哈勃空间望远镜的早期开发做出重要贡献，并因此被美国国家航空航天局誉为"哈勃之母"。

哈勃空间望远镜档案

- **长度** 13.2 米
- **口径** 4.2 米
- **重量** 11110 千克
- **发射日期** 1990 年 4 月 24 日
- **发射成本** 15 亿美元
- **轨道距地球** 569 千米
- **速度** 28000 千米 / 时

▲ 跟踪与数据中继卫星系统的信号通过美国新墨西哥州的白沙地面终端接收。

▲ 地面控制 哈勃空间望远镜的控制中心位于美国马里兰州的戈达德航天中心。

女巫和巨星

生活在月亮上的人都是虚构的，例如嫦娥。但太空中真有一位"女巫"。女巫头星云位于波江座，与地球保持着 900 光年的安全距离。"她"拥有鹰钩鼻和尖下巴，在明亮的蓝超巨星——参宿七（从这幅图中无法看到）的反射光映衬下，散发出蓝色的光芒。

▲ **注视着你的眼睛** 在红外图像中，旋涡星系 NGC 1097 的中心看上去就像一只眼睛。一个小的伴星系紧紧地靠在它的左边。

▲ **星光** Pismis 24 是一个疏散星团，它所包含的 3 颗大质量恒星是目前观测到的最大的恒星。恒星在炽热的星云（本页右下图）中形成。

▲ **奇异的景象** 蚂蚁星云的主体部分实际上是一颗濒临死亡的恒星以 1000 千米／秒的速度喷射出的两团炽热的气体。

▲ **吹泡器** 年轻的恒星 HH 46/47 喷射出两团温暖的气体。喷流撞击恒星周围的尘埃和气体，形成巨大的气泡。

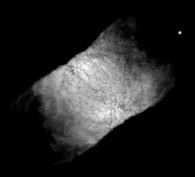

▲ **方形的眼睛** 视网膜星云呈罕见的圆柱形，从侧面看是正方形。炽热的气体从两端逸出，尘埃使周围变暗。

▲ **巨大的喷流** HH 49/50 是一颗年轻的恒星（本页右上图）喷射出的尘埃和气体的混合喷流，看上去就像太空中的龙卷风。它的长度为 0.3 光年。

空间天文台

太空中天体所发出的高能粒子和辐射大部分都被地球的大气层吸收了。活动的大气也会产生微光或闪烁，使我们很难获取清晰的太空图像。而通过空间天文台来观测这些天体就容易多了。

XMM 牛顿望远镜能够接收到钱德拉 X 射线天文台探测不到的微弱 X 射线。

钱德拉 X 射线天文台

美国国家航空航天局

- **命名** 为纪念诺贝尔奖获得者苏布拉马尼扬·钱德拉塞卡而命名
- **这是什么？** X 射线天文台
- **发射时间** 1999 年 7 月
- **配置** 4 个柱面镜
- **轨道** 每 65 小时沿椭圆轨道环绕地球一圈，轨道高度为 10000~139000km

钱德拉 X 射线天文台能够探测宇宙中炽热的 X 射线，如爆炸的恒星、星系团及黑洞边缘。它甚至能够探测到即将陷入黑洞的粒子所发出的 X 射线。钱德拉 X 射线天文台首次探测到的 X 射线来自银河系中心的超大质量黑洞。

XMM 牛顿望远镜

欧洲空间局

- **命名** 为纪念 17 世纪著名科学家艾萨克·牛顿而命名，XMM 代表 X 射线多镜面
- **这是什么？** X 射线天文台
- **发射时间** 1999 年 12 月
- **配置** 3 架 X 射线望远镜，每架望远镜由 58 个套筒组成
- **轨道** 每 48 小时沿椭圆轨道环绕地球一圈，轨道高度为 7000~114000km

由于 X 射线会穿透普通的反射镜，而 X 射线望远镜装有特殊的套筒式曲面镜。X 射线掠入射到这些曲面镜上，最终完成对 X 射线的成像。

▲ 钱德拉 X 射线天文台的飞行高度是哈勃空间望远镜的 200 倍。

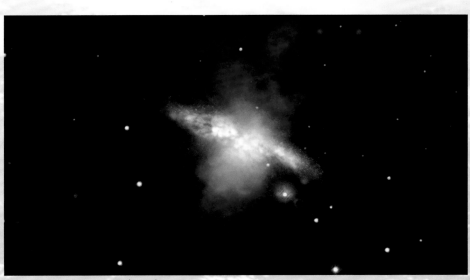

▲ 星暴星系 M82，雪茄星系。

每座空间天文台对天体的研究都有侧重的方面。举例来说，仙后座 A 是银河系中我们已知最年轻的超新星遗迹。它距离地球大约 1 万光年。这片快速扩张的星云是一颗大质量恒星于 1680 年前后爆炸形成超新星时的残骸。

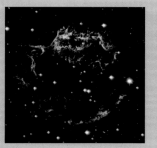

▲ **哈勃空间望远镜拍摄的图像** 这幅可见光图像显示，爆炸冲击波所产生的热量形成了巨大的碎片旋涡。

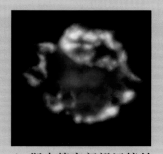

▲ **斯皮策空间望远镜拍摄的红外图像** 热气（绿色和蓝色）与寒冷的尘埃（红色）混合，形成黄色区域，这表明它们都是在爆炸中形成的。

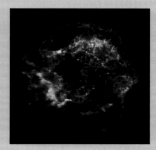

▲ **钱德拉 X 射线天文台拍摄的 X 射线图像** 爆炸形成的不断膨胀的热气团清晰可见，它的直径达 10 光年。

▲ **五彩缤纷的图像** 这幅图是用哈勃（黄色）、斯皮策（红色）和钱德拉（绿色和蓝色）拍摄的图像合成的，它可以帮助我们解释超新星的演变过程。

探索宇宙

费米 γ 射线空间望远镜

美国国家航空航天局

■ **命名** 为纪念诺贝尔奖获得者、意大利科学家、高能物理学先驱恩里科·费米而命名

■ **这是什么？** γ 射线天文台

■ **发射时间** 2008 年 6 月

■ **配置** 装备有大视场空间望远镜（LAT）和一个 γ 射线暴探测器（GBM）

■ **轨道** 每 95 分钟环绕地球一圈，轨道高度为 550km

这架望远镜是由美国、法国、德国、意大利、日本和瑞典联合研制的。它可以在没有获得指令的情况下自动探测新的 γ 射线。

▶ 费米 γ 射线空间望远镜发现了许多新的脉冲星（229 页）。

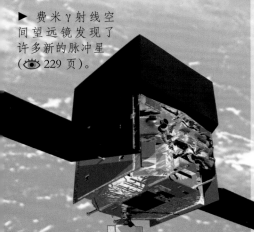

赫歇耳望远镜

欧洲空间局

■ **命名** 为纪念出生于德国的英国天文学家威廉·赫歇耳而命名，他发现了红外线和天王星

■ **这是什么？** 红外望远镜

■ **发射时间** 2009 年 5 月

■ **配置** 口径 3.5 m 的主镜和 3 个过冷科学仪器

■ **轨道** 距离地球 1500000km，位于与太阳方向相反的区域

赫歇耳望远镜能够探测到宽波段波长，用于研究第一批星系的形成和演化过程。它探测寒冷、浓密的尘埃云的能力比以往任何望远镜都更强大。2013 年 6 月，赫歇耳望远镜退役。

▲ 使用氦来冷却仪器。

詹姆斯·韦布空间望远镜

美国国家航空航天局

■ **命名** 为纪念美国国家航空航天局前局长詹姆斯·韦布而命名

■ **这是什么？** 光学和红外望远镜。它被认为是哈勃空间望远镜的继任者

■ **发射时间** 2021 年

■ **配置** 装备有口径 6.5m 的主镜，是有史以来进入太空的最大的反射镜

■ **轨道** 一直位于地球夜晚的那一面，距离地球 1500000km

詹姆斯·韦布空间望远镜是美国、欧洲和加拿大联合研制的巨型望远镜，用于研究那些宇宙中最遥远、最微弱的天体。

遮阳板

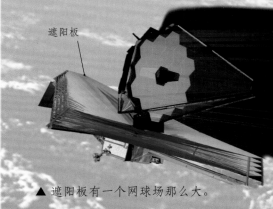

▲ 遮阳板有一个网球场那么大。

不同寻常的天文台

今天，科学家们使用各种奇特的仪器来观察宇宙。这里列出了几个来自世界各地的不同寻常的天文台。

▲ 在这些白色容器内，装有用来监测太阳的高灵敏度仪器。

GONG

全球太阳振荡监测网

- **位置** 共有 6 个观测站，分别位于美国的加利福尼亚州、夏威夷州，以及澳大利亚、印度、智利和加那利群岛
- **功能** 研究来自太阳的声波

这些观测站主要研究的是由发生在太阳表层的小规模爆炸所引发的太阳内部的声波。这些爆炸会激发出上百万个声波，每个声波都携带着太阳内部的重要信息。

LIGO

激光干涉引力波天文台

- **位置** 2 个探测器分别位于美国的华盛顿州和路易斯安那州
- **配置** 长 4km 的 L 形管道，内有激光束和反射镜
- **功能** 主要用于搜寻引力波

引力波是存在于时空中的涟漪，可能产生于黑洞碰撞或超新星爆发，也可能产生于早期的宇宙。2015 年，激光干涉引力波天文台第一次探测到引力波。

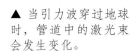

▲ 当引力波穿过地球时，管道中的激光束会发生变化。

南极望远镜（SPT）

角分宇宙学辐射热计阵

- **位置** 位于南极的阿蒙森－斯科特考察站
- **配置** 装备有 10m 口径的望远镜
- **功能** 主要用于观测宇宙背景辐射

由于阳光无法到达冬季的南极，那里的冬季昼夜都是黑暗的。极度干燥的空气使南极成为搜寻宇宙大爆炸残留辐射中的微小变化的理想场所。

▼ 南极望远镜的工作温度需要保持在绝对零度以上 1/4 度，即约 -273℃。

SOFIA
平流层红外天文台

- **位置** 位于一架改装的波音 747SP 机身左侧
- **配置** 口径 2.5m 的红外望远镜
- **功能** 利用可见光和红外线观测天空

这架 SOFIA 747SP 飞机每次要在海拔 11～14 千米的大气层中飞行 8 小时。2010 年首次执行飞行任务以来，平流层红外天文台在探究遥远行星的大气层及星际物质的构成方面取得了重大发现。

► **SOFIA 747SP 飞机**上的望远镜即使在飞机受到气流影响的情况下，也能稳定地指向太空中的同一物体。

SNO
萨德伯里中微子观测站

- **位置** 位于加拿大安大略省的萨德伯里，地下 2km 的一个开采中的镍矿里
- **配置** 配备直径 12m 的装有重水的水箱，周围环绕着 9600 个传感器
- **功能** 用于研究来自太阳核心和恒星爆发的高能粒子（中微子）

中微子通常悄无声息地穿过地球，当它们与重水原子相撞时会产生闪光，并被水箱周围的传感器捕捉到。

▼ 岩石能屏蔽宇宙射线对传感器的影响。

▲ **运输车**可以将巨型抛物面天线移动到不同的位置。

ALMA
阿塔卡马大型毫米波/亚毫米波天线阵

- **位置** 位于智利阿塔卡马沙漠，海拔 5000m 的高原上
- **配置** 由 66 个天线组成，跨度达 18.5km
- **功能** 用于观测寒冷宇宙中的气体和尘埃

阿塔卡马大型毫米波/亚毫米波天线阵是 66 个天线的集合，完全运行时相当于一架巨型单体望远镜。这里气候干燥、海拔高、大气稀薄，为观测太空中的红外和微波辐射提供了完美条件。

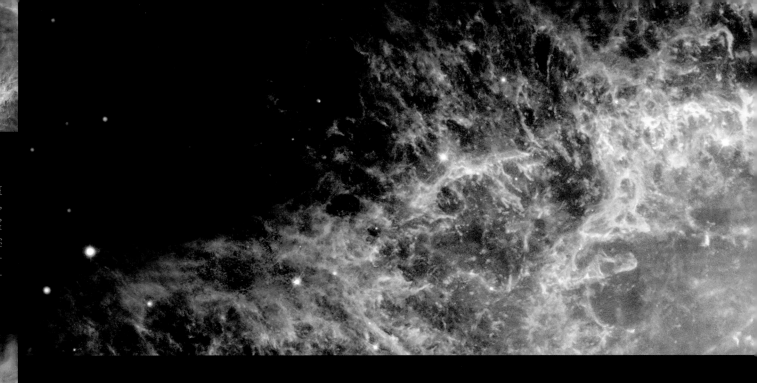

不平静的宇宙

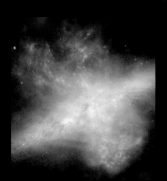

不断变化和运动着的宇宙是天地万物的总和。从最小的原子到最大的星系团，从空旷的空间到每一秒时间，宇宙包含所有的一切。

什么是宇宙？

宇宙包括一切事物——行星、恒星、星系及它们之间的空间，甚至连时间也是宇宙的一部分。没有人知道宇宙到底有多大，也没有人知道它的起点和终点在哪里。一切都距离我们如此遥远，以至于来自恒星和星系的光需要经过数十亿年才能到达地球。因此，我们所看到的其实是遥远宇宙数十亿年前的样子。但是我们可以利用这些光所提供的信息，去探索宇宙的起源和它可能的终结。

光年

◀ 我们可以利用不同类型的望远镜探寻宇宙早期的情况。

望远镜就像是时光机器，被用来探测那些来自遥远恒星和星系的光。我们今天所看到的星光，是天体在数千年甚至数十亿年前发出的光。天文学家可以用光年来测量宇宙的大小。1光年是指光在真空中1年所走的距离，大约为94605亿千米。我们能观测到的最遥远的星系发出的光，到达地球大约需要130亿年。今天我们所看到的，是它们在太阳和地球出现之前的样子。

现在明白了……
光在真空中以300000千米/秒的速度传播。以这个速度，光在1秒钟内能够绕地球7圈。

未来的宇宙
多年以来，科学家们一直认为恒星和星系的引力会使宇宙的膨胀逐渐减缓。然而最近的观测结果表明，宇宙正在加速膨胀。如果真是这样，那么星系间的距离将会越来越远，也不再会有新的恒星形成，黑洞也将消失，宇宙会成为一个寒冷、黑暗、死气沉沉并且空无一物的地方。

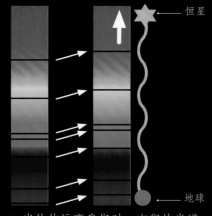

▲ 当物体远离我们时，它们的光谱会发生变化。通过测量这种变化，我们可以计算出物体的运动速度。

测量距离

在宇宙中测量距离很困难。许多星系距离我们太遥远，我们唯一可以利用的是光。宇宙在不断地膨胀和扩展，因此物体所发出的光的波长也被拉长了。光谱中的黑色线条向红端移动，天文学家称之为"红移"。通过测量红移的大小，天文学家可以计算出星系与地球之间的距离，以及它们远离我们的速度。最古老、运动速度最快的星系的红移最大。

宇宙的形状

我们生活在宇宙当中，因此很难想象宇宙的形状。然而科学家们认为宇宙的确有特定的形状，其形状取决于它所包含物质的密度。当密度大于临界值时，宇宙是封闭状的；当密度小于临界值时，宇宙是开放状的（鞍形）。观测结果表明，宇宙的密度已经非常接近临界密度，因此科学家们将它描述为平坦的。一个完全平坦的宇宙没有边界，且将无限地膨胀下去。

封闭状

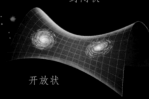

开放状

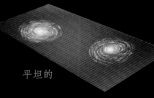

平坦的

◀ 天空中可见的所有恒星、尘埃和气体只构成宇宙的很小一部分。宇宙的大部分由神秘且不可见的暗物质和暗能量构成（62～63页）。

多元的宇宙？

我们的宇宙是唯一的，还是存在着多个我们无法观测到的宇宙？没有人知道问题的答案，有些科学家认为可能存在许多宇宙。其结构可能类似于一堆巨大的泡沫，其中的一些宇宙还没有膨胀。有些宇宙可能拥有与我们不同的物理定律和维度。理论上，两个宇宙之间可能是通过一个旋转的黑洞相连接的。然而由于其他宇宙没有对我们产生影响，我们无法证明它们的存在。

宇宙的诞生

科学家们认为，宇宙诞生于 138 亿年前的一个巨大火球。这次"大爆炸"是时间、空间及宇宙中一切物质和能量的开端。

膨胀

宇宙在诞生的瞬间非常小，而且极其炽热和稠密。在火球内部，能量被转化为物质和反物质。接着宇宙开始膨胀和冷却。在最初极其短暂的时间里，宇宙的膨胀速度非常缓慢，随后飞速地向外延伸。自那以后，宇宙一直在稳步膨胀，它膨胀的速度可能在加快。

1 宇宙从无限小膨胀到葡萄柚那么大。这一过程释放出大量的能量，从而促使物质和反物质形成。

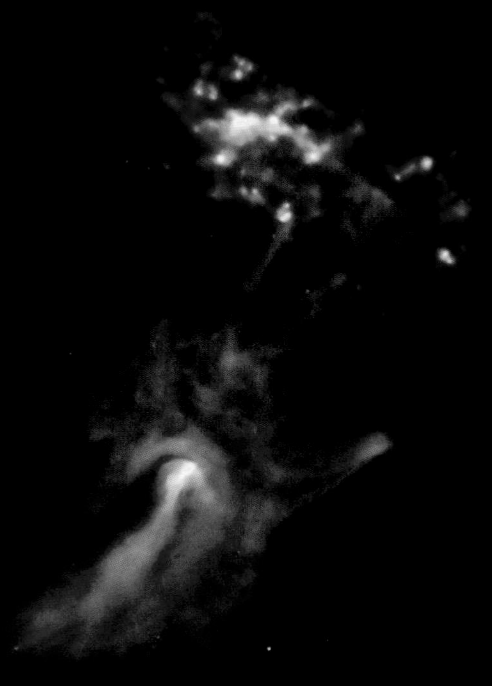

▼ **蓝色和紫色**显示，当高能粒子流远离图片中心的白色脉冲星时，物质和反物质相互碰撞释放出 X 射线。

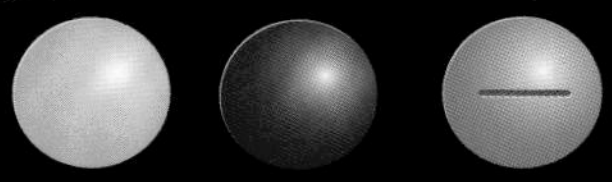

宇宙大爆炸

时间	0秒
温度	火球

夸克　　　电子

▲ 当今宇宙中**最常见**的粒子包括夸克和电子，它们是所有原子的组成部分。

物质和反物质

宇宙大爆炸之后，大量的能量快速转变为组成物质的粒子和组成反物质的镜像粒子。当这二者相碰撞时，它们会瞬间毁灭并产生辐射。如果双方的数量相等，它们会共同湮灭。

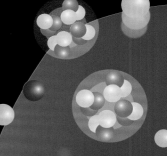

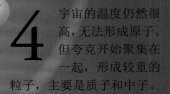

谁先谁后？

宇宙大爆炸之前，包括时间和空间在内的一切事物皆不存在。宇宙大爆炸之后，空间开始膨胀，时间开始流逝。我们很难说清它们哪一个开始得更早。科学家们花了很多年才搞清楚这个令人难以置信的事实！

最初的 3 分钟

在宇宙大爆炸最初的 3 分钟里，宇宙的温度从令人难以置信的炽热冷却到不足 10^8K。与此同时，它的面积从一个原子的数十亿分之一扩展到了我们银河系的大小。

2 到了这一阶段，宇宙的大小相当于一个足球场那么大。大量的物质和反物质粒子碰撞并相互摧毁，产生更多的能量。

3 宇宙快速膨胀并开始冷却，形成一系列奇异粒子，其中包括夸克和电子。

4 宇宙的温度仍然很高，无法形成原子。但夸克开始聚集在一起，形成较重的粒子，主要是质子和中子。

10^{-43}秒	10^{-35}秒	10^{-7}秒	3分钟
$10^{32}K$	$10^{27}K$	$10^{14}K$	10^8K

▲ 天文学使用的温度单位是**开尔文**，符号为 K。0 K 大约相当于 -273℃，是宇宙中的物质所能达到的最低温度。

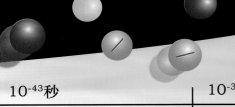

构成原子

质子　　　　中子　　　氦原子核

质子和中子都属于基本粒子，它们各自含有 3 个夸克。一旦膨胀的宇宙拥有足够多的质子和中子，它们就会开始形成那些构成氢原子和氦原子的最基础的原子核。大部分恒星是由这两种原子构成的。在宇宙大爆炸最初的 3 分钟里，几乎形成了宇宙中所有的氢原子核和氦原子核。

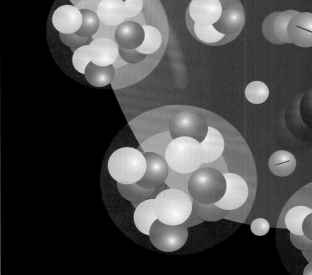

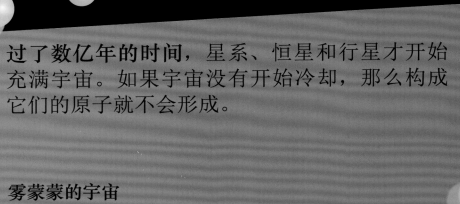

过了数亿年的时间，星系、恒星和行星才开始充满宇宙。如果宇宙没有开始冷却，那么构成它们的原子就不会形成。

雾蒙蒙的宇宙

宇宙大爆炸后大约 30 万年，当宇宙的温度降至 3000 K 时，第一批原子才开始形成。在寒冷的宇宙中，质子和原子核捕捉到了极其微小的粒子——电子，并形成原子。由于光不断受到原子的碰撞，无法远距离传播，因此那时的宇宙是雾蒙蒙的。所以即使使用功能最强大的望远镜，我们也很难看清宇宙中当时发生的事情。

30万年

3000K

什么是原子?

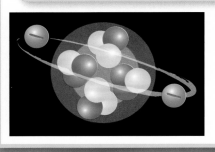

原子是可以独立存在的最小物质，它有一个由质子和中子组成的中心核（原子核），周围围绕着电子。原子所包含的质子、中子和电子的数目决定了它是何种元素。当第一代恒星爆发形成超新星时，它们释放出的能量创造了新的、更重的元素，如碳、氧和铁。这个过程一直持续到今天。

第一道星光

宇宙大爆炸约2亿年后,氢气和氦气开始堆积成巨大的气团。在引力作用下气团坍缩,形成稠密的原子团。当这些气团收缩变热时,它们开始燃烧并形成了第一代恒星。这些恒星很快又爆发,推动新恒星的诞生。

星系的起源

在第一代恒星诞生后不久,星系也开始形成了。稠密的气团和年轻的恒星在暗物质和引力的作用下聚集在一起,形成了小星系和新恒星。渐渐地,星系之间开始互相碰撞,形成更大的星系。

基本力量

宇宙大爆炸还创造了4种影响宇宙的基本力,它们分别是引力、电磁力、弱力及强力。引力使行星环绕恒星运行。电磁力是连接电和磁的力量。弱力控制恒星如何发光,而强力则将原子核中的质子和中子束缚在一起。

月球在引力的作用下环绕地球运行。

2亿年	5亿年	如今
100K	10K	2.7K

▲ **宇宙背景辐射**为宇宙大爆炸提供了最好的证据。它标志着温度降到了足以形成原子的程度。

宇宙大爆炸的余烬

我们无法看到宇宙大爆炸发出的光,不过我们可以探测到布满整个天空的微弱辐射,即宇宙背景辐射。这些残余的辐射揭示了宇宙诞生30万年后的样子。上图显示了温暖和寒冷的涟漪。第一个星系很可能是由逐渐冷却且稠密的(蓝色)气团形成的。

宇宙大爆炸机器

科学家们无法确切得知宇宙大爆炸结束瞬间的宇宙是什么样的,不过他们通过在地球上建造大型机器来进一步分析和了解这一问题。其中,最新、最先进的当属位于瑞士和法国边境的大型强子对撞机。这一造价40亿美元的机器于2010年投入使用,试图通过每秒10亿次的质子对撞来模拟宇宙大爆炸。碰撞的质子将产生许多新粒子,同时可能重现最初的宇宙。

1000亿个星系

不论我们望向天空的何处，都可以看到遍布宇宙的各种星系，巨大的恒星系统依靠引力联系在一起。第一批星系是在宇宙大爆炸后不到10亿年时开始形成的。

巨星系和矮星系

宇宙中至少存在1000亿个星系。有些星系是巨大的，包含数千亿颗恒星；有些星系则小得多，包含的恒星数量甚至不足100万颗。总的来说，矮星系的数量比巨星系多得多，不过久而久之矮星系难免会被其周围的"大邻居"吞并。我们生活在由大约2000亿颗恒星组成的星系——银河系中。

▲ M51 为旋涡星系，距离地球大约 3000 万光年。

M51 星系

不平静的宇宙

看一看：旋涡

19 世纪中叶，天文学家们发现，在夜晚的天空中布满了许多模糊的斑块，他们称这些斑块为"星云"。为了进一步了解它们，爱尔兰的罗斯勋爵建造了当时世界上最大的望远镜——口径 1.8 米的比尔望远镜。罗斯勋爵使用这架望远镜观测发现，被称为 M51 的"星云"是旋涡状的，并描绘出了 M51 星系的图像。

观测光

在可见光下，星系的很多特征无法显露。要想了解一个星系的本质，就需要通过各种探测不同波长的仪器来观测它。上面这幅 M51 星系的图像是由 4 架空间望远镜采集的数据合成的。它显示了黑洞和中子星发射的 X 射线及恒星间的炽热气体（紫色），在红外和光学仪器下观察到的旋臂内的恒星、气体和尘埃（红色和绿色），以及年轻、炽热的恒星所发出的大量紫外线（蓝色）。

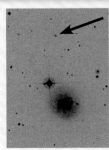

这是哈勃空间望远镜拍摄的兹威基 18 星系，它是一个距离地球 6000 万光年的矮星系。

兹威基 18 星系

气体星系

有些星系非常巨大，但是含有的恒星数量却极少。这些看上去很模糊的星系几乎全部是由气体组成的，在图像中它们只是一团斑点。例如，马林 1 这个气体星系所含有的气体足够组成 1000 个银河系。它看上去似乎刚刚开始制造恒星，其广阔而暗淡的星系盘比银河系大 6 倍。在图像的底部还有一个距离更近、完全形成的星系。

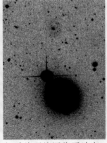

箭头所指处为马林 1。　经过处理的图像更清晰。

哈勃超深空

哈勃空间望远镜将镜头对准天炉座南部的一片空旷空间。它历时 11 天 8 小时，捕捉到来自 10000 多个遥远星系的光。这些星系一直向可观测宇宙的边缘延伸。

星系的形成

星系已经存在了数十亿年，但你有没有想过，它们是从哪里来的呢？如今的天文学家们通过天文台来观测早期的宇宙。这些遥远的图像显示了卷入剧烈碰撞的模糊星系。这是否是第一批星系形成的方式呢？

发生了什么？

关于星系如何形成主要有两种理论。一种理论是，由巨大的气体和尘埃组成的云团坍缩而形成了星系。另一种理论是，恒星组成了小星团，小星团合并形成了更大的星团，然后形成星系，最后形成星系团。

▲ **理论测试** 这幅计算机模拟图像显示，物质在引力的作用下凝聚在一起。第一批星系就是在这些凝聚物中形成的。

改变形状

许多星系在成为更大的椭圆星系之前都是小的旋涡星系，这通常是星系之间碰撞的结果。但这并不意味着星系会因互相碰撞而四分五裂，因为星系内恒星之间的距离很大，足以让星系穿过彼此。不过这确实会改变星系的形状。

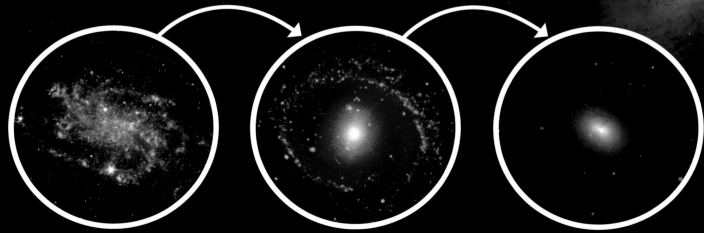

▲ **年轻的旋涡星系** NGC 300 是一个包含大量新生恒星的旋涡星系。

▲ **青年期的过渡** 随着星系年龄的增长，星系中的新生恒星越来越少。

▲ **老年的椭圆星系** 气体含量稀少的巨大椭圆星系中有许多老年恒星。

格格不入

霍格天体是一个不寻常的星系。它既不像旋涡星系，也不像椭圆星系，与不规则星系也不同。它黄色的中心（核心）由老年恒星组成，周围的圆环则由年轻的蓝色恒星组成。

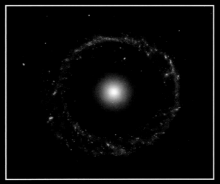

▲ **蓝环**

炽热的蓝色恒星围成一个圆环。它们可能是另一个近距离星系的残骸。

◀ **雪茄星系**

雪茄星系（M82）是一个不规则星系，其中有很多新形成的恒星。与年老的星系相比，年轻星系中新生恒星的数量要多得多。

旋涡星系的起源

大多数科学家认为，早期宇宙中充满了氢和氦。有些人认为，气体和尘埃组成的云团在引力的作用下坍缩、旋转，从而形成了旋涡星系。

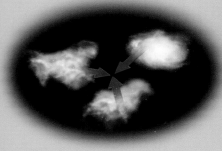

▲ **集合** 尘埃、气体和恒星在引力的作用下聚集在一起。

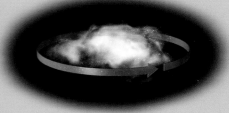

▲ **转动** 引力使坍缩的云团旋转起来。新形成的恒星围绕着云团的中心旋转。

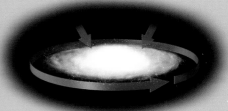

▲ **收缩** 收缩过程使云团变得平展，形成了由尘埃、气体和恒星组成的星系盘。

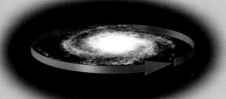

▲ **旋臂形成** 星系盘继续旋转，旋臂形成。

星系的种类

依据星系的形状及内部恒星的排列，星系主要分为 3 种。

■ **不规则星系**中含有大量的气体、尘埃和炽热的蓝色恒星。它们没有特定的形状，通常是两个星系碰撞的产物。

■ **椭圆星系**是圆形、椭圆形或雪茄形的恒星集合。它们通常由红色和黄色的老年恒星，以及恒星间的少量尘埃和气体组成。

■ **旋涡星系**是巨大、扁平并含有气体和尘埃的星系，呈盘状，有旋臂。

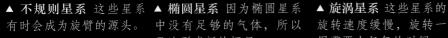

▲ **不规则星系** 这些星系有时会成为旋臂的源头。　▲ **椭圆星系** 因为椭圆星系中没有足够的气体，所以无法形成新的恒星。　▲ **旋涡星系** 这些星系的旋转速度缓慢，旋转一周需要上亿年的时间。

太空中的"草帽"

在距离地球大约 2800 万光年的室女座，有一个核心明亮的旋涡星系。星系的中心异乎寻常地隆起，周围是暗色的尘埃（图中显示的是侧上视图）。因为它的外形很像一个草帽，所以人们将它命名为草帽星系。

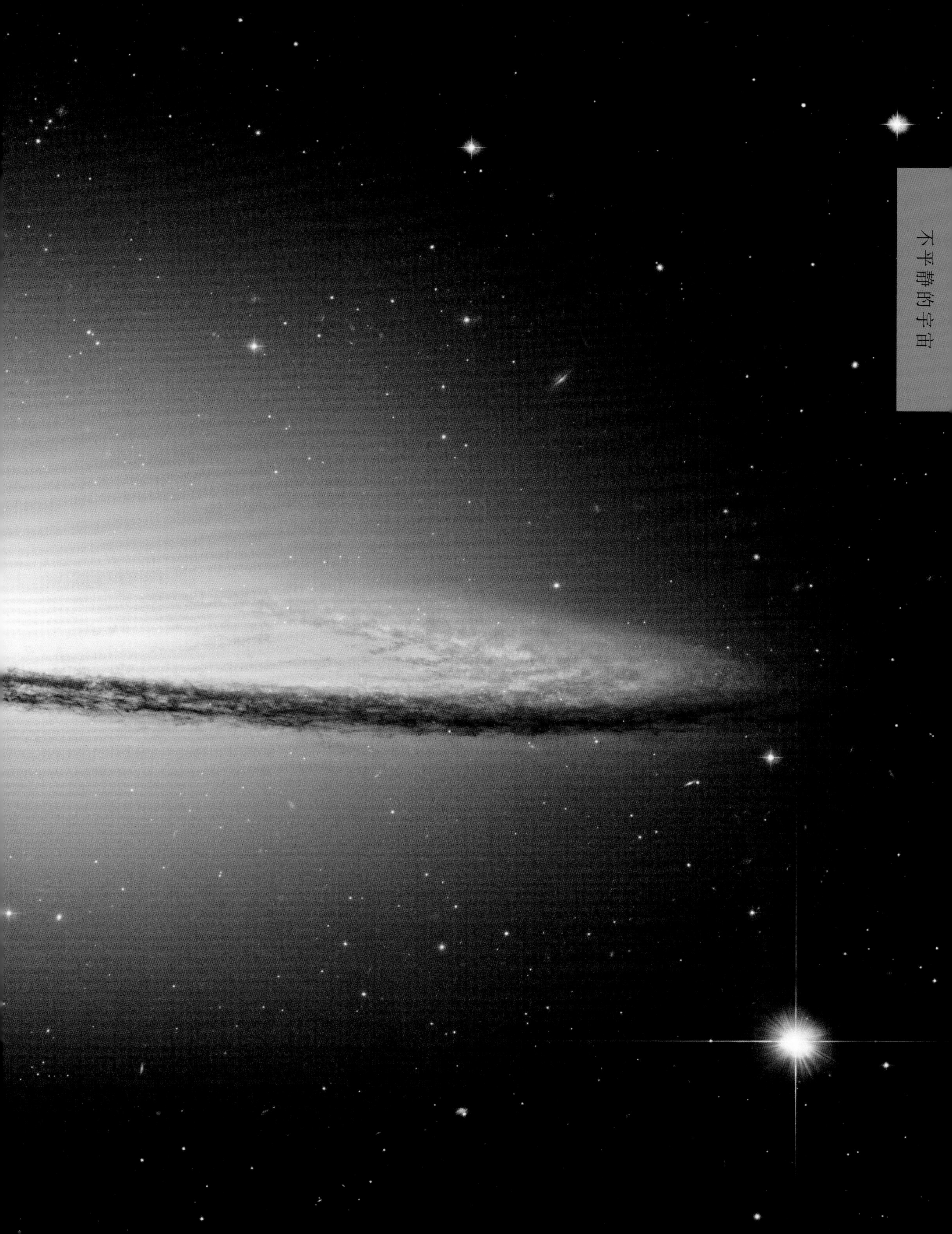

银河系

我们所生活的星球只是巨大的银河系中很微小的一部分。银河系形成于大约 100 亿年前，有可能还会继续存在数十亿年。

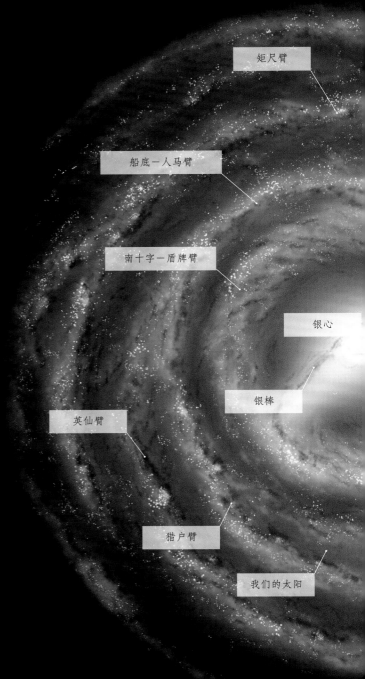

矩尺臂

船底—人马臂

南十字—盾牌臂

银心

银棒

英仙臂

猎户臂

我们的太阳

激光精确地指向银河系的中心。

观星

如果你居住的地方远离城市明亮的灯光，你可能会有幸看到一条微弱的光带横贯夜空。它看上去就像是天空中溢出的一股牛奶，古代的观察者称其为"牛奶河"。当时的人们并不知道它是什么，这个谜题直到 1610 年才被伽利略揭开，伽利略通过望远镜观察银河，发现它是由成千上万颗恒星组成的。

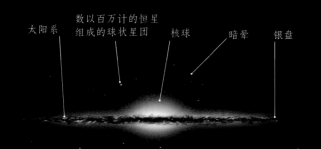

太阳系

数以百万计的恒星组成的球状星团

核球

暗晕

银盘

▲ 我们的银河系有多大？

银河系的跨度约 10 万光年，厚度约 2000 光年。银河系的大部分质量似乎来自无形的暗物质（ ● 62 ～ 63 页）。

棒旋星系

银河系是一个棒旋星系（一种有棒状结构贯穿星系核的旋涡星系），它的形状像一个巨大的轮子，当它转动时，弯曲的旋臂紧紧跟随。在银河系旋转时，所有的恒星也会围绕其中心旋转。我们的太阳距离银河系的中心约 2.6 万光年，它每 2.2 亿年绕银河系中心旋转一周。距离银河系中心更近的恒星旋转一周所需的时间比太阳短，而距离银河系中心更远的恒星所需的时间则比太阳长。

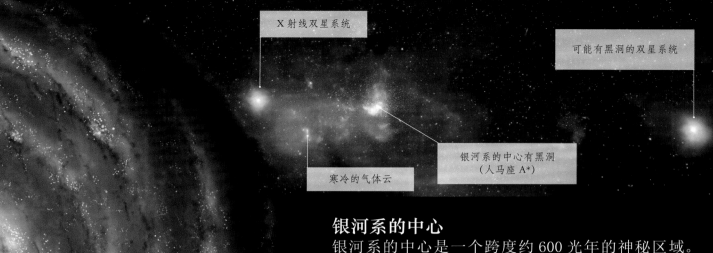

X 射线双星系统

可能有黑洞的双星系统

寒冷的气体云

银河系的中心有黑洞（人马座 A*）

太阳只是银河系中大约 2000 亿颗恒星中的一颗。大部分恒星位于银河系中央的核球，而年轻恒星和尘埃云则位于 5 条旋臂上。一个超大质量黑洞位于银河系的中心。

银河系的中心

银河系的中心是一个跨度约 600 光年的神秘区域。虽然这里只是银河系中很小的一部分，但其包含了整个银河系 1/10 的气体及数十亿颗恒星。这里还有超新星残骸及明亮的 X 射线源，还有可能含有黑洞的双星系统。

人马座 A*

巨大的黑洞

在银河系的中心隐藏着一个超大质量黑洞，其所包含物质的质量是太阳的 400 万倍。因其位于人马座，所以我们称它为人马座 A*（SGR A*）。目前它还是一个沉睡的巨人，产生的能量是其他星系中的巨型黑洞的数十亿分之一。

▲ 人马座 A* 似乎曾经非常活跃。300 年前 X 射线爆发所形成的光子回波穿过周围的尘埃云，被我们观测到。

婴儿星

银河系的中心充斥着恒星、尘埃，以及被气体环绕的黑洞。那里环境恶劣，猛烈的星风（强大的冲击波）使新恒星的形成困难重重。我们无法得知那里的恒星是如何形成的，因为没有人能够透过宇宙尘埃观察到新生的恒星。然而在 2009 年，红外望远镜——斯皮策空间望远镜观测到 3 颗包裹在像茧一样的重重气体和尘埃中的婴儿星，它们的年龄均不足 100 万年。

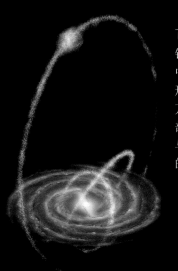

古老的恒星流

银河系中的物质并不都位于银盘中。在银河系的上方还有三道弧形的恒星流，它们距离地球 1.3 万～ 13 万光年，遍及北半球的大部分天空。最大的恒星流可能是与银河系相撞的一个矮星系散落的残骸。

麦哲伦云

银河系并不是天空中所能看到的唯一星系。在南半球，你可以看到两个麦哲伦云。它们通常被认为是在银河系外绕轨道运行的两个伴星系。但最近的研究结果显示，大麦哲伦云有一天会与银河系相撞。

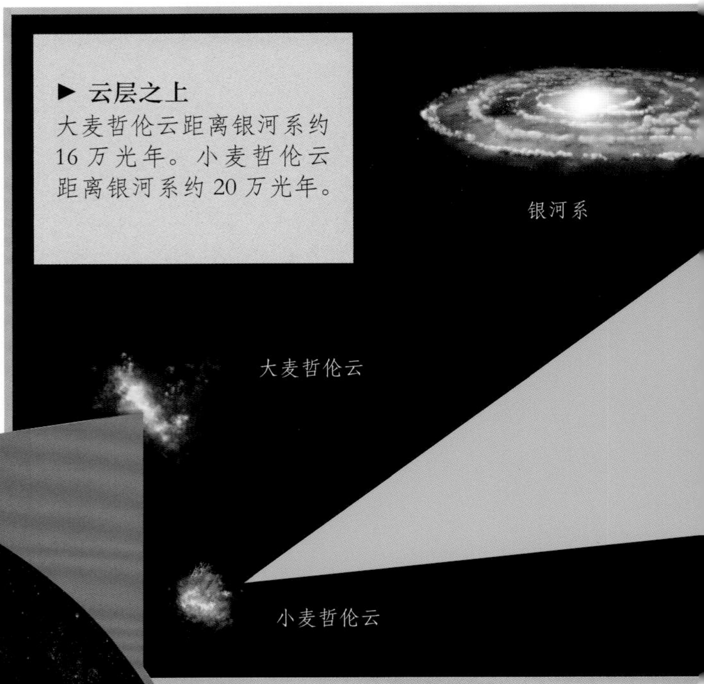

不平静的宇宙

▶ **云层之上**
大麦哲伦云距离银河系约16万光年。小麦哲伦云距离银河系约20万光年。

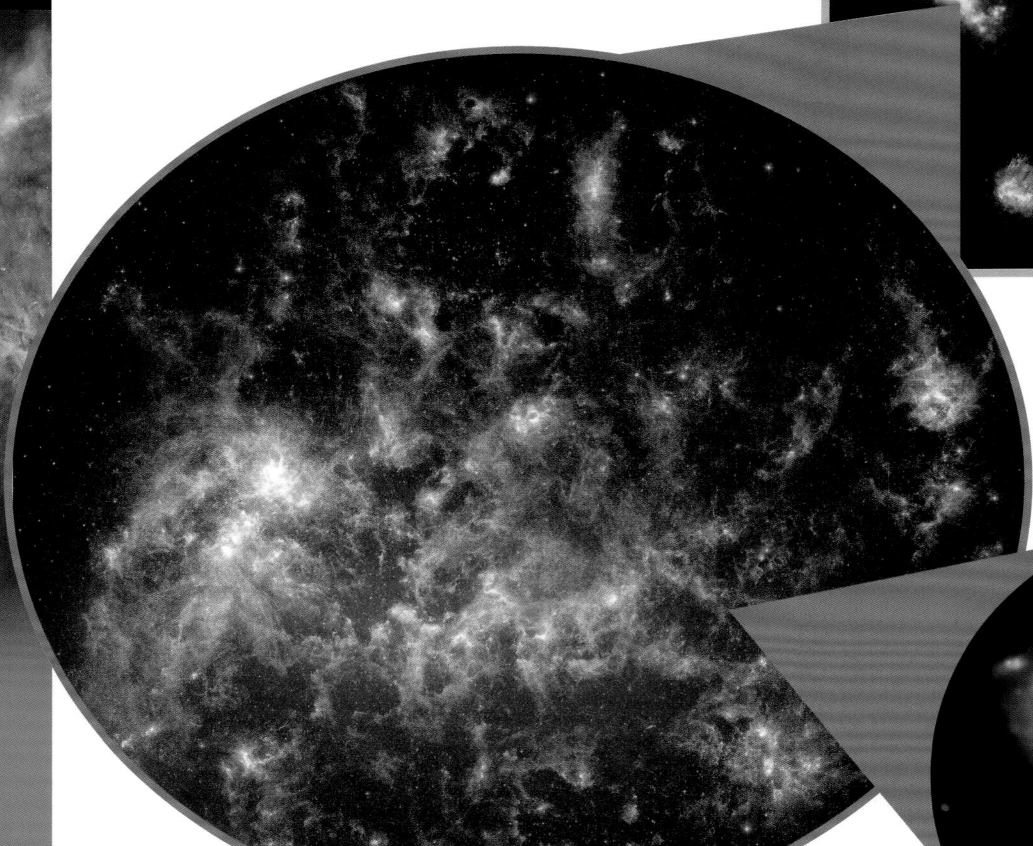

银河系

大麦哲伦云

小麦哲伦云

◀ **大麦哲伦云的特写**
这幅由斯皮策空间望远镜拍摄的细节图像显示了近100万个天体，约占整个星系的1/3。其中，蓝色代表老年恒星，红色代表被恒星加热的尘埃。

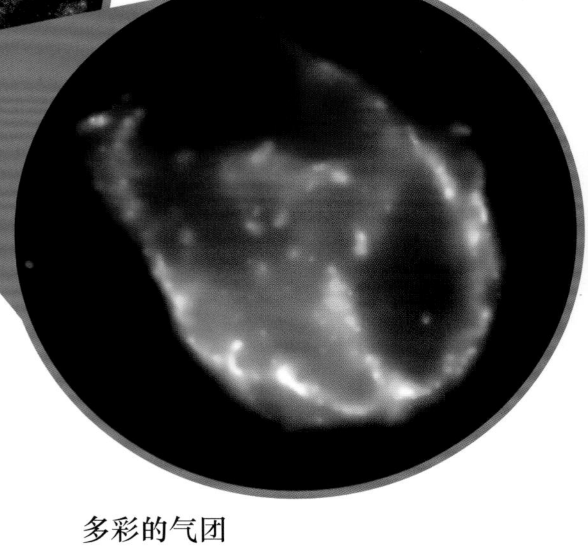

大麦哲伦云

大麦哲伦云（LMC）位于剑鱼座南部与山案座交界处，跨度约2万光年，质量约为1000亿个太阳的质量。尽管其中心有一个棒状结构及一些旋臂的迹象，但它仍属于不规则星系。大麦哲伦云可能曾经是个旋涡星系，但是在银河系引力的作用下被拉伸成了不规则的形状。

多彩的气团

麦哲伦云中含有许多超新星残骸。它们都是数千年前爆炸的大质量恒星遗留下来的色彩鲜艳、不断膨胀的热气团。

▼ 命名

麦哲伦云是以 16 世纪探险家费迪南德·麦哲伦的名字命名的。他是最早在南半球的天空中观察到麦哲伦云的欧洲人之一。

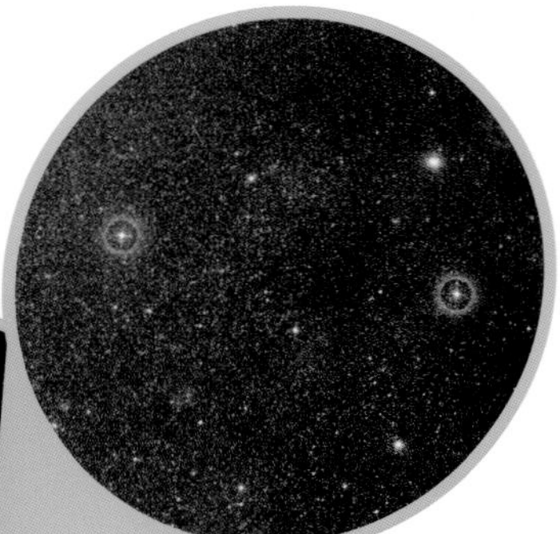

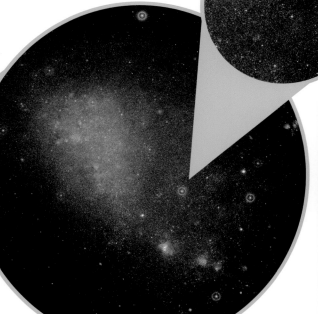

▶ 产星区

这幅人造彩色图像显示了位于 NGC 2074 星团附近的蜘蛛星云的一部分。它展示了一个孕育新恒星的"摇篮"。该区域有着显著的隆起、尘埃谷，以及在紫外线下发光的气体流。

小麦哲伦云

小麦哲伦云（SMC）是能用肉眼观察到的最遥远的天体之一。这个不规则的矮星系是大麦哲伦云的缩小版。它含有的尘埃和气体较少，但是仍然有许多产星区（上图红色区域）。小麦哲伦云的可见跨度约 9000 光年，其中含有数亿颗恒星。它的质量约是太阳质量的 70 亿倍。

蜘蛛星云

剑鱼座 30 是大麦哲伦云中一个庞大的产星区。该区域的外形与蜘蛛十分相似，因此人们称它为蜘蛛星云。它的跨度约 1000 光年，距离地球约 16 万光年。如果它与地球间的距离同距离地球最近的恒星摇篮——猎户座大星云（距离地球约 1500 光年）一样，那么它将盘踞 1/4 的天空，并且在白天用肉眼就能观察到。在蜘蛛星云所含有的炽热恒星中，包含我们目前所知的质量最大的恒星。

看一看：麦哲伦流

连接麦哲伦云和银河系的是一个不同寻常的氢气延长带——麦哲伦流。通过无线电波，可以探测到环绕了半个银河系的麦哲伦流。它可能是麦哲伦云经过银河系的银晕时，由从星云上脱落的物质形成的。另一种理论认为，两个星云彼此接近，引起了恒星爆发式地大规模形成。恒星爆发式地大规模形成产生的强烈星风和超新星爆发将氢气流推向银河系。

太阳

大麦哲伦云

小麦哲伦云

最近的研究发现，麦哲伦流中的气体来自麦哲伦云。

本星系群

银河系并不是太空中唯一的星系，它是本星系群中的一员。本星系群中包含 50 余个星系，还有一些星系分散在它的边缘区域。

仙女星系

仙女星系（M31）是我们最大的星系邻居，它的大小约是银河系的 1.5 倍。这个旋涡星系的跨度约 22 万光年，这意味着光从星系的一端传播到另一端需要 22 万年的时间。

我们的邻居

本星系群中的星系都位于距离银河系 300 万光年的区域内。银河系和仙女星系是本星系群中两个最大的成员，它们各率一批小星系形成两个次群。天文学家们认为，在数十亿年后，银河系和仙女星系有可能会碰撞，然后合并成一个巨大的椭圆星系。

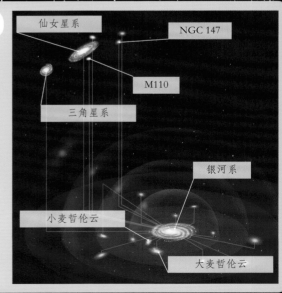

▶ 聚集在一起
图中显示了本星系群中较大的星系。

图中标注：仙女星系、NGC 147、M110、三角星系、银河系、小麦哲伦云、大麦哲伦云

核心炽热的仙女星系

仙女星系的中心是一团散发着 X 射线的热气云。这些 X 射线是从一个包含中子星或黑洞的双星系统（一对恒星）发出的，中子星或黑洞不断地从正常恒星中吸取物质。当物质落向中子星或黑洞时，摩擦生成的热会使其温度升高到数千万度，同时产生 X 射线。

▲ 远古的碰撞
环绕着仙女星系的尘埃表明，该星系曾在 2 亿多年前与矮星系 M32 发生过剧烈碰撞。

▶ 钱德拉拍摄的图像
这幅图像是由美国国家航空航天局的钱德拉 X 射线天文台拍摄的，显示了仙女星系的中心。红色代表低能 X 射线，绿色代表中能 X 射线，蓝色则代表高能 X 射线。

矮星系

本星系群中含有几十个矮星系，可能还有一些未被发现的。大部分矮星系都又小又暗，包含数亿颗恒星。其中隐藏在尘埃和恒星之后，位于银河系银盘附近的，是距离我们最近的星暴星系——IC 10。IC 10 是一个不规则矮星系。尽管它的光芒被尘埃掩盖，但是仍然可以看到其产星区发出的红光。

影像定格

这幅 M33 的紫外和红外图像展现了星系中尘埃与年轻恒星的混合状态。在星系的外围区域，有大量年轻的恒星（蓝色发光区域）和少量的尘埃。

三角星系

三角星系也叫作 M33，是本星系群中的第三大星系。M33 被视为仙女星系的伴星系。同仙女星系一样，M33 也被用作测定宇宙距离的尺标。

银河系的中心

当你仔细观察银河系时，会看到成千上万颗恒星聚集在满月大小的一片天空中。近红外线（黄色）显示的是恒星诞生的区域，红外线（红色）显示的是尘埃云，而 X 射线（蓝色）显示的则是超热气体和黑洞的辐射。

▼ 明亮的双星

这个双星系统是 X 射线的主要来源。它可能是一颗被中子星或黑洞环绕的大质量恒星。

▲ 手枪星

这是银河系中已知最明亮的恒星之一，可能比太阳亮1000万倍。

▲ **人马座 A***
这个超大质量黑洞位
于我们银河系的中心。
它曾经的爆发使周围
的气体荡然无存。

当星系碰撞时……

宇宙中的星系就像海洋中的岛屿一样，大多数星系之间都隔着数百万光年的距离。然而当一些星系相距足够近时，就会在引力的作用下形成星系团。星系团中的星系之间引力非常大，甚至会使星系发生碰撞。

斯蒂芬五重星系

组成斯蒂芬五重星系的 5 个星系看上去正在相互碰撞，其中的 4 个星系距离地球大约 2.8 亿光年，另一个星系距离我们稍近一些。NGC 7318b 星系正以将近 320000000 千米 / 时的速度穿过主星群，这一过程形成了冲击波，导致星系间的气体升温并释放出 X 射线（中间的淡蓝色区域）。

NGC 7319 旋涡星系中含有一个类星体（👁 60 ～ 61 页）。

NGC 7318a 星系（右）位于 NGC 7318b 星系（左）的前方。

与其他星系相比，NGC 7320 星系更接近地球。

碰撞过程

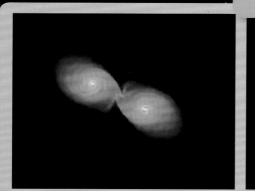

▲ **虚拟碰撞** 在现实中，星系的碰撞需要经历数十亿年，因此人们使用计算机来模拟可能发生的情况。

▲ **60 亿年** 当旋涡星系相遇时，引力会不断地拉扯星系，形成长长的尾巴。

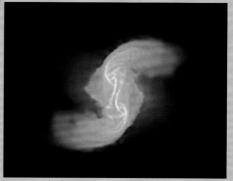

▲ **240 亿年** 随着时间的推移，分离的星系重新聚合，之后再次分离……如此周而复始。

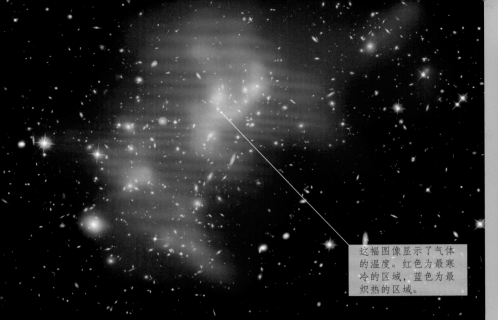

这幅图像显示了气体的温度。红色为最寒冷的区域，蓝色为最炽热的区域。

星系团碰撞

迄今为止，天文学家观测到的最剧烈的碰撞是名为 MACS J0717 的 4 个星系团的碰撞。碰撞所产生的星系、气体和暗物质的细流长达 1300 万光年。当它运行到一个充满物质的宇宙空间时，发生了反复碰撞。当两个或更多星系团的气体碰撞时，热气团会逐渐放慢速度。而在这一过程中，星系的速度并不会放慢，因此星系会运行到气团的前方。

扭曲的图像

有些星系团就像太空中的放大透镜，它们强大的引力扭曲了周围的空间。这意味着，从更远的星系或类星体发出的光在到达地球的途中发生了弯曲。我们看到的是遥远天体的扭曲图像，就像太空中的海市蜃楼。

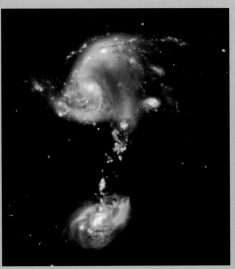

▲ **ARP 194** 星系群的顶部由两个正在合并的星系组成（图像左上部）。流淌下的蓝色"泉水"看起来像是连接到了第三个星系，然而实际上，下方的星系十分遥远，并未与其相连。"泉水"由恒星、气体和尘埃组成。

▲ **双鼠星系**（NGC 4676）因其由恒星和气体组成的长"尾巴"而得名。这两个相互作用的星系最终将合并，并形成一个巨大的星系。双鼠星系距地球 3 亿光年，位于后发座中。

▲ **触须星系**也称天线星系，是一对距离我们最近、最年轻的碰撞星系。早期的图像显示，它们的外形看上去就像昆虫的触角。这两个旋涡星系在 2 亿～ 3 亿年前首次碰撞时，形成了这些"触角"。在星系继续碰撞的过程中，将会形成数十亿颗新

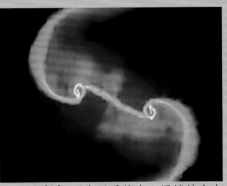

▲ **260 亿年** 两个星系的中心区域结合在一起，合并为一个星系。

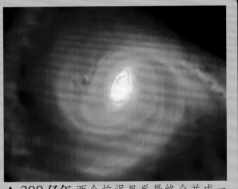

▲ **300 亿年** 两个旋涡星系最终合并成一个庞大的椭圆星系。

活动星系

宇宙中有许多活动星系。当我们的银河系平静时，其他星系也许正在忙着制造巨大的能量。每个星系的中心都有一个引力极强的超大质量黑洞，那就是星系的动力室。

强大的磁场驱使高速喷流远离黑洞。

热气盘发出 X 射线的辐射。

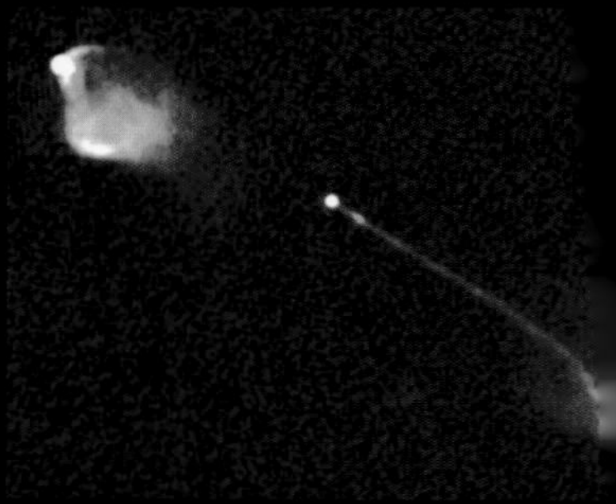

活动型

活动星系核主要分为 4 种类型：射电星系、赛弗特星系、耀变体和类星体。射电星系（如上图所示的天鹅座 A）是宇宙中最强的无线电波的源头。射电星系分布在宇宙的各个角落，而耀变体和类星体只出现在距离我们数十亿光年的区域。

车轮

一个活动星系就像一个车轮。黑洞是轮子的中心。在引力的作用下，尘埃、恒星和气体形成吸积盘，外层的尘埃和气体形成"轮胎"。黑洞周围的强磁场喷射出的粒子流看上去就像轮子的轮轴。

尘埃无线电

距离地球最近的射电星系是半人马座 A（NGC 5128）。这个椭圆星系的中心隐藏在一个黑暗且稠密的尘埃区域。它是我们最早发现的银河系外无线电波、X 射线和 γ 射线源之一。两条巨大的无线电信号流（淡蓝色）长达 2 亿光年。它们是由半人马座 A 与旋涡星系碰撞而成的。

影像定格

这是由哈勃空间望远镜拍摄的椭圆射电星系 M87 的图像。图像显示了星系核心喷射出的明亮高速电子流。这个喷流是由一个质量接近 60 亿个太阳的黑洞发出的。

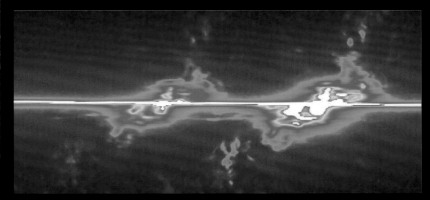

赛弗特星系

赛弗特星系由一个中央黑洞提供动力，黑洞质量通常是太阳质量的几亿倍。被捕获的物质盘旋着落入黑洞，部分物质在高速下发生爆炸，从而形成喷流。NGC 4151 是最明亮的赛弗特星系，这幅图像显示的是它的喷流射入太空时的侧面图。

呈螺旋状的赛弗特星系

M106 看起来是一个典型的旋涡星系，有两个明亮的旋臂，星系核附近有黑暗的尘埃带。然而在无线电波和 X 射线图像中，可以看到位于两个旋臂之间的两个气体旋臂。此外还可以看到 M106 明亮的核心，以及一对围绕着星系流动的喷流。M106 是最典型的赛弗特星系，大量的热气向着核心的超大质量黑洞靠近，成为 M106 驱动力。

看一看：耀变体

耀变体形成于寄主星系中的一个超大质量黑洞附近，它所形成的巨大喷流直冲地球。我们眼中的耀变体不同于其他活动星系核。从地球上看，耀变体上有很多喷流和热气盘，就像从上方俯视甜甜圈上的洞。

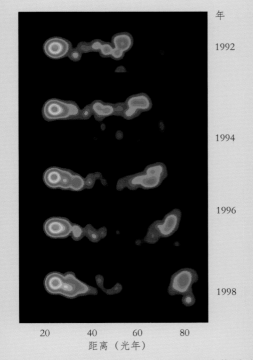

▲ 这组图像展示了耀变体 3C 279 释放物质的运动图像。看起来物质的移动速度好像比光速快，不过这只是一种错觉。

▲ **颜色编码** 在这幅 M106 的图像中，金色表示可见光图像，红色表示红外图像，蓝色表示 X 射线图像，紫色表示无线电波图像。

类星体

类星体是遥远星系明亮的核心。它们类似于赛弗特星系，但更明亮。由于类星体非常明亮，其发出的光会掩盖住周围较暗的星系。类星体的能量来源于吸收星际气体的超大质量黑洞。它们产生的强大能量是太阳的数万亿倍。

暗物质

暗物质是宇宙中最神秘的一种物质。天文学家们发现，恒星之间存在一些看不见的物质，这些物质会产生一定的引力，使射向地球的光发生弯曲。然而，没有人知道暗物质是什么样子的，也没有人知道它是由什么构成的。

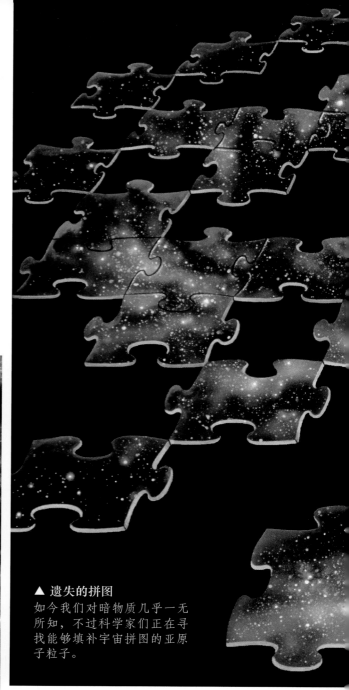

▲ **遗失的拼图**

如今我们对暗物质几乎一无所知，不过科学家们正在寻找能够填补宇宙拼图的亚原子粒子。

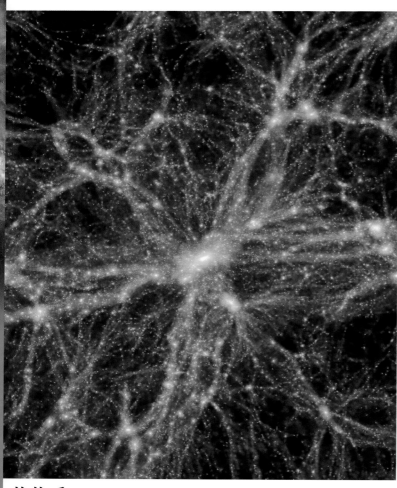

找找看

这幅计算机模拟图像显示了暗物质是如何遍及整个宇宙的。其中，黄色区域的暗物质含量最高。这些区域的引力足以将普通物质汇聚在一起，形成星系。

这是一个秘密

在可见的宇宙中，构成恒星和行星的普通物质只占宇宙总质能的 5%。然而这些物质无法产生足够的引力将星系聚集在一起。因此天文学家们推断，宇宙中一定存在着另一种不可见的物质。暗物质不是由原子构成的，不能反射光或其他任何类型的辐射。不过据估计，它约占宇宙总质能的 1/4。

原子

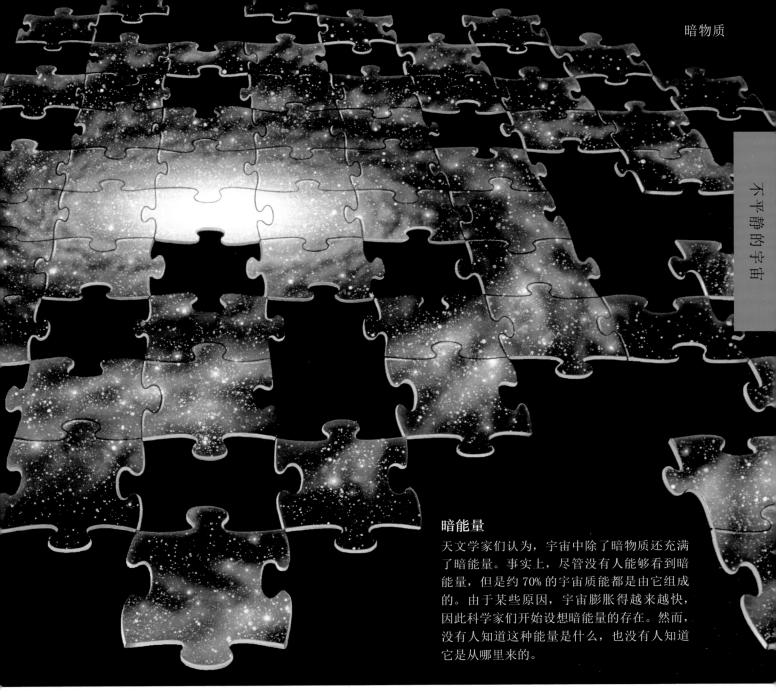

暗能量

天文学家们认为，宇宙中除了暗物质还充满了暗能量。事实上，尽管没有人能够看到暗能量，但是约70%的宇宙质能都是由它组成的。由于某些原因，宇宙膨胀得越来越快，因此科学家们开始设想暗能量的存在。然而，没有人知道这种能量是什么，也没有人知道它是从哪里来的。

子弹星系团

子弹星系团是两个星系团发生碰撞所形成的。其中一个星系团像子弹一样从另一个星系团的中央穿过。星系团中的普通物质（粉色）在碰撞过程中，由于阻力的作用而逐渐减速。但是暗物质却没有减速，它们继续移动并形成一个弯曲的光影（蓝色）。

发生了什么？

这个遥远的星系团名叫艾贝尔383（Abell 383），它包含着大量暗物质。虽然暗物质不可见，但是其引力会使遥远星系散发出的光发生弯曲，我们可以据此分辨出暗物质的位置。

◀ 光线弯曲成弧形，这便是星系团中暗物质存在的证据。

发射！

 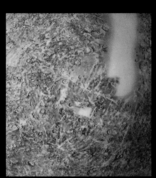 

1942年，V-2火箭首次成功完成了亚轨道飞行。这些巨大而沉重的机械是如何起飞的？人类还向太空发射过什么？

火箭是如何工作的

火箭是一种运载工具，用于将航天员或有效载荷（如卫星）从地球送入太空。它必须达到约 28000 千米／时的速度才能克服地球的引力进入轨道。这一过程需要通过燃烧化学物质来产生推力。

第三级火箭将航天员或有效载荷（承载的货物）送入轨道。

第一级火箭脱落后，第二级火箭继续推动火箭上升。

第一级火箭利用发动机和燃料推动火箭升空。

▲ 牛顿定律
艾萨克·牛顿提出的牛顿第三定律指出：每个作用力都有一个大小相等，方向相反的反作用力。

发射

地球上的所有物体都受地球引力的作用。那么如何才能使一个巨大、沉重的火箭升空呢？当热气从火箭发动机中向下喷出时，其形成的推力可以推动火箭上升。用牛顿运动定律来解释就是：火箭能够升空，是因为每一个作用力（气体向下推）都有一个大小相等，方向相反的反作用力（火箭向上升）。

推力

引力

◄ 多级
多级火箭的每一级都装有独立的发动机。当某一级火箭的燃料用尽，该级火箭将自动分离。

火箭登记表

■ R-7（苏联）起初为弹道导弹，经过改装后将第一颗人造卫星——"人造地球卫星"1 号送入轨道。

■ "东方"号运载火箭（苏联）于 1961 年完成首次载人航天任务，将航天员尤里·加加林送入太空。

■ "土星"5 号运载火箭（美国）是世界上最强大的火箭之一，1969 年，它将首批登月航天员送往月球。

■ "阿丽亚娜"号运载火箭（欧洲）由欧洲空间局研发，有 5 种不同型号，用于将卫星和探测器送入太空。

■ 长征系列运载火箭（中国）有多种型号，已发射数百次，用于将卫星和航天员送入太空。

■ "猎鹰"号火箭（美国）由太空探索技术公司（SpaceX）研制，特点是火箭的第一级可以安全着陆，并重复使用。

发动机和燃料

■ **火箭发动机分两种类型**：一种使用固体推进剂（燃料），另一种使用液体推进剂。许多小型火箭都使用固体推进剂。大型火箭会在不同的阶段使用不同的推进剂。

■ **助推器**是用来提供额外推力的补充发动机，任务完成后会从火箭上分离下来。

■ **固体燃料助推器**（见下图）就像烟花，一旦被点燃，就只能在所有推进剂用尽后才能停止。

推进剂　　套管　　燃烧面

推进剂燃烧所需的液态氧

喷嘴

■ **使用液体推进剂**（左图）的发动机比使用固体推进剂的发动机更复杂。这是因为氧化剂和推进剂必须存储在单独的容器里，需要时才在燃烧室内混合，燃烧后产生炽热的气体喷出。

液态氢

燃烧室

自备氧气

在太空飞行的火箭不仅需要携带推进剂，还需要携带氧化剂。这是因为化学物质（燃料）需要氧气才能燃烧。在地球上，氧气存在于空气中，然而太空中却没有氧气，无法助燃。燃烧所产生的高热气体直接从喷嘴高速喷出，形成推力。

▲ **试验**
RS-68 火箭使用液体火箭发动机，排出的气体近乎透明。

发射！

喷嘴可以通过变换角度来改变飞行方向。

助推器

▲ **后视图** "联盟"号运载火箭的核心级周围安装有 4 个助推器。从喷嘴喷出的热气速度越快，火箭的飞行速度就越快。

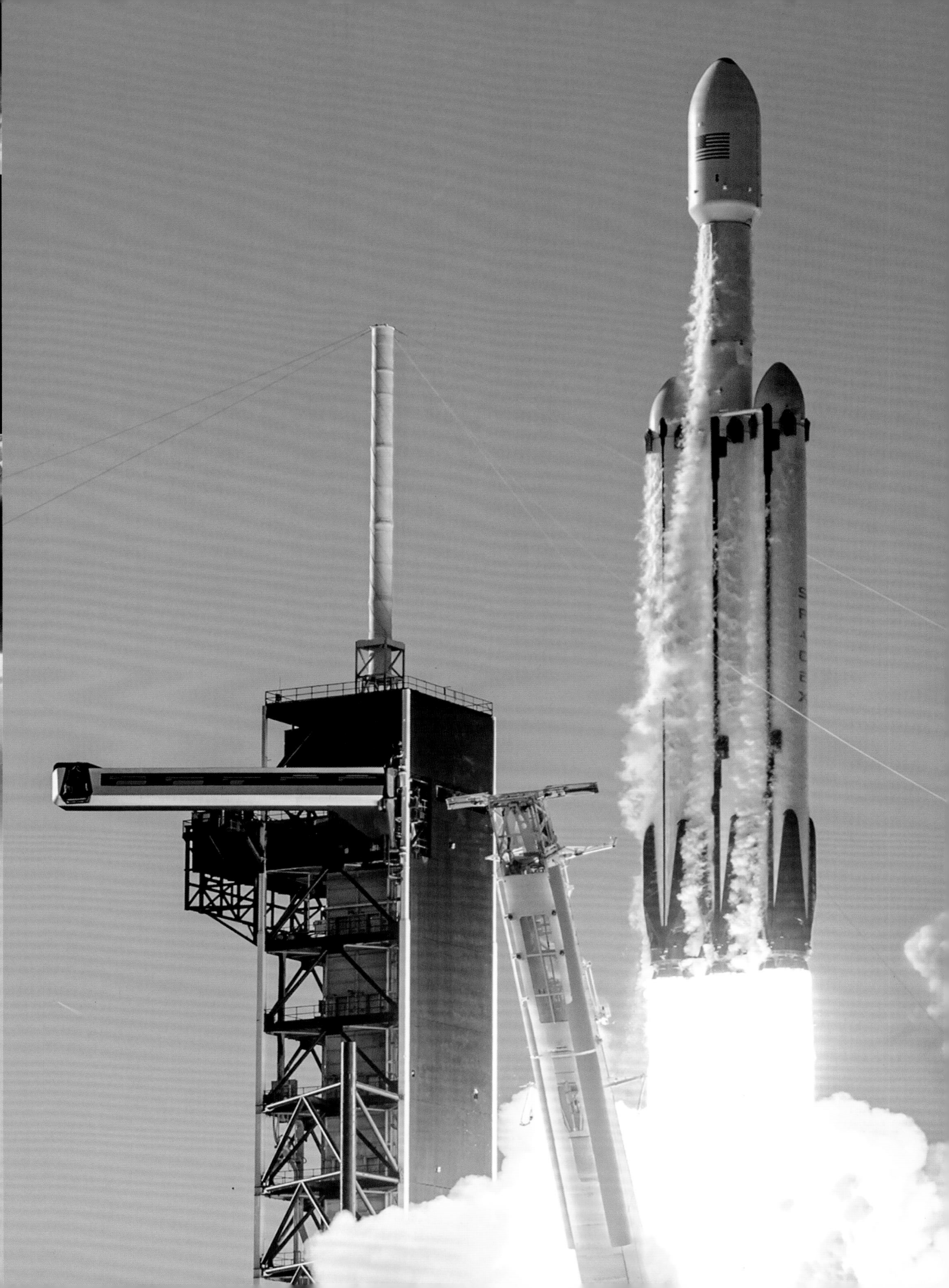
SPACEX

3，2，1……

"重型猎鹰"运载火箭发射升空，开启了太空探索的新纪元。"重型猎鹰"运载火箭由美国私营公司——太空探索技术公司研制，是现役最大、最先进的火箭之一。该火箭的第一级由三个"猎鹰"9号火箭第一级组成，能将64吨重的有效载荷送入距地球200千米的近地轨道。

航天飞机

航天飞机是世界上第一种可以重复使用的航天器。它升空时就像火箭，返回地球时则会像滑翔机那样着陆。航天飞机 1981 年首次发射以来，陆续执行过 130 多次飞行任务，后于 2011 年停飞。它可以搭载航天员和有效载荷进入太空，其任务还包括发射人造卫星和参与空间站的建设。

航天飞机的组成

航天飞机主要由 3 部分组成：一个用于搭载航天员和有效载荷的翼形轨道飞行器，两个白色的助推器，以及一个巨大的橙色燃料箱。在航天飞机上升过程中，助推器和燃料箱将依次分离，只有轨道飞行器能够真正进入太空。燃料箱是航天飞机上唯一不可重复使用的部分。

在太空中，通过遥控操作空间机械臂——"加拿大臂"，来施放和回收有效载荷舱中的物品。

有效载荷舱门

轨道飞行器运输的货物也被称为有效载荷。这个巨大的有效载荷舱可以携带重达 25000 千克的货物。有效载荷舱顶部的舱门可以打开，便于携带大型航天器，如哈勃空间望远镜。

这些机翼边缘的襟翼被称为升降副翼，用于帮助控制下降和着陆。

◀ **发动机**
轨道飞行器后侧的 3 个主发动机通过向上、下、左、右 4 个方向旋转来控制航天飞机的方向。

机组人员

在一次标准的飞行任务中，航天飞机会搭载5～7名乘组人员，其中包括一名指挥官、一名飞行员和几名科学家，有时还会有一名飞行工程师。在轨道飞行器的前部有为他们准备的舱位，包括驾驶舱和生活区。

旅程的开始

航天飞机从美国佛罗里达州的肯尼迪航天中心发射升空。两个助推器和轨道飞行器上的3个主发动机通过燃烧燃料箱中的液氢和液氧，为升空提供动力。起飞后大约2分钟，助推器脱离航天飞机并落回地球。当航天飞机将要抵达轨道时，主发动机关机，用尽的燃料箱脱离轨道飞行器并在大气层中烧毁。

退役

航天飞机运行期间共遭受过两次重大事故。1986年，"挑战者"号在发射后不久爆炸；2003年，"哥伦比亚"号在返回地球大气层时解体。每次事故都导致7名航天员丧生。第二次事故后，人们决定让航天飞机在2011年国际空间站建成后退役。

▲ 由于其中一个助推器的火焰外泄，"挑战者"号爆炸。

▼ 返回
2009年，"亚特兰蒂斯"号返回地面，着陆时打开了减速伞。

▲ 溅落
两枚助推器落入佛罗里达海岸附近的大西洋中，经回收后，可以再次使用。

知识速览

■ 轨道飞行器长37米，翼展24米。
■ 轨道飞行器有5个，它们分别是"哥伦比亚"号、"挑战者"号、"发现"号、"亚特兰蒂斯"号和"奋进"号。
■ 一次飞行任务通常持续12～16天。
■ 燃料箱中装有大约200万升燃料。
■ 轨道飞行器返航时，其外层温度高达1500℃。
■ 航天飞机的速度可以在8分钟内从0千米/时提高到27500千米/时。

着陆

在离开轨道时，轨道飞行器会点燃推进器，速度从高超声速逐渐减缓。当它进入地球大气层时，会与大气摩擦并产生巨大的热量。航天飞机通常会在肯尼迪航天中心长长的跑道上着陆，并利用减速伞协助减速。

发射中心

第一批发射中心建在美国和苏联，如今这些地方仍是主要的发射场。现在中国、法属圭亚那、日本和韩国等多个国家和地区都已经建成或正在建设发射中心。

▲ 第一个发射台位于哈萨克斯坦的拜科努尔，"人造地球卫星"1号和世界上第一位航天员尤里·加加林（上图）就是从这里被送入太空的。

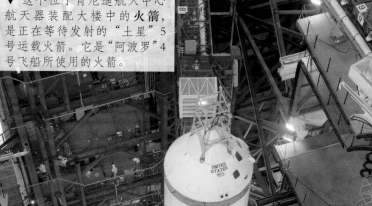

▼ 这个位于肯尼迪航天中心航天器装配大楼中的**火箭**，是正在等待发射的"土星"5号运载火箭。它是"阿波罗"4号飞船所使用的火箭。

理想场所

火箭发射场不允许建在人口稠密地区，因此它们一般位于比较偏远的地区。沿海地区是理想的发射场地，如美国佛罗里达州海岸的卡纳维拉尔角。火箭向东发射，飞向大西洋上空，脱落下来的部件会直接落入海中。

卡纳维拉尔角（美国）

这个发射中心最初是一个导弹试验中心，坐落于一个空军基地的旧址上。1950年，这里首次发射火箭。1958年后，这里成为美国主要的发射中心，所有载人航天任务都是从这里发射的。位于卡纳维拉尔角北部一座岛屿上的发射综合设施39号（肯尼迪航天中心），自20世纪60年代起，开始用于"土星"5号运载火箭的发射。

拜科努尔（俄罗斯）

俄罗斯（或苏联）所有的载人航天和探索行星的任务，都是在位于哈萨克斯坦的拜科努尔发射场发射的。该发射场位于一片平坦、荒芜的平原。拜科努尔发射场建有数十个发射台、9个跟踪站和一个1500千米长的火箭试验场。1955年，苏联开始在这里进行导弹和火箭试验。

普列谢茨克（俄罗斯）

普列谢茨克发射场可能是世界上发射次数最多的发射场。该发射场位于北极圈附近，在莫斯科东北方向大约800千米的地方。自1957年起，普列谢茨克一直是世界领先的导弹试验和航天发射中心。多年来，这里一直是绝密基地，苏联政府在1983年才承认了它的存在。

▲ **普列谢茨克发射场**位于森林和湖泊地区。发射场约4万名工作人员和他们的家人住在附近的米尔内镇。

▶ "阿丽亚娜" 5号运载火箭在库鲁发射场发射升空。火箭上运载着欧洲空间局的有效载荷。

库鲁（欧洲空间局）

这个位于法属圭亚那的发射场是世界上地理条件最好的发射场之一，也是欧洲空间局最主要的发射场。由于地处赤道附近，在这里发射的火箭可以利用地球自转提高发射能力。此外，这里全年的气候条件都利于发射。这里还建成了用于发射俄罗斯"联盟"号运载火箭等其他火箭的发射台。

酒泉（中国）

酒泉卫星发射中心位于甘肃省的戈壁沙漠。发射场于1960年投入使用。1970年，"长征"1号运载火箭在这里发射，将中国第一颗人造地球卫星（"东方红"1号）送入太空，使中国成为世界上第五个成功将人造地球卫星发射升空并送入轨道的国家。如今，"神舟"号载人飞船也是在这里发射的。为了避免飞越俄罗斯和蒙古领空，这个发射场仅限于完成东南方向的发射。

奥德赛（海上发射公司）

在太平洋中央区域发射火箭的奥德赛海上发射平台是最不寻常的发射场。卫星先在美国加利福尼亚州的陆地上准备好，然后装载在"天顶"运载火箭上，之后再转移到奥德赛海上发射平台。经过11～12天的航行后，平台到达赤道附近进行发射。

发射"阿丽亚娜"5号运载火箭

在法属圭亚那库鲁发射场发射的"阿丽亚娜"5号运载火箭，能够将两颗总重达9吨的卫星送入轨道。火箭和卫星利用发射场特殊的设施来完成组装和发射前的准备工作。

综合发射场

ELA-3发射台始建于20世纪90年代，主要用于发射欧洲的"阿丽亚娜"5号运载火箭。这里每年能完成8～10次火箭发射，每次发射任务持续大约20天。发射场的控制中心设在一个防护罩内，能够承受火箭碎片坠落的冲击力，此外还设有两个独立的发射控制室。

▼ 工作人员将"菲莱"号着陆器装载到"罗塞塔"号彗星探测器上，以做好探测丘留莫夫-格拉西缅科彗星的准备（157页）。

▼ 在装配大楼内，一个**固体火箭助推器**正在准备与"阿丽亚娜"5号运载火箭组装。

多级火箭

在这座58米高的航天器装配大楼里，"阿丽亚娜"5号运载火箭的各部分被组装在一起。火箭的核心级（第一级）被安放在一个可移动的发射台上，两个固体火箭助推器分别装载在核心级的两侧。核心级的上方是其他几级火箭。发射台和火箭最终会被转移到总装大楼。

▲ 装有液体推进剂的**核心级火箭**已经被悬挂到指定位置，并完成喷嘴连接。

准备有效载荷

卫星在巨大的有效载荷处理厂房进行发射前的准备工作。处理厂房十分宽敞，可以同时对多个卫星进行处理。有效载荷处理厂房还有两个专门处理危险任务的区域，例如装载易燃推进剂的区域。装载完成准备发射的卫星会被转移到总装大楼，装载到火箭上。

◀ **"阿丽亚娜"5号**运载火箭由一个位于中央的核心级、两个固体火箭助推器和一个位于上面的第二级组成。整个火箭长52米。

▶ **水塔**
水塔中的水用于喷淋火焰导流槽及发射台周围的区域。它能够存储150万升水。

发射！

总装

在总装大楼内，卫星被装载在火箭顶部。卫星表面覆盖着一层叫作有效载荷整流罩的外壳，用于在发射过程中保护卫星。下一步就是装载火箭的第二级和姿态控制系统。在发射前12小时，移动发射台和已经完成装配的火箭将被移往发射区。

▲ **有效载荷**被一个特殊的移动式起重机吊起并放置在火箭的顶部。

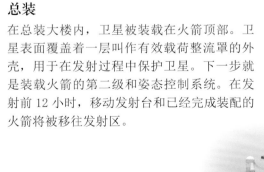

▶ 火箭被履带牵引车缓缓移出。

发射区

火箭在这一区域的操作最危险，因此发射区距离其他建筑物2.8千米。火箭的核心级充满了液氢推进剂和液氧氧化剂，主发动机和固体火箭助推器被引燃后，火箭升空。发射区的1个混凝土底座和3个火焰导流槽会排出气体和火焰。在火箭升空的过程中，整个发射区域通过喷水来降低噪声和高温的影响。

人造地球卫星

在天文学中，卫星指那些环绕行星运行的天体。而我们通常所说的卫星分为两种，一种是天然卫星，如月球；另一种是人造地球卫星（简称人造卫星），如通信卫星。早期的人造卫星构造非常简单，现代的人造卫星则复杂得多。

"人造地球卫星"1号上的4根天线能发送无线电信号。

值得一提

人们设计和制造了许多人造卫星，用于发送各种数据，如电视广播信号、移动电话信号、云层和陆地图像，以及其他科学信息。人造卫星的所有者可以通过地面和人造卫星上的抛物面天线对人造卫星进行追踪。

"人造地球卫星" 1 号

1957 年 10 月 4 日，苏联的"人造地球卫星"1 号作为第一颗人造卫星成功进入轨道。它由一个直径 58 厘米的铝球和 4 根约 3 米长的无线电天线组成。它的蜂鸣信号持续了 21 天，在轨时间共计 92 天。1958 年 1 月 4 日，它返回地球时在大气层中烧毁。

◀ 激光定位器

一些人造卫星通过反射激光脉冲来精确测定轨道。

获取能量

- 人造卫星必须为自身提供能量。这通常是通过使用嵌满光敏太阳能电池的大型太阳能电池阵来实现的。这种电池阵一般有数米长，在发射过程中必须折叠起来。
- 太阳能电池可以提供数千瓦的能量，不过随着时间的流逝，其功率也会逐渐降低。
- 太阳能电池阵能够转变方向，从而收集尽可能多的太阳能。当人造卫星进入阴影区域时，它会启用蓄电池中的电量。

别错失良机

大多数商业人造卫星的设计理念都基本相同，就是要尽可能的牢固、轻便。一个被称为卫星平台的组合体中包含了人造卫星的主要系统，包括蓄电池、计算机和推进器。与卫星平台相连的是天线、太阳能电池阵和作为有效载荷的仪器（如照相机、望远镜和通信设备）。人造卫星通过这些仪器来完成工作任务。

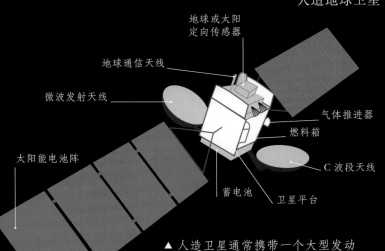

地球或太阳定向传感器

地球通信天线

微波发射天线

气体推进器

燃料箱

C 波段天线

太阳能电池阵

蓄电池

卫星平台

▲ 人造卫星通常携带一个大型发动机和推进器。当人造卫星与火箭分离后，它们可以帮助人造卫星运行到正确的轨道位置。

超级太阳能卫星
"先锋"1号卫星是太空中最古老的人造天体。它于1958年发射升空，是第四个成功进入轨道，也是第一个由太阳能电池阵供能的人造卫星。1964年，"先锋"1号的使命终结，但它至今仍在空间碎片层中继续环绕着地球飞行。

人造卫星会受到很多因素的影响。小陨石的撞击、太阳风、太阳辐射，以及微小的引力变化都会改变它的位置，甚至对它造成损害。

◀ **保持正确的方向**
人造卫星需要指向正确的方向，以保证天线和地球之间的通信顺畅。保持正确的角度，或者说"姿态"，是一件棘手的工作！

热与冷
人造卫星朝向太阳的一面温度极高，而背阴面的温度则极低。大多数人造卫星设备对极端温度非常敏感，因此导致很多问题的出现。保护设备的方法包括使用一种看上去像箔的多层隔热材料，以保持人造卫星的温度，此外还可以通过增加散热器来排出电气设备中的热量。

美国国家航空航天局的月球勘测轨道飞行器（LRO）是一个用来研究月球表面情况的机器人航天器，它的轨道距离月球 50 千米。

人造地球卫星的轨道

1957 年"人造地球卫星"1 号发射以来，数以千计的人造卫星陆续被送入太空。它们的类型、大小和用途各不相同。大多数人造卫星位于距离地球表面 200 ～ 2000 千米的近地轨道。这类人造卫星环绕地球一周大约需要 2 小时的时间。

发射！

天气守望者

一些气象卫星位于地球静止轨道，停留在地球上方的同一位置，如欧洲空间局的欧洲气象卫星。它们的轨道高度约 35800 千米，环绕地球一周需要 24 小时。它们的照相机正对着地球，便于对某一地区的天气变化进行研究。

天气预报

人造卫星，尤其是那些位于低极地轨道上的人造卫星，可以获取极为详细的气象图像。人们利用它们来预测天气，不过我们也有弄错的时候。下面这幅图像是美国国家航空航天局的人造卫星拍摄的。图中显示热带气旋"古努"正在影响阿曼湾。依据此图像，人们预测风暴将向内陆地区移动，然而事实并非如此。

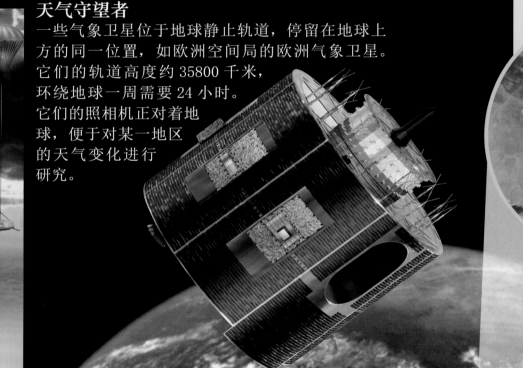

▲ 很有耐心

这颗气象卫星位于西非的赤道上空。当地球转动时，气象卫星也随之同步转动。

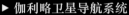

高椭圆轨道

近地轨道

极地轨道

地球静止轨道

导航卫星家族

■ 很多卫星都能够提供导航信息。这其中知名度最高、用途最广泛的当属美国的全球定位系统（GPS）。全球定位系统的 30 多颗卫星纵横交错地分布在 6 条轨道上，覆盖在地球上空 24000 千米的区域。无论何时、何地，地平面上总有 3 ~ 4 颗卫星。

■ 俄罗斯的格洛纳斯卫星导航系统（GLONASS）类似于全球定位系统。

■ 欧洲的伽利略卫星导航系统已经投入运行。

■ 中国的北斗卫星导航系统目前拥有 40 多颗在轨运行的卫星。

轨道的类型

不同的人造卫星轨道被用于不同的任务。许多通信和气象卫星都位于赤道上空，这一区域或接近这一区域的轨道被称为近地轨道，更远一些的，则被称为地球静止轨道。地球自转时，位于其上空的卫星可以在极地轨道上获取整个星球的详细信息。在高椭圆轨道上能够发现对地观测卫星和空间天文台的身影。

卫星导航

许多汽车、船只和飞机都安装了卫星导航设备（导航仪），用作电子地图和航路查找器。卫星导航设备通过获取人造卫星的即时信号，定位目标在地球上的准确位置，以完成导航工作。

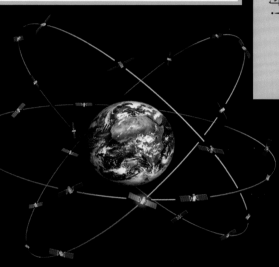

▶ 伽利略卫星导航系统

欧洲的伽利略卫星导航系统仍在持续建设中。它最初被设计为包括 3 条倾斜轨道上的 30 颗卫星。

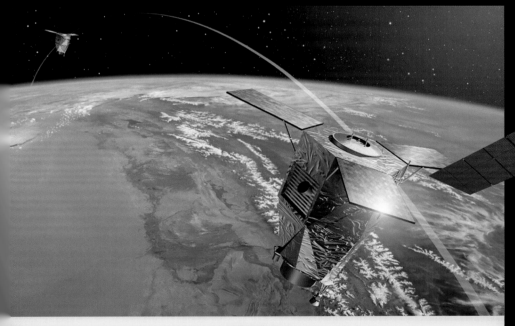

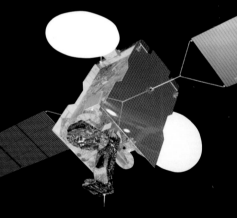

通信卫星

通信卫星技术改变了广播、电视和电话通信。1962 年，人们首次实现了从美国到英国的电视信号转播。如今，通信卫星可以将数以百计的数字电视信号直接传送到居民屋顶上的天线，使我们可以看到世界各地的实时新闻和体育赛事的实况转播。通信卫星还让人们可以在沙漠或山顶拨打电话。

观测地球

许多人造卫星被用于研究地球的表面。从卫星图像中我们可以得到很多信息，包括洋流、空气污染和地貌的改变。通过从不同角度拍摄同一地区的图像，还能够生成三维图像。有些人造卫星能够辨认小于 50 厘米的物体，有的甚至可以看清报纸上的头条新闻标题。雷达卫星甚至能够获取夜间或被云层覆盖的某一地区的图像。

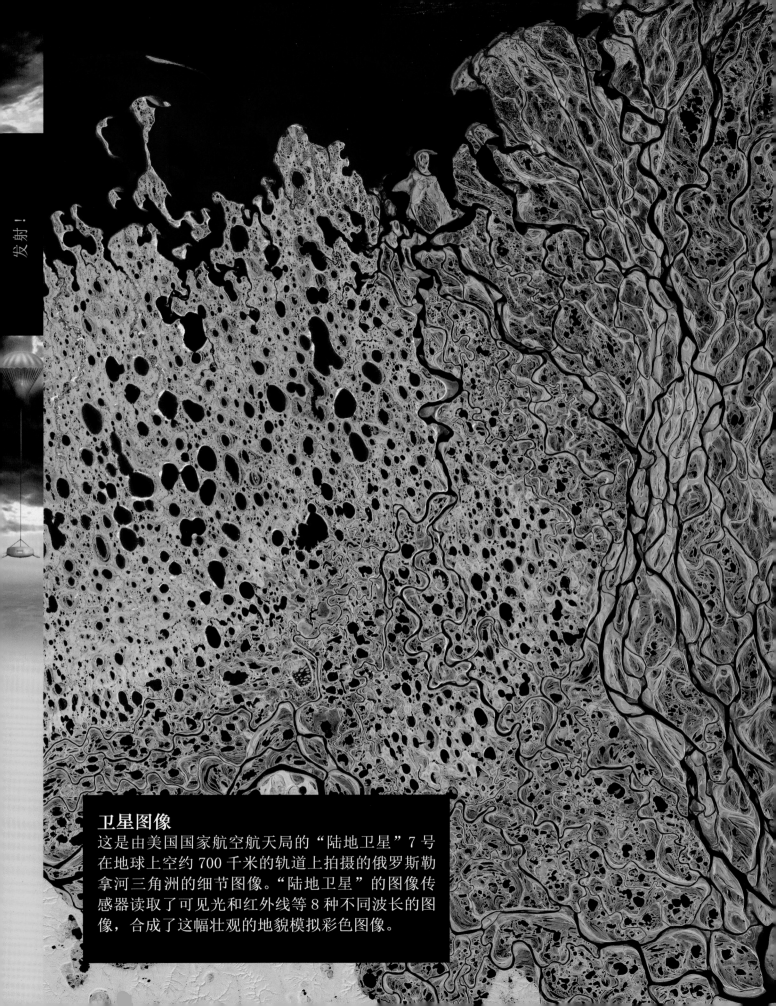

发射！

卫星图像

这是由美国国家航空航天局的"陆地卫星"7号在地球上空约700千米的轨道上拍摄的俄罗斯勒拿河三角洲的细节图像。"陆地卫星"的图像传感器读取了可见光和红外线等8种不同波长的图像，合成了这幅壮观的地貌模拟彩色图像。

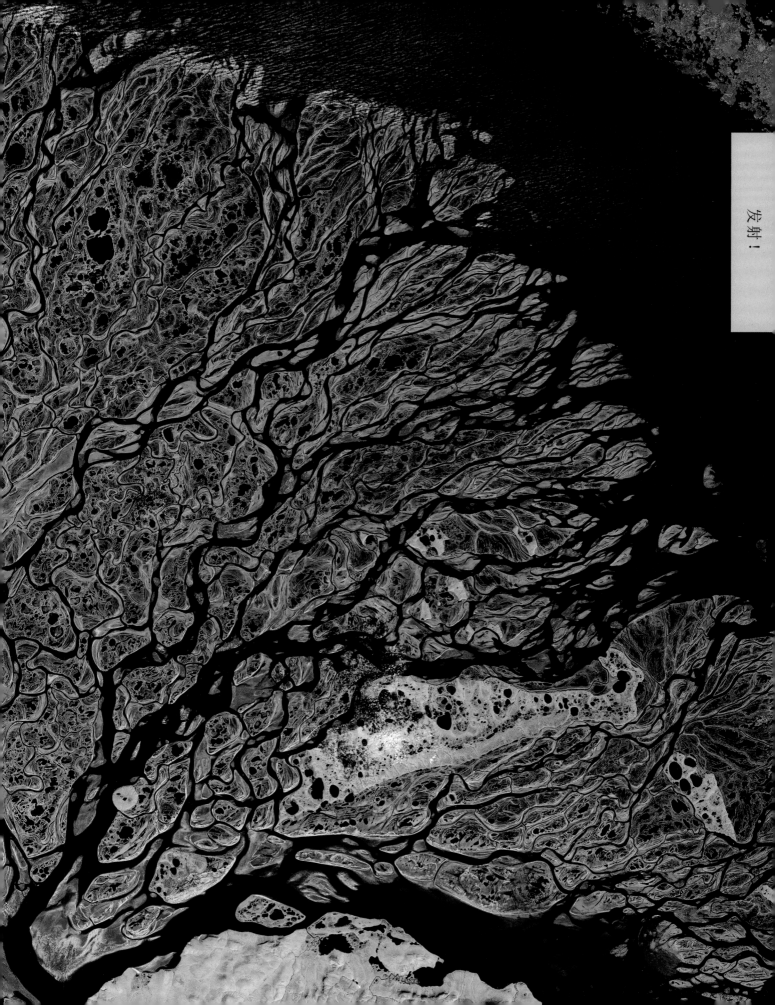

发射！

"月球"3号的照相机在40分钟内拍摄了29幅图像，覆盖了人类从未看到过的月球背面的70%。

空间探测器

在20世纪50～60年代，苏联和美国各自派出了无人驾驶航天器，去探索月球、金星和火星。从那以后，有多个探测器先后探测过太阳、太阳系中的其他行星，以及许多卫星、小行星和彗星。

月球背面

1959年1月，苏联"月球"号探测器中的"月球"1号成为第一个飞越月球的航天器。1959年10月发射的"月球"3号传回了第一批月球背面的图像。"月球"3号进入了一个大椭圆轨道，因此它能够移动到月球的背面。在位于距离月球6200千米的位置，探测器上搭载的照相机拍摄到了月球背面的图像，图像中显示了月球背面有少量的月海。

跟踪探测器

探测器以高频（短波长）无线电波的形式将图像和其他数据传回地球。这些信息由卫星地面站的抛物面天线接收。

▲ 地球上一个航天器跟踪天线和它上方的夜空中的**银河系**。

火星

火卫一是火星两颗卫星中的一颗。

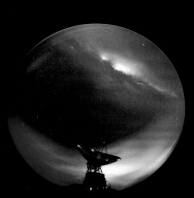

第一颗人造火星卫星

1971年5月，美国的"水手"9号探测器发射升空，执行环绕火星运行的任务。它发回了火星上的巨大火山、巨大峡谷、干涸河床，以及两颗火星卫星的近距离图像。

首次访问金星

"水手"号探测器是美国首批发送到其他星球的探测器。"水手"2号于1962年8月成功发射，1962年12月14日从金星上空34838千米处飞越。"水手"2号飞越金星用时42分钟，其间对金星进行了探测。探测结果显示，金星云层的温度很低，而地表的温度却高达425℃。

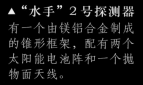

▲ "水手"2号探测器有一个由镁铝合金制成的锥形框架，配有两个太阳能电池阵和一个抛物面天线。

木星之旅

"先驱者"10号于1972年3月发射，在1972年7月至1973年2月完成人类航天器对小行星带的首次穿越，它还是第一个抵达木星的航天器。该探测器在传回木星的近距离图像后，又开始了其飞离太阳系的旅程，并于1983年6月穿过海王星轨道。2003年我们收到了它发出的最后一个信号。"先驱者"10号正向着金牛座中毕宿五的方向飞去，不过需要至少200万年的时间才能到达那里！

▶ 消失 从"水手"10号所处的位置无法看到水星表面的这部分区域。

水星计划

1974年3月29日，"水手"10号成为第一个访问水星的探测器。此前，当它于1974年2月5日飞越金星时，它成为第一个利用另一颗行星的引力改变航向的探测器。在"水手"10号首次飞越水星后的数月中，它又飞越水星两次。"水手"10号发回了大约12000幅水星图片，为我们呈现了一个看起来类似月球的陨石坑密集的水星世界。

小知识

■ "先驱者"10号是有史以来飞行速度最快的航天器之一。它以51670千米/时的创纪录速度飞离地球。

■ "先驱者"10号曾是飞得最远的航天器，这个纪录在1998年2月17日被"旅行者"1号探测器打破。

■ "织女"1号和"织女"2号飞越金星后继续飞行，并于1986年3月飞越哈雷彗星。

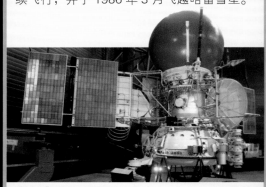

"织女"号探测器由太阳能电池阵提供能量，载有抛物面天线、照相机和红外探测仪。

第一个行星气球

1984年12月，苏联发射了"织女"1号和"织女"2号两个探测器，执行对金星的探测任务。它们将两个分别搭载着着陆器和仪器包的聚四氟乙烯涂层气球投放到了金星大气层中。两个气球在大气层中坚持了46小时，传回了云和风的数据，着陆器则对低层大气和地表岩石进行了探测。

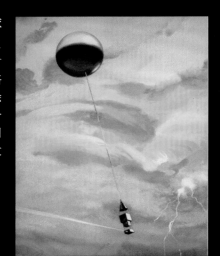

太空碎片

目前，有超过 2000 颗人造卫星在太空中运行，其中大部分在环绕地球运行。然而，这些人造卫星正飞行在一个数量不断增长的，由太空碎片组成的"海洋"中。这些碎片有的大如汽车，有的小如尘埃和油漆斑点。

▼ 外环
外环主要由通信卫星的碎片组成。

▶ 近地轨道
大约 70% 的碎片位于地表上方约 2000 千米的近地轨道上。其中，碎片最密集的地方位于极地高纬度地区的上空。

太空碎片在哪里？

目前有超过 20000 块直径大于 10 厘米的太空碎片，以及数百万块小一些的太空碎片在环绕地球运动，其中大部分碎片位于近地轨道。在高度为 36000 千米的轨道上还有第二个碎片环，这里是通信卫星的主要轨道。这一轨道上的碎片增长速度非常快，因此大多数老卫星在关闭之前不得不被推到一个更高的"墓地轨道"。

坠向地球
通常情况下，坠入地球大气层的碎片会像人造流星体一样燃烧起来。但偶尔也会有几乎完好无损的碎片掉落到地面。上图是 1997 年于美国得克萨斯州发现的"德尔塔"2 号运载火箭的推进剂贮箱。

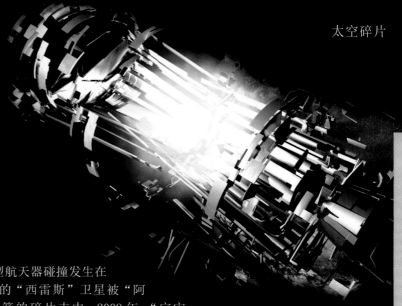

爆炸

迄今为止，太空中已经发生过 200 多次爆炸，这样的爆炸很可能还会发生。爆炸通常是由无法控制的事件引发的，如火箭燃料箱压力过大，电池爆炸或燃料爆燃。每次爆炸都会产生无数块小碎片。

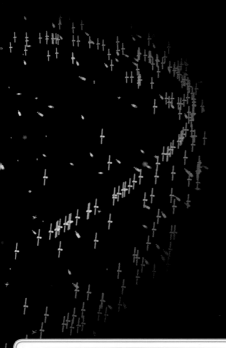

碰撞

第一次有记录的大型航天器碰撞发生在 1996 年，当时法国的"西雷斯"卫星被"阿丽亚娜"号运载火箭的碎片击中。2009 年，"宇宙 2251"卫星与"铱星 33"卫星发生撞击（上图）。此次爆炸产生的太空碎片可能多达 10 万块。

"西雷斯"卫星被"阿丽亚娜"号运载火箭的碎片击中。这次碰撞使卫星受损严重。

处于风险中的航天飞机

载人航天器，如航天飞机，在碎片频现的近地轨道飞行。美国军方时刻追踪大块碎片，并在可能发生碰撞时发出预警，以便航天飞机及时调整航线躲避危险。但是，小块碎片的撞击往往难以避免。

▲ 碎片
这块约 5 厘米长的碎片足以对航天器造成重大损害。

知识速览

■ 碎片运行的速度可达 27000 千米 / 时，因此即使是很小的碎片也具有极大的破坏力。高速能使一滴油漆具有一颗步枪子弹的威力。

■ 国际空间站配备了特殊的防护罩，以防止碎片的撞击。当特大碎片对空间站构成威胁时，空间站还可以转移到安全的地方。

■ 地面上的光学望远镜和雷达可以追踪大块的太空碎片。

■ 即使不再发生更多的爆炸，人造太空碎片的数量也会不断增加。因为碎片之间的每次碰撞都会形成数十块，甚至数百块更小的碎片。

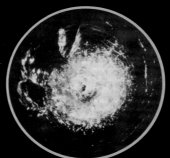

◀ 舱窗损坏
小碎片的撞击会造成航天飞机的舱窗玻璃损坏，因此舱窗经常需要更换。

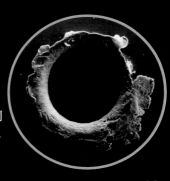

▶ 碎片洞
这是一颗太阳探测卫星帆板上的碎片撞击洞。

航天国家

多年以来，俄罗斯（或苏联）和美国在太空探索方面一直占据着主导地位。随着时间的推移，包括中国、印度、巴西、韩国和以色列在内的更多国家开始研制自己的人造卫星并发射火箭。这些国家投入大笔经费用于航天事业的发展，成为新一代航天力量的代表。

知识速览

■ 火箭将卫星送入轨道只需要 10 ~ 30 分钟的时间。

■ 中巴地球资源卫星能够从 778 千米的高空获取城市的细节图像。

■ 美国的空间目标监视系统会追踪太空中的目标。目前有大约 2000 颗人造卫星在地球上空运行。

■ 地球静止轨道卫星绕地球运行的速度和地球自转的速度相同，因此从地球上看到的地球静止轨道卫星似乎是静止不动的。

火箭战队

许多小国家借助欧洲、俄罗斯或日本的火箭来发射自己的人造卫星。如今中国和印度也建造了发射场，拥有了可靠的火箭队伍，能够帮助其他国家发射人造卫星。到目前为止，印度的极轨卫星运载火箭（PSLV）已经发射了超过 200 颗人造卫星，其中 2017 年曾一次性发射了 104 颗。以色列、巴西、伊朗和韩国也已经拥有或正在建造自己的火箭和发射基地。

看一看：月球之上

2009 年，搭载着美国国家航空航天局设备的印度月球探测器——"月船"1 号传回的数据显示，月球的岩石中存在水。这一发现印证了之前美国的两个探测器"卡西尼"号和"深度撞击"号所收集的数据。

▲ 从这幅月球背面陨石坑的**红外图像**上看，月球干燥而多尘。

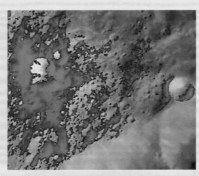

▲ 从这幅**假彩色图像**上看陨石坑，能够发现在岩石和土壤下方存在水的大量证据。

载人航天任务

中国是第三个有能力将人类送入太空的国家。2003 年，中国将一名航天员杨利伟送入太空。2008 年，翟志刚成为中国第一位实现太空行走的航天员。2012 年 6 月 16 日至 29 日，中国的神舟九号进入太空，与天宫一号对接，中国第一位女性航天员刘洋参与了这次任务。2021 年 10 月 16 日，神州十三号将 3 名航天员翟志刚、王亚平、叶光富送入太空，开启了为期 6 个月的飞行任务，并于 2022 年 4 月 16 日顺利返回地球。

▲ 神舟七号载人航天飞行任务中的 **3 名航天员**在发射前和返回后都受到了英雄般的礼遇。

嫦娥和玉兔

2013 年，嫦娥三号探测器在月球表面软着陆，并部署了名为"玉兔"的小型巡视器。玉兔号探测到月表下 140 米的结构。

进入轨道

人造卫星被赋予了许多不同的使命。中国、印度、巴西和韩国等国利用卫星来监测天气状况和污染情况，寻找矿产和资源，巡查农业和城市的状况。还有些人造卫星被用作通信或全球定位设备。

▲ 中国和巴西联合研制的中巴地球资源卫星（CERBS）被用于**环境监测**，它能准确定位亚马孙雨林的砍伐区域（粉红色区域）。

▼ 日本的航天探索

日本宇宙航空研究开发机构（JAXA）是当今太空探索的主要参与者。它们利用自己研制的火箭发射人造卫星和航天器。"月亮女神"号月球探测器就是由日本自行研制的 H2A 火箭发射升空的。

影像定格

日本宇宙航空研究开发机构的航天器也通过三维图像描绘出了月球的地貌，还对月球的磁场进行了研究。该任务取得重大成功。2009 年，经过一年零八个月的工作，"月亮女神"号月球探测器最终按计划在月球上撞毁，完成了它的使命。

高清月球图像

2007 年 9 月，日本发射了以传说中月亮公主的名字命名的"月亮女神"号月球探测器（别称"辉夜姬"）。这是"阿波罗计划"之后规模最大的月球探测任务之一。此次任务的目标是研究月球的形成和演变。除此之外，"辉夜姬"配备的高清摄像机还拍摄到了一段地球从月球地平线升起的精彩影像。

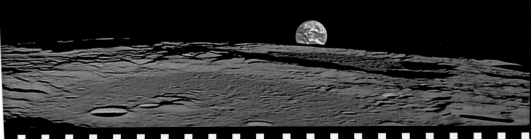

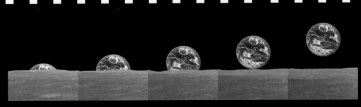

◀ 这段地球升起的精彩视频被上传到视频网站 YouTube 后，被超过 100 万观众点击观看。

超级航天器

太空旅行需要花费很长的时间。如今，无人航天器已经能够进行远距离飞行，去探索太阳系深处的秘密，但是人类要想前往火星和更遥远星球的难题还没有被攻克。许多加快飞行速度和节省燃料的想法正在测试中。这些想法有可能加快人类探索遥远世界的步伐吗？

电力驱动

传统的火箭发动机需要燃烧大量的燃料，这使得运载器又大又笨重，发射成本非常高。电力推进器，即离子发动机，相对于传统的发动机来说更加轻便高效。它通过喷出带电粒子（离子）流来提供推力。离子通过带电栅极后会加速运动。尽管这一过程产生的推力很弱，但久而久之，它可以推动航天器达到非常高的速度。

欧洲空间局的"智慧"1号月球探测器由离子发动机驱动。

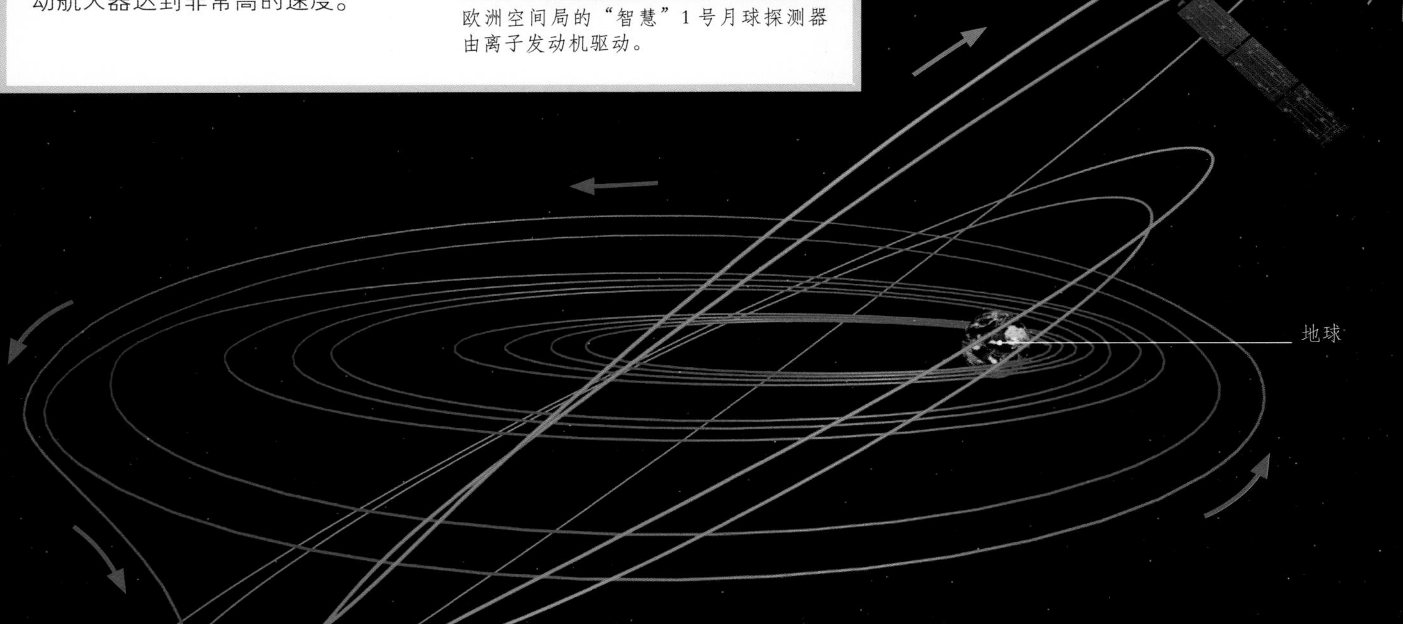

"智慧"1号月球探测器   月球

地球

这里是"智慧"1号脱离地球引力，被月球引力捕获并拖往绕月轨道的地方。

身手敏捷

2003年升空的"智慧"1号月球探测器是欧洲空间局发射的第一艘借助月球引力进入绕月轨道的航天器。"智慧"1号首先沿着一条不断升高的轨道绕地球盘旋上升。它的离子发动机将其最初的圆形轨道逐渐拉伸为椭圆轨道。当距离地球足够远时，它就会脱离地球引力，并在月球的引力作用下进入一条全新的轨道。

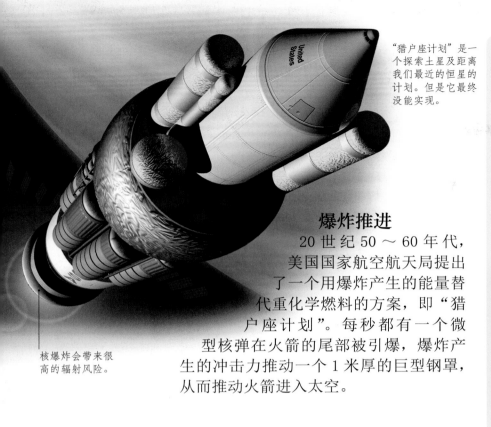

"猎户座计划"是一个探索土星及距离我们最近的恒星的计划。但是它最终没能实现。

核爆炸会带来很高的辐射风险。

爆炸推进

20 世纪 50 ～ 60 年代，美国国家航空航天局提出了一个用爆炸产生的能量替代重化学燃料的方案，即"猎户座计划"。每秒都有一个微型核弹在火箭的尾部被引爆，爆炸产生的冲击力推动一个 1 米厚的巨型钢罩，从而推动火箭进入太空。

空气动力制动

航天器在减速进入月球或其他行星的轨道时，会消耗很多燃料。然而，如果行星拥有大气层，那么就有可能在不使用航天器发动机的情况下减速。通过吸入或释放上层大气来减速的技术称为空气动力制动。每当航天器进入大气层时，都会在摩擦力的作用下减速。这一技术也可以用来改变航天器的轨道。

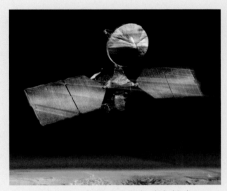

火星勘测轨道飞行器利用空气动力制动。

"代达罗斯计划"

20 世纪 70 年代，英国星际学会提出了"代达罗斯计划"，描述了一种两级无人航天器。它的发动机将利用核聚变的能量（与太阳相同），向太空喷射高速气体。航天器重达 54000 吨，其中大部分都是其携带的燃料。它的飞行速度很快，能够在 50 年内到达巴纳德星（距离地球 6 光年）。由于减速和加速所需的燃料相同，当它高速经过巴纳德星后还将继续前行。

"伊卡洛斯"太阳帆的长度为 20 米，但厚度只有 0.0075 毫米。

◀ "伊卡洛斯"（IKAROS）是日本的第一个太阳帆任务。

太阳帆

帆船在地球上已经被使用了数千年，太空中的"帆船"可能也将登场。太阳帆的原理是利用太阳光的压力推动"船帆"。当足量的太阳光照射在巨大、轻便的帆上时，就可以推动航天器在太空中前行。这种推力虽然很小，但持续不断，航天器可以逐渐达到很高的速度。

人在太空

在太空中生存对于人类来说很艰难。航天员需要在微重力并且远离家园的环境里做许多事情，小到飞行前的训练，大到在轨道内建造空间站。

19 世纪以来，在人类研制航天器和对太空的探索过程中，有很多人做出了贡献，甚至一些动物也参与其中。这里列举了一些对人类探索太空有重要意义的人和动物。

太空动物

20 世纪 40 ～ 50 年代，为了测试失重对生物的影响，一些动物被送入太空。1959 年，两只猴子（埃布尔和贝克）被送到了距离地球 483 千米的高空。它们在经历了 9 分钟的失重状态后，安全返回地球。

康斯坦丁·齐奥尔科夫斯基

人类探索宇宙的先驱——苏联火箭专家康斯坦丁·齐奥尔科夫斯基说："地球是人类的摇篮，但我们不会永远躺在这个摇篮里。"1874 年，只有 17 岁的他第一次对太空飞行产生了兴趣。他将自己关于多级火箭、液态燃料推进、耐压航天服及轨道空间站的想法写了出来。1935 年齐奥尔科夫斯基去世后，他的理论被广泛应用于发展太空探索事业。

凡尔纳小说中的航天器是由一门叫作"哥伦比亚"的巨型大炮发射的。1969 年，美国国家航空航天局把将人类送往月球的指令舱命名为"哥伦比亚"。

儒勒·凡尔纳

儒勒·凡尔纳是 19 世纪法国的科幻小说家。他的科幻小说《从地球到月球》及其续篇激励了很多太空先驱，其中包括康斯坦丁·齐奥尔科夫斯基、罗伯特·戈达德及韦恩赫尔·冯·布劳恩。

20 世纪 20 年代，戈达德独自一人用自己制造的火箭做了很多实验。

罗伯特·戈达德

当美国物理学家罗伯特·戈达德开始尝试发射火箭及宇宙飞船时，人们认为他疯了。1926 年，他的第一枚液体燃料火箭在他艾菲姨妈的农场里发射成功。这枚长达 3 米的火箭飞行了 12.5 米高，56 米远，整个过程只持续了 2.4 秒。如今，戈达德被认为是现代火箭之父。

我能一直在太空中飞行。

加加林不得不在着陆之前就从密封舱跳伞——这件事被当作机密保守了很多年。

尤里·加加林——太空第一人

1959 年，机敏过人的歼击机飞行员尤里·加加林成为航天员候选人。1961 年 4 月 12 日，他乘坐"东方"号飞船到达地球上空 327 千米的轨道。飞船速度为 28000 千米／时，绕地球飞行一周仅仅用了 108 分钟。这次飞行引起了巨大轰动，加加林也因此成为世界名人。

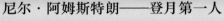

▼ 迄今为止，只有 12 个人在月球上行走过。

尼尔·阿姆斯特朗——登月第一人

尼尔·阿姆斯特朗也是一名狂热的飞行员。在孩提时代，他便制作了数百个飞机模型。他甚至在考取汽车驾照之前就已经拿到了飞行驾照。1962 年，他被选为美国国家航空航天局的航天员。1966 年，他驾驶了"双子星座"8 号飞船。1969 年，他指挥"阿波罗"11 号飞船登月。这是人类第一次月球之旅，他也成为第一个在月球上行走的人。

站在"土星"5 号运载火箭旁边的韦恩赫尔·冯·布劳恩博士。

韦恩赫尔·冯·布劳恩

韦恩赫尔·冯·布劳恩原本生活在德国，他在那研制了第二次世界大战中德国所使用的武器 V-2 火箭。战争结束后他来到美国工作，并开始研制"土星"5 号运载火箭，该火箭为美国人赢得了登陆月球的竞赛。"土星"5 号运载火箭作为唯一一种完成任务后没有爆炸过的火箭而闻名。

谢尔盖·科罗廖夫

20 世纪 30 年代，充满激情的火箭专家谢尔盖·科罗廖夫引起了苏联军方的注意，并成为一系列苏联空间计划的幕后策划人，其中包括世界第一颗人造地球卫星，即"人造地球卫星"1 号。然而苏联一直对他的身份保密，直到 1966 年他去世时，外界只知道他是"总设计师"。

成为一名航天员

要想成为一名航天员十分不容易。通常在数千名应征者中，只有极少数人能被选中。那些被选中的人在执行太空飞行任务之前需要经过数月的学习与训练。据一些航天员说，他们所经受的训练往往比执行实际任务还要困难。

航天员必备

你具备当航天员所必需的资质吗？
- **大学学历**：工程学或数学。
- **身体健康，体能良好。**
- **良好的社交技能。**
- **能够进行团队合作。**

要想成为航天科研专家还需要：
- **更高的学历。**
- **职业经验**：工程学或与航天相关的职业。

要想成为航天员还需要：
- **飞行经验**：数年的飞行经验（通常是驾驶高性能喷气式军用飞机的经验）。

被选中的少数人

在太空时代早期，被选中的航天员都是那些年轻的，并且具备一定身体和心理素质的军事飞行员。如今的航天器在升空和重返大气层时，航天员们已经不需要再承受那么大的应力了，但是他们仍然需要通过一系列的体能测试。

了不起的明星！

美国参议员约翰·格伦曾经打破过两项太空纪录：1962年，他乘坐"友谊"7号进入太空，成为第一个环绕地球飞行的美国人；1998年，已经77岁的格伦再一次登上航天飞机进入太空，成为从事该项活动的年纪最大的人。

你具备成为航天员的条件吗？

每个国家都有各自的航天员训练方案，其所遵循的准则基本相同。训练大概要持续两年的时间，囊括大约230个项目，其中包括：潜水、空间工程、语言技能（英语和俄语）、太空行走，以及怎样在微重力环境下生活和工作等。这些指导训练总共需要大约1600小时。这是一份艰苦的工作，你必须奋力拼搏，不过最终回报也是相当可观的。

人在太空

航天员训练日志：

5，4，3，2，1……发射！

我们在与航天器大小相同的密封罐里面游泳，在水里重力会变小。我们需要熟悉航天器的每个角落。我们还需要演练太空行走。

二月

我们在飞行模拟器里学习如何驾驶航天器：从升空到重返地球大气层，再到最后着陆……一次又一次，逐渐做到熟能生巧！

三月

成为航天员是一项体力活儿，所以必须定期在健身房里训练，从而保持健康。

四月

我喜欢学习驾驶T-38高性能喷气式飞机。上星期我还练习了从水底逃生，学习了怎样使用弹射座椅和降落伞。

今天游泳！

七月

为了适应失重状态，我们在一架装有特殊填充材料的飞机里进行训练。飞机如同云霄飞车般飞行，人在飞机里很难不感到恶心，但是那种像超人一样的感觉真的很有趣。

这架飞机被称为"呕吐彗星"。

丛林中的生存训练。

十月

我们必须学习生存技巧，以防在重返地球时坠落到丛林或寒冷的地方。我们还接受了医疗培训。我们需要团队合作。

冬日训练！寒冷与饥饿。

十二月

我们已经被赋予了任务，现在正在教室里学习。

麻烦的事！

美国约翰逊航天中心的航天员迈克尔·洛佩斯－阿莱格里亚告诉我们，在微重力环境下刷牙要比在海上更困难。整理物品、喝水，甚至扔垃圾都变成了复杂的工作。

太空行走

对于航天员来说，最危险的事情就是舱外活动。他们在舱外将面临众多危险，包括空气匮乏、辐射、极端温度，以及高速飞行的太空碎片。然而太空行走又是必不可少的，因为航天员需要对航天器进行维修或安装新设备，登月航天员还需要在月球上行走。

▲ 密封舱

航天员通过密封舱这间特殊的小屋子进入太空。密封舱与航天器的其他部分之间是隔开的。

喜欢行走吗？

在太空探索的早期，美国与苏联的竞争相当激烈。当美国国家航空航天局宣布埃德·怀特将进行第一次太空行走时，苏联决定打败他们。于是在 1965 年，苏联航天员阿列克谢·列昂诺夫进行了第一次太空行走。这次出舱差点以悲剧收场。由于航天服膨胀，阿列克谢·列昂诺夫差点不能返回飞船。他降低了航天服内部的压力才勉强挤回密封舱，这是非常危险的举动。

▲ **埃德·怀特**是第一个利用推进装置来完成太空行走的航天员。

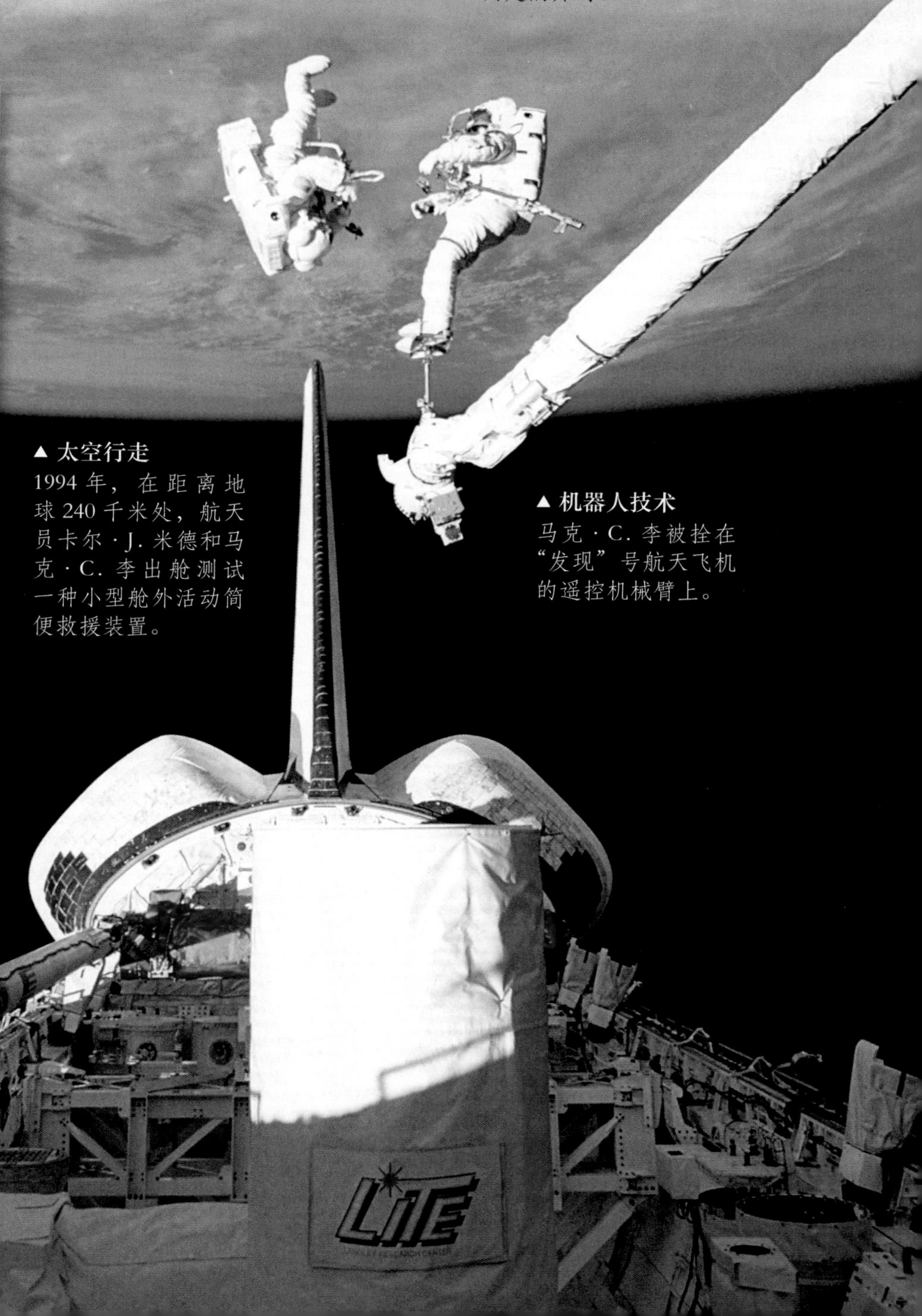

▲ 太空行走

1994 年，在距离地球 240 千米处，航天员卡尔·J.米德和马克·C.李出舱测试一种小型舱外活动简便救援装置。

▲ 机器人技术

马克·C.李被拴在"发现"号航天飞机的遥控机械臂上。

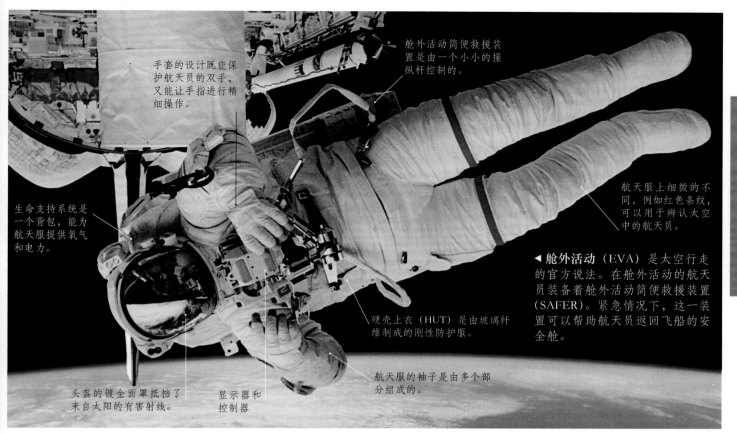

手套的设计既能保护航天员的双手，又能让手指进行精细操作。

舱外活动简便救援装置是由一个小小的操纵杆控制的。

航天服上细微的不同，例如红色条纹，可以用于辨认太空中的航天员。

生命支持系统是一个背包，能为航天服提供氧气和电力。

◀ **舱外活动（EVA）** 是太空行走的官方说法。在舱外活动的航天员装备着舱外活动简便救援装置（SAFER）。紧急情况下，这一装置可以帮助航天员返回飞船的安全舱。

硬壳上衣（HUT）是由玻璃纤维制成的刚性防护服。

头盔的镀金面罩抵挡了来自太阳的有害射线。

显示器和控制器

航天服的袖子是由多个部分组成的。

人在太空

自由地飞行

对于太空漫步者来说，最大的威胁是不小心飘离飞船，且无法返回。其结果将是在空荡荡的太空里慢慢地死去。虽然有时航天员会使用特殊的飞行椅和背包推进装置自由地飞行，但是他们一般还是会谨慎地将自己与飞船拴在一起。

▶ **太空扶手椅**

1984 年，载人机动装置（MMU）被用到美国国家航空航天局的 3 个任务当中。

维修与新建

航天员在舱外工作，需要依靠拴在飞船外面的绳索来进行移动。舱内的航天员通过操纵机械臂来将舱外的航天员送到工作地点。航天服头盔上的灯让航天员可以在黑暗的太空中工作。

▶ **纪录创造者**

2019 年 10 月 18 日，美国航天员克里斯蒂娜·哈莫克·科赫和杰茜卡·迈尔完成了历史上首次只有女性航天员参与的太空行走，在国际空间站外更换了一个出现故障的电源控制单元。科赫在国际空间站待了 328 天，这也创造了女性航天员单次持续时间最长的太空飞行纪录。

人造卫星修复

1984 年，人们利用载人机动装置回收了两颗被困在错误轨道上的故障卫星。航天员乔·艾伦和戴尔·加德纳执行了这次舱外任务。他们使用载人机动装置到达故障卫星的位置，并将它们拖回航天飞机。之后故障卫星被送回地球进行维修。这是最后一次使用载人机动装置的任务，由于担心它的安全性，不久之后载人机动装置便从美国国家航空航天局退役了。

▲ **靠近** 戴尔·加德纳向"西联星"6 号卫星靠近。

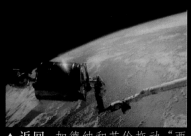

▲ **返回** 加德纳和艾伦拖动"西联星"6 号返回航天飞机。

太空生活

把人送到太空工作、生活，意味着要为他们提供合适的生活条件。国际空间站住着大约3～6名航天员，他们通常一次就要在空间站待半年的时间。国际空间站配备了航天员所需要的一切，以使他们能够舒适且顺利地完成任务。

知识速览

- 载人航天的成本要比只送机器人进入太空昂贵得多，因为需要具备人类生存的条件。
- 脏衣服无法清洗，因此只能丢弃。
- 食品包装袋被装在一艘空的载货飞船中带走，并在重返大气层时烧毁。
- 国际空间站的马桶每个耗资1900万美元。
- 运送过去的氧气和氮气供空间站里的航天员呼吸。

▲ **世界之窗**
国际空间站的"穹顶舱"是一个可以用于观察外部的大型穹顶。航天员可以在这里俯瞰地球，也可以进行科学观测。

闲暇时间

工作之余，国际空间站里的航天员有很多种休闲方式。比如通过可视电话、无线电或电子邮件与地面交流，打发时间。除了家人、朋友外，航天员有时也会与业余无线电爱好者及学术机构交流。

▶ **娱乐时间**
很多航天员喜欢阅读、听音乐、看电影和下棋。还有些航天员喜欢演奏乐器，包括电子琴、吉他，甚至还有小号。

保持清洁

在国际空间站里不能像在地球上那样在水龙头下洗手。在微重力环境下水不会向下流，因此在空间站内既没有水槽也没有淋浴。航天员想要清洁时，只能用酒精或含有液体肥皂的湿毛巾来擦拭。航天员每天用两块海绵洗浴，一块用来清洗，一块用来漂净。他们洗头发使用的是免冲洗发水，刷牙使用的牙膏通常可以直接吞下去。

▲ **舒适地坐着** 航天员把自己绑在马桶上，然后利用吸力处理马桶里的排泄物。在早期的航天任务中，航天员用软管和塑料袋收集自己的排泄物。

看一看：健身房

失重会引起人体肌肉萎缩和骨质流失，为了保持肌肉健康，国际空间站的航天员们每天要在健身房锻炼两次，每次1小时。这就保证了航天员在回到地球的重力环境后不会病倒。国际空间站内有多种健身器械，包括浮动跑步机、健身自行车和"举重"器。航天员们需要将自己绑在器械上，这样他们才不会飘走。最新设计的器械能够使航天员在微重力环境下进行阻力训练（如卧推、仰卧起坐和蹲起）。

▶ 太空充血

在太空，人体的血液循环系统完全紊乱了。没有重力的牵引，身体各部位的血压相等，血液会积聚在头部造成肿胀。运动有助于缓解这种"太空充血"的状况。

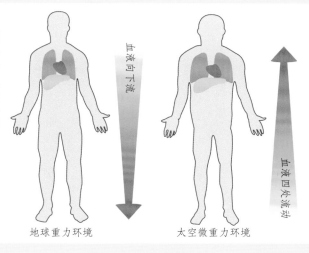

地球重力环境　　　　太空微重力环境

血液向下流

血液四处流动

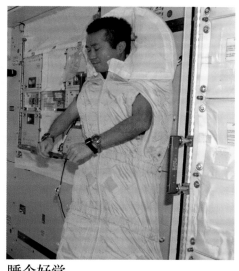

睡个好觉

航天员可以在任何地方睡觉，地板、墙壁，甚至天花板都可以，但是需要距离通风扇近一点。因为如果没有流动的空气，他们呼出的二氧化碳会将他们包围，从而导致缺氧。

睡觉时间到了吗?

在国际空间站和航天飞机上，每天会经历16次日出和日落，因此很难搞清楚睡觉时间到没到。航天员使用的工作时刻表和睡眠周期表是以位于得克萨斯州休斯敦的任务控制中心的时间为准制定的。

人在太空

食物和饮料

■ 第一批航天员只能吃小的块状食物、冷冻的干燥粉末状食物及糊状食物。食用时，这些食物通过管子被直接挤进嘴里。

■ 现在，国际空间站菜单上的食物品种超过了100种，并增加了快餐和冷热饮，其中多数食物都是冻干的，吃之前需要加水。所有食物都事先经过加工，不必储藏在冰箱里。

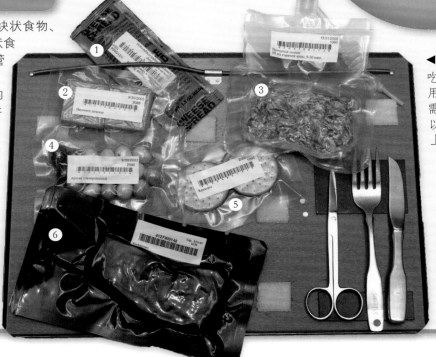

◀ 固体餐

吃固体食物可以使用刀叉，但是刀叉需要用磁铁固定，以防它们从餐桌上飘走。

1 芝士酱
2 奶油酥饼
3 奶油菠菜
4 糖衣花生
5 薄脆饼干
6 牛排

▲ 食物软管

最早的太空餐是绵软、黏稠的食物，很像婴儿食品。

动物在太空

早在人类踏足太空之前，动物就被送入了太空，科学家们以此来研究动物在微重力环境下的反应。如果动物能够在太空之旅中幸存下来，那么意味着人类也可以进入太空。

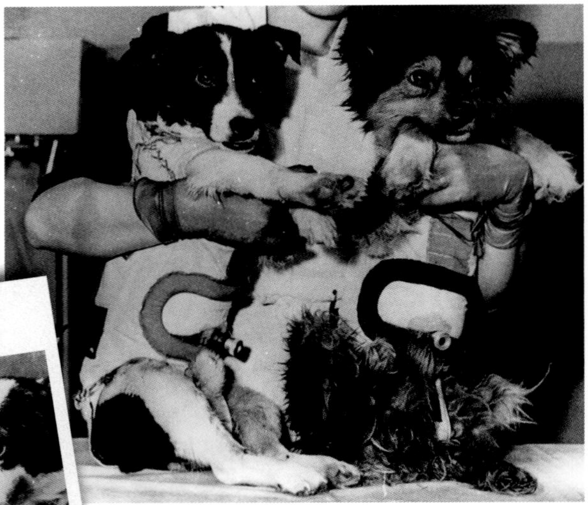

先人一步的太空犬

犬类的成功能否为载人航天铺平道路？

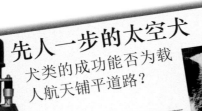

狗狗的太空之旅

1960 年，左图中这两只小狗（小箭头和小松鼠）成为第一批在轨飞行后安全返回地球的犬科动物。1966 年，上图中这两只小狗（老兵和小煤球）在太空待了 22 天。这一纪录直到 1973 年才被打破。

航天员莱卡

小狗莱卡是第一只被送入轨道的动物。科学家们认为，狗可以长时间地坐着，因此对于太空飞行而言，它们是非常好的候选者。不幸的是，小狗莱卡在进入太空 5 小时后就死掉了。

冠军黑猩猩

黑猩猩是人类的近亲，因此在人类进入太空之前，先将黑猩猩送入太空十分必要。很多黑猩猩接受了训练，1961 年，第一只黑猩猩（哈姆）进入太空。虽然在飞行过程中太空舱内的压力有所减小，但是航天服保护了哈姆。在 16 分钟的飞行过程中，它只是鼻子受了点轻伤。

▲ 小狗莱卡

来自莫斯科街道上的流浪狗莱卡接受了前往太空的训练。1957 年 11 月，它乘坐"人造地球卫星"2 号进入太空。这是苏联在与美国的太空竞赛中取得的一个不小的成就。

太空动物大事年表

20 世纪 40 年代

1947 年
果蝇被美国的 V-2 火箭送入亚轨道飞行。

1948～1950 年
美国的 5 个亚轨道飞行器将 3 只猴子和 2 只老鼠送到了 130 千米的高空。老鼠活了下来。

20 世纪 50 年代

1951 年
9 月 20 日，一只猴子（约里克）和 11 只老鼠搭乘美国"空蜂"火箭到达 72 千米的高空。这只猴子是第一只在升空过程中存活下来的猴子。

1957 年
小狗莱卡成为第一个被送入轨道的动物。

1959 年
一只猕猴（埃布尔）和一只松鼠猴（贝克）是第一批进行亚轨道飞行后成功返回地球的动物。

费力的事情

把动物送入太空会面临很多问题。比如：它们如何进食呢？怎样控制它们的行为呢？在太空飞行任务中，为了保护这些猴子，人们把它们捆在了座位上。经过训练，它们学会了叼住管子吃食物和喝水，还学会了在灯亮的时候通过按压手柄来保持头脑清醒。

◀ 将动物送入太空

1983年，"宇宙1514"号生物卫星将2只猴子和10只怀孕的老鼠送入太空。这次旅程持续了5天。

人在太空

 看一看：卵

在太空中还进行过很多关于卵的实验。人们将地球上的鹌鹑蛋送到太空中孵化，竟然也孵出了小鹌鹑，但是太空中的孵化成功率没有地球上那么高。

▶ 太空鹌鹑

不幸的是，在"和平"号空间站里孵化出的小鹌鹑没能存活下来。

蜘蛛利用自身的重力来控制蜘蛛网的厚度。

这个实验是由美国女学生朱迪丝·迈尔斯设计的。

塔迪斯任务

这些生物是水熊，在地球上它们几乎是"杀不死"的无脊椎动物。那么它们在太空中会过得如何呢？欧洲空间局的塔迪斯任务（TARDIS）实验证明，水熊是第一种能够在太空失重且寒冷的环境中生存下来的动物。它们不仅活了下来，而且还能耐受强度为地球上1000倍的紫外线辐射。

无重力蜘蛛网

在地球上，蜘蛛利用风及重力来织网。那么在既没有风也没有重力的太空，蜘蛛将如何织网呢？为了弄清楚这个问题，1973年两只蜘蛛（安尼塔和阿拉贝拉）被"天空实验室"3号送入了太空。事实上，一旦它们适应了失重环境，就能够织出近乎完美的网。

通过这次实验，科学家们进一步了解了蜘蛛中枢神经系统的工作原理。

20世纪60年代	20世纪70年代	20世纪90年代	21世纪初	21世纪10年代
1960年 两只小狗（小箭头和小松鼠）在太空旅行后利用降落伞安全返回地球。 **1961年** 第一只黑猩猩（哈姆）前往太空。	**1973年** 两只蜘蛛（安尼塔和阿拉贝拉）被"天空实验室"3号送入太空。	**1990年** 日本记者秋山丰宽将几只日本树蛙带到了"和平"号空间站。	**2008年** 欧洲空间局的塔迪斯任务将水熊送到了270千米的高空。	**2019年** 中国的嫦娥四号探测器在月球背面着陆，它携带的玉兔二号月球车上装有种子和果蝇卵。

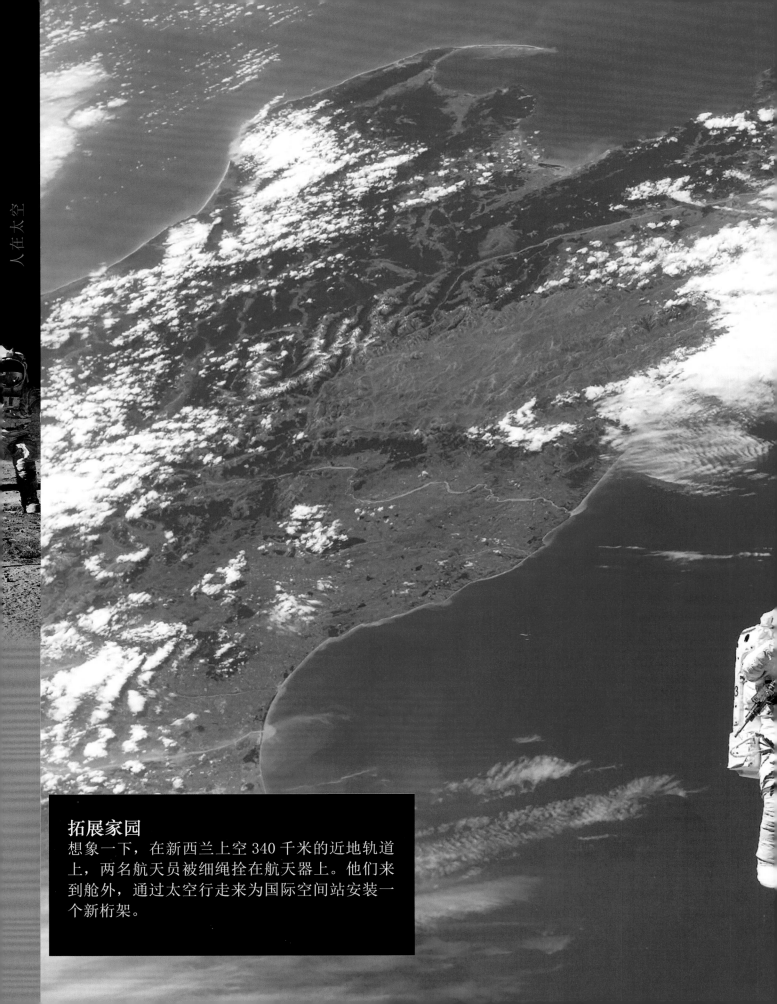

拓展家园

想象一下，在新西兰上空 340 千米的近地轨道上，两名航天员被细绳拴在航天器上。他们来到舱外，通过太空行走来为国际空间站安装一个新桁架。

第一个空间站

如果航天员需要在太空中生活和工作几个月，甚至几年的时间，那么像航天飞机这样的狭窄空间是无法满足需求的。他们需要一个更大的空间"建筑"，也就是空间站。

◀ "礼炮" 1 号由太阳能电池阵提供动力，环绕地球运行了 2800 多圈。

"礼炮" 1 号空间站

世界上第一个空间站是苏联的"礼炮" 1 号，它于 1971 年发射升空。它的 3 个舱段中最大的是位于后面的服务舱，服务舱内装有燃料、氧气、水箱和主发动机。中间部分是工作和生活区域，也就是轨道舱。前面是对接舱。3 名航天员曾在这里生活了 23 天，但是后来"礼炮" 1 号一直处于无人居住的状态。当年晚些时候，"礼炮" 1 号脱离轨道，坠入地球。

科幻小说中的空间站

第一篇讲述空间站的科幻小说《砖月亮》发表于 1869 年的一份杂志上。20 世纪早期，车轮形的空间站在科幻小说中很流行。事实上，目前建造的所有空间站都是由分次发射的舱段组成的。运载火箭对运载物的大小和重量的限制决定了空间站的建设只能像搭积木一样，每次发射一块，搭建一块。

▲ 在这篇小说中，上面有人的"砖月亮"是被无意间发射的。

▲ 车轮形空间站因在 1968 年的科幻电影《2001 太空漫游》中出现而闻名。科学家们在 20 世纪 50 年代的确认真思考过车轮形空间站的可行性。

"天空实验室"于1979年进入地球大气层时烧毁。

"天空实验室"

"天空实验室"是美国的第一个空间站，也是人类发射到轨道上的最重的航天器之一。它服役于1973～1974年。"天空实验室"在发射时部分损毁，失去了两个主太阳能电池阵中的一个。但是仍有3批航天员成功进入空间站，其任务分别持续了28天、59天和84天。他们的任务包括：天文实验、太阳X射线研究、地球遥感和医学研究。

"和平"号空间站

"和平"号空间站是"礼炮"号空间站的继任者。它的第一个舱段于1986年升空，很快就有两名航天员在里面展开工作。随后的10年中，它又陆续增加了6个舱段，其中包括供航天飞机使用的对接舱。

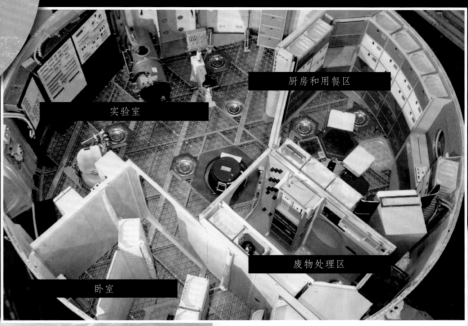

实验室

厨房和用餐区

废物处理区

卧室

▲ "天空实验室"工作、生活区

这是空间站中最大的部分。它包括航天员的卧室、厕所、淋浴室、厨房，以及实验室设备和一个大型废物处理装置。

▶ 在轨的"和平"号空间站

航天员的住处位于核心舱，服务舱包含主发动机和推进器，而第三个舱则有5个对接口。总共有31艘载人飞船和64艘货运飞船与"和平"号实现过对接。

"和平"号空间站

死里逃生

1997年，"和平"号曾遭遇过一次严重的火灾。4个月后，"进步"号货运飞船与空间站对接时又发生了碰撞，造成"光谱"舱损坏并导致空气泄漏。幸运的是，航天员在被迫离开空间站返回家园前及时关闭了"光谱"舱的舱盖。

国际空间站

国际空间站（ISS）是迄今为止最大、最昂贵的航天器。它由 16 个国家合作建造并运作，至少在 21 世纪 20 年代中期之前，它能为 6 名航天员提供长期住所。

国际空间站的情况与数据

- 宽（桁架）109 米
- 长（模块）88 米
- 重量 419600 千克
- 运行高度 385 千米（地表以上）
- 运行速度 8 千米 / 秒
- 内部气压 1013 百帕（与地面相同）
- 受压体积 935 立方米
- 航天员人数 3 ~ 6 人

太阳能

国际空间站最引人注目的地方是它的 8 对太阳能电池阵。每个电池阵长 73 米，比波音 777 飞机的翼展还要长。太阳能电池阵可以利用太阳光发电，并且能够变换角度接收尽可能多的太阳光。它包含大约 26.2 万块太阳能电池，最多可以产生 110 千瓦的电。

首次发射

国际空间站的核心由俄罗斯建造的"星辰"舱和"曙光"舱组成。"曙光"舱于 1998 年被送入太空，主要用于储存及推进。2000 年，主要用于居住的"星辰"舱加入了进来。而第一个科学实验舱，美国的"命运"舱则于 2001 年 2 月加入国际空间站。

实验室中的工作

每天，国际空间站内的航天员都会在实验室中进行各种科学实验，地面上的数百名科学家也会参与其中。这些实验覆盖了很多领域，包括人体生物学、医学研究、物理科学和地球观测。研究课题范围从蛋白质晶体生长到制作新的金属合金，都有涉及。

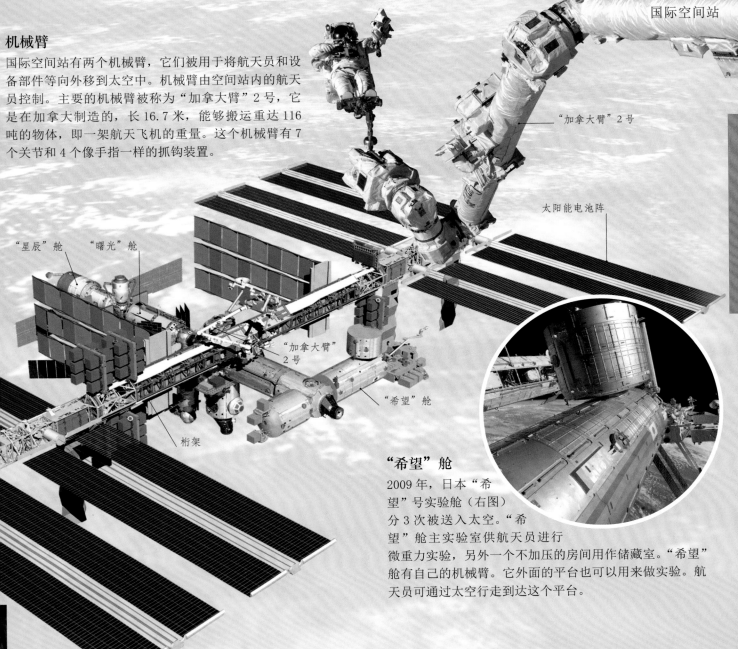

机械臂

国际空间站有两个机械臂，它们被用于将航天员和设备部件等向外移到太空中。机械臂由空间站内的航天员控制。主要的机械臂被称为"加拿大臂"2号，它是在加拿大制造的，长16.7米，能够搬运重达116吨的物体，即一架航天飞机的重量。这个机械臂有7个关节和4个像手指一样的抓钩装置。

"加拿大臂"2号

太阳能电池阵

"星辰"舱

"曙光"舱

"加拿大臂"2号

"希望"舱

桁架

"希望"舱

2009年，日本"希望"号实验舱（右图）分3次被送入太空。"希望"舱主实验室供航天员进行微重力实验，另外一个不加压的房间用作储藏室。"希望"舱有自己的机械臂。它外面的平台也可以用来做实验。航天员可通过太空行走到达这个平台。

新鲜供给

食物、水和设备由各种无人航天器送到国际空间站，包括俄罗斯"进步"号货运飞船、日本的H2转移飞行器（HTV），以及两架商业飞船——美国太空探索技术公司的"龙"飞船和诺思罗普·格鲁曼公司的"天鹅座"飞船。2011年航天飞机退役后，航天员通过俄罗斯的"联盟"号飞船来往于地球和国际空间站。从2020年开始，太空探索技术公司的"龙"飞船也参与到了搭载航天员往返的任务中。

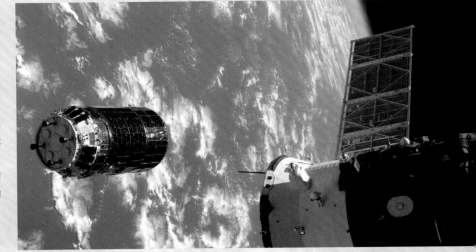

空间科学

太空中的微重力为科学研究提供了特殊的环境。在非常高的落塔中或从地面向高空起飞的航天器中，可以制造出短暂的微重力环境。但是长达几周甚至几个月的微重力环境，只有在空间站内才能体验到。

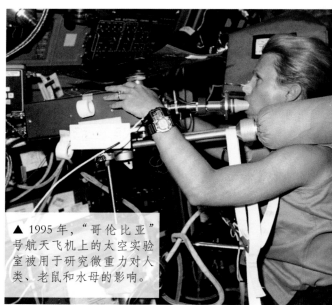

▲ **手套式操作箱**
航天员在国际空间站上的"命运"号实验舱研究微重力的影响。手套式操作箱为实验提供了一个安全且封闭的区域。

▶ 欧洲空间局用于研究太空辐射对人体影响的一个**人体模型**（Matroshka）中装有辐射感应器、骨骼和血液的样本，以及非常类似人体组织和器官的人造物质。

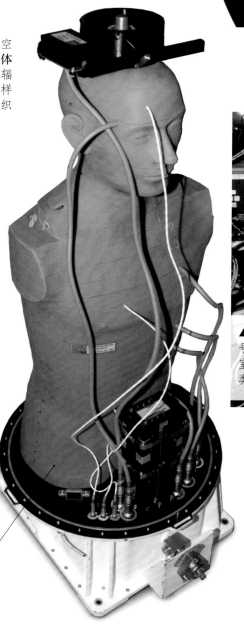

改善健康

如果没有重力，人体的肌肉和骨骼会变得非常脆弱。国际空间站内的航天员使用了多种方法来防止肌肉和骨骼损伤，包括使用健身器械、药品和轻微的电击。

▲ 1995 年，"哥伦比亚"号航天飞机上的太空实验室被用于研究微重力对人类、老鼠和水母的影响。

航天病

许多航天员在刚刚进入轨道的头几天会受到航天病的困扰。因为太空中没有上下之分，所以大脑从眼睛、肌肉、皮肤和平衡器官接收到许多矛盾的信息。有很多用于研究人类大脑怎样处理这些信息，怎样适应微重力环境的实验。

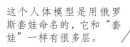

这个人体模型是用俄罗斯套娃命名的，它和"套娃"一样有很多层。

太空中的生命

人类在太空中对不同种类的生物做过许多试验，包括西红柿、蜘蛛、果蝇、鱼和鹌鹑等。有害细菌在微重力环境中大量繁殖，而人类抵抗感染的能力则会下降。航天器内不可能完全无菌，因此细菌的传播对于执行长期任务的航天员来说非常危险。

晶体

在太空生长的晶体要比在地球上生长的晶体大得多，而瑕疵则要少得多。科学家们对研究太空中的蛋白质晶体特别感兴趣。人体中有超过 30 万种蛋白质，我们对它们中的大多数知之甚少。制造高质量的蛋白质晶体可以帮助我们研究它们的形状和结构，以及它们在人体中的工作方式。

研究蛋白质晶体可以帮助我们研制治疗艾滋病和癌症的药物。

这些蛋白质晶体是在太空中生长出来的。

太空中的植物

1960 年，苏联的"人造地球卫星"4 号首次将植物送入太空。从那时起，科学家们一直在研究植物在太空中是怎样生长的，并寻找在小范围内种植大量高质量植物的方法。这些研究对于未来的太空旅行很重要，可以让航天员自己种植食物，对于在地球上培育植物也很重要。

▶ 国际空间站的蔬菜生产系统（VEGGIE）用特殊的 LED 灯培植蔬菜。

太空中的火焰、液体和金属

对流是在地球重力环境中热的液体和气体上升，冷的液体和气体下沉的现象。微重力环境中没有对流，因此太空中的火焰呈球形而不是指向上的锥形。地球上因为密度不同而分层的不可互溶液体，在微重力环境中则可以轻易溶解。液态的金属可以在太空中混合形成超强的合金，其强度远超在地球上制造的合金。

▲ 地球上的火焰
地球上的火焰会指向上方，这是因为被加热的空气比周围较冷的空气密度低。

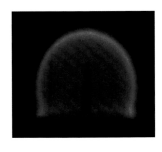

◀ 太空中的火焰
在微重力环境下没有对流，因此燃烧形成的是球形火焰。

看一看：副产品

太空技术应用于日常生活也能生产出许多副产品。许多太空技术都能够应用于地面。

■ **空气动力学高尔夫球**
人们利用美国国家航空航天局的技术设计出了飞得更快、更远的高尔夫球。

■ **防震头盔**
防震头盔中使用的减震垫最早是由美国国家航空航天局发明的，它们被用在航天器的坐垫上。

■ **防雾护目镜**
美国国家航空航天局研制的一种涂料被用于护目镜、潜水镜及防火头盔上，可以防止镜片起雾。

■ **石英晶体**
美国国家航空航天局用石英晶体研发了高精度的时钟和手表。

太空旅游

如今，进入太空的人并不一定都是专业航天员，比如科学家、政治家、一位日本记者、两位美国教师和几位商人都曾进入过太空。太空旅游已经逐渐变成现实，能将人们送入亚轨道和轨道进行短途飞行的公司迅速涌现。

"太空船" 1 号

2004 年，X 奖基金会拿出了 1000 万美元作为奖金，来推进为游客建造新型航天器的竞赛。这笔钱奖励给了第一家制造出能在两周时间内完成两次 100 千米以上高度飞行的新型航天器制造公司。

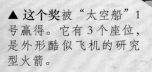

"白骑士"发射器

"太空船" 1 号

▲ 这个奖被"太空船"1 号赢得。它有 3 个座位，是外形酷似飞机的研究型火箭。

旅行火箭

"新谢泼德"号火箭由杰夫·贝索斯的蓝色起源公司建造。这是一枚可重复使用的火箭，拥有一个太空舱，可搭载 6 名乘客进行亚轨道飞行。

◀ "新谢泼德"号在 2016 年进行了一次不载人飞行测试。

第一位游客

■ 第一位花钱飞往太空的是 60 岁的美国人丹尼斯·蒂托。这位富翁旅行前在俄罗斯的星城进行了训练。

■ 2001 年 4 月 30 日，他乘坐"联盟"号飞船抵达国际空间站。他在空间站上逗留了 6 天，然后乘坐另一艘"联盟"号飞船返回地球。

■ 在太空中，丹尼斯·蒂托做的事情包括：听歌剧，通过舷窗拍摄视频和照片，帮助航天员准备饮食，以及在空间站每 90 分钟绕地球一圈的过程中花点时间欣赏地球美景。

"太空船" 2号

英国商业航天公司维珍银河用了10多年时间建造并测试了升级版的"太空船"1号，用于进行亚轨道旅游飞行。"太空船"2号先被一架巨大的发射器带至15千米的高空，然后被释放出去，并利用自己的火箭发动机飞到地球上空110千米的高度。

"太空船" 2号被释放

▶ "太空船" 2号的**单次票价**为25万美元。飞船将以3倍声速的速度飞行，这比任何喷气式飞机都要快。

◀ **船舱**长18米，直径2.3米，可以搭载6名游客和2名飞行员。每名游客都坐在一个巨大的舷窗旁，在返回地球前他们可以自由地飘浮约4分钟。

人在太空

太空旅馆

将来如果能够有比较便宜的方式飞往太空，那么太空旅馆也将随之出现。这样普通人也能够前往太空，去体验神奇的失重感。有人已经提出了供人居住的可充气航天舱的详细计划。如果向太空中发射这样一个航天舱，并能够与推进器及对接舱连接，那样就会有更多的充气航天舱加入进来。

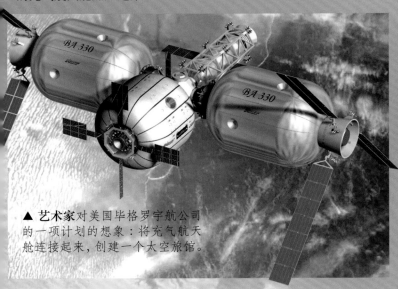

▲ **艺术家**对美国毕格罗宇航公司的一项计划的想象：将充气航天舱连接起来，创建一个太空旅馆。

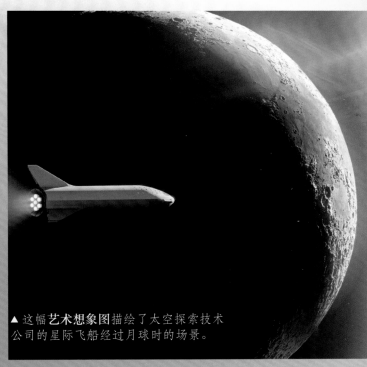

▲ 这幅**艺术想象图**描绘了太空探索技术公司的星际飞船经过月球时的场景。

月球旅行？

太空探索技术公司是一家商业航天公司，它正在孕育一个关于太空旅游的宏伟计划。计划包括使用超重型火箭将游客送至国际空间站和未来将建成的太空旅馆。2017年，该公司宣布将使用新型"星舰"飞船搭载9名游客进行绕月旅行的计划，并计划在21世纪20年代中期送人类进入火星轨道旅行。

未来的航天器

从太空时代开始到现在，发射装置的变化微乎其微，人类仍然使用火箭和大量的燃料发射航天器。航天机构试图开发出便宜、可重复使用的航天运输设备，但是这需要具备新技术，例如冲压式发动机。

天梯

也许有一天，航天器可以通过一架太空电梯到达运行轨道。人们提出了各种设想，其中大部分采用索结构。这条索道从地表一直延伸到地球静止轨道，上端有一个平衡物。地球自转能够使索道保持绷紧状态，汽车或船舱能够沿索道爬升。这种索道需要使用一种又轻又坚固的新型材料。

▼ "云霄塔"号空天飞机

在英国，科学家们正在研制这种无人驾驶且可重复使用的空天飞机。它拥有发动机，可以利用地球大气层中的空气助燃燃料，在太空中则改用机载氧化剂助燃（像普通火箭一样）。

空天飞机

这种可以重复使用的空天飞机正在研制中。它拥有独立的火箭发动机，可以将人和货物运送到轨道上。它可以直接从飞机场的跑道上起飞，也可以被其他飞行器带到高空，然后被释放。任务结束后，它可以像一架飞机那样降落到跑道上。

商业化的太空

直至前不久，几乎所有运载人和货物的航天器都是由各个国家或组织的航天局发射的。但现在，情况正在迅速发生变化，许多商业火箭公司争相发射人造卫星和载人航天器，并从中获利。新的技术手段和对低成本的迫切需求推动了火箭的快速发展，尤其是在回收利用多级火箭方面。太空探索技术公司这样的私营公司已经开始向国际空间站提供货运服务，他们制造的载人航天器还将航天员送入了太空。

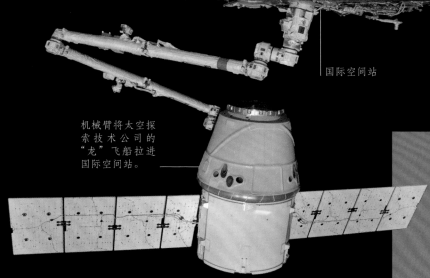

国际空间站

机械臂将太空探索技术公司的"龙"飞船拉进国际空间站。

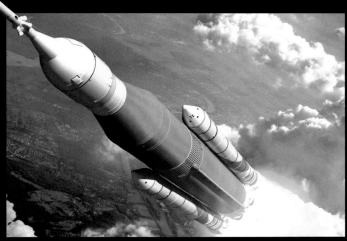

美国国家航空航天局的新火箭

随着航天飞机的退役和商业航天的出现，美国国家航空航天局开始着力研发新的探月火箭及其他项目。太空发射系统（SLS）结合了航天飞机的原理，设计出一种堆叠的多级火箭，未来可以直接将圆锥形的"猎户座"飞船发射至月球，或将更大的"深空"航天器的部件发射至轨道上进行组装。

冲压式运载火箭

目前一些国家正在研制冲压式发动机，这种发动机可以减少火箭携带的氧化剂的量。冲压式运载火箭由普通火箭发动机或助推器推进到高速后开始工作。冲压式发动机没有压气机，它将迎面而来的空气压缩，然后与燃料混合燃烧。

看一看：来自太空的能量

人类使用的能量越来越多。由于温室效应，我们正处于全球变暖的威胁之中，因此无污染的、可再生的能源对于我们来说越来越重要。目前人们正在研究如何从太空中获得能量，我们可以利用运行于轨道上的巨大太阳能电池阵来获得能量。这些能量通过激光或微波发射到地面，并由巨大的抛物面天线收集。日本可能会在 2030 年进行首次太空能量收集实验。

▲ 巨大的太阳能电池阵在赤道上空运行，全天 24 小时捕获太阳光，并将能量传回地球。

2005 年，美国国家航空航天局的 X-43 试验机创造了 9.6 倍音速的飞行速度纪录，这一纪录至今仍未被打破。

触及星球

迄今为止，在人类探索太空的历史上，已经有 12 人踏上过月球表面，并且有更多的人在国际空间站内居住过。将来我们可能会踏上火星，也有可能会定居在环绕另一颗恒星运行的行星上。然而为了实现这些目标，我们需要面对很多挑战，其中最重要的就是解决旅行途中的人类生存问题。

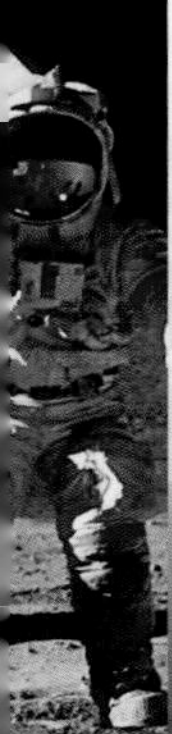

漫长的旅行

火星载人飞行任务中最大的挑战之一，是地球与火星之间长达 6 个月的旅程。抵达火星后还要在那里停留一段时间，然后才能返回。航天员在只能容纳 6 人的航天器中忍受着远离家乡、空间狭窄等困扰。从火星发出的信息需要 20 分钟才能到达地球，然后再经过相同的时间才能收到回复。火星上的人们不得不在没有地球帮助的情况下共同生活和处理问题。

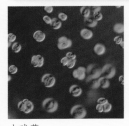

与水藻独处

20 世纪 70 年代，苏联西伯利亚的空间生活建筑 BIOS 3 被用于测试人类如何与世隔绝地生活。人们在建筑中种植了小球藻，以保持室内空气循环，同时也确保了居住在里面的人不会窒息。

小球藻

与世隔绝的生活

人们做过很多研究人类怎样在与世隔绝的有限空间中生活的实验。20 世纪 90 年代初，在"生物圈" 2 号项目中，有 8 人进入一个"人造地球"接受测试。该项目持续了约 2 年时间，其间面临的最大考验是空气系统问题及参试人员之间的争吵问题。

影像定格

"生物圈" 2 号位于美国的亚利桑那州。在建筑物内部，有模拟地球上不同环境的区域。上图是海洋生物群落，另外还有草原、雨林及荒漠等其他生物群落。

另一种可行的方法是让人员在飞行过程中处于休眠状态。

人类休眠技术通常出现在科幻电影中，目前在现实中还不能实现。

家族事业

想要前往另一颗恒星大约需要数千年的时间。除非有捷径，否则没有人能够活着到达另外一个恒星系统。如果是整个家族出行，那后代有可能到达目的地，但是途中没有可以停留的地方，因此不得不带上所需要的全部供给品。

太空农业

每3个月就会有一艘货运飞船为空间站内的航天员运送补给品。这些补给品体积庞大、沉重，而且运送费用非常昂贵。6名航天员在3年内所需要的食物、水和氧气的总重量可达33000吨。有一个办法能够解决这个问题，就是让航天员自己种植食物。现在航天员们已经在太空小温室里进行种植植物的实验了。

科幻与现实

科幻小说中的宇宙飞船几乎瞬间就能穿越银河系，但真正的太空旅行却受到物理定律的限制。人类不可能以超过光速的速度旅行，因此即使我们拥有足够的能源，到达其他恒星可能也需要数个世纪的时间。然而，美国国家航空航天局的一些科学家认为，人类在未来的某一天，有可能会应用"曲率驱动"来弯曲空间，就像电影《星际迷航》中的"企业"号星舰一样。

"企业"号星舰使用由反物质驱动的发动机来达到曲速，这种物质虽然听起来很奇怪，但却是真实存在的。

再循环

科学家们一直致力于找出尽可能多的将航天器上的废弃物循环利用的方法。现在已经有了能够将尿液净化为饮用水或洗涤用水的机器。还可以通过分解水分子得到供航天员呼吸的氧气。另外，科学家们正在研究一种使用细菌分解人类排泄物的系统，排泄物经分解后可以用于种植植物和生产水。

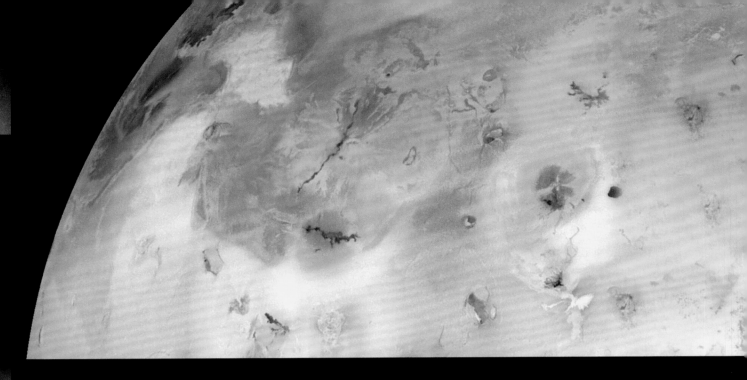

太阳系

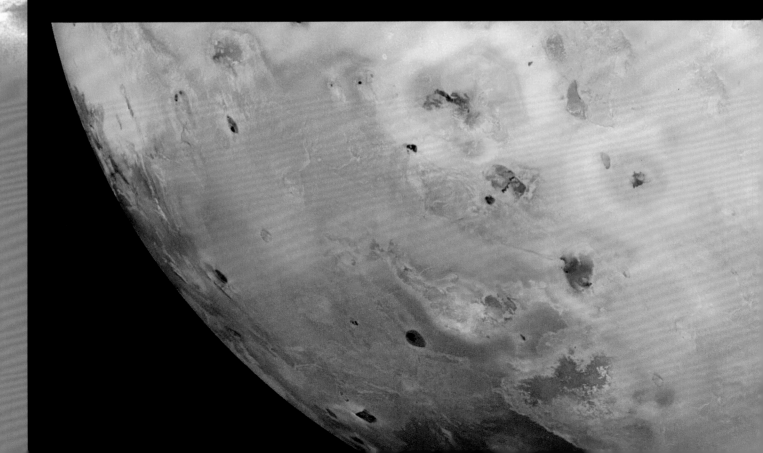

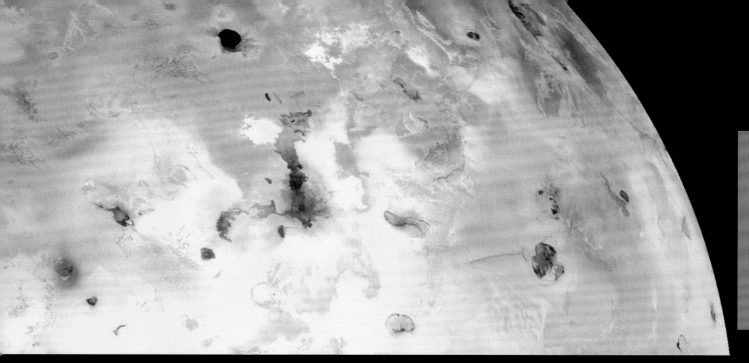

 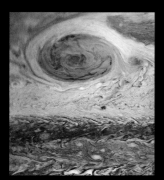 

我们的太阳系是受太阳引力影响的空间区域。太阳系在宇宙中延伸了2光年的距离，其中包含行星、卫星、小行星和彗星。

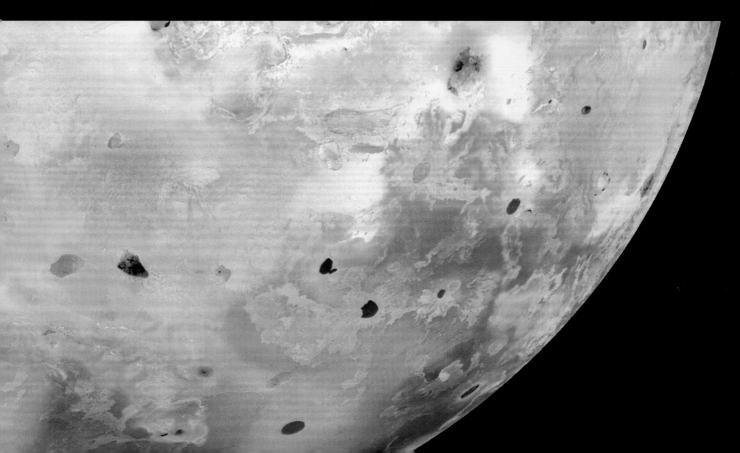

太阳系的诞生

太阳系是由太阳、八大行星、众多的卫星、更多的小行星和彗星，以及行星际物质组成的天体系统。它诞生于一个巨大的、旋转的云团中。这个过程起始于大约 50 亿年前，当时有一个由大量尘埃和氢气构成的云团。云团开始收缩和聚集，最终我们的太阳在稠密、炽热的云团中心形成。其余的云团形成了被称为"太阳星云"的旋转圆盘。

◀ **激波反应** 没有人知道云团为什么会开始收缩，它很可能是受到了冲击波（激波）的触发，这些冲击波可能来自爆发成为超新星的恒星。

碰撞和融合

当星子变得越来越大时，它们的引力将更多的物质吸引过来，导致了更多的碰撞，最终形成了一些体积很大的天体。在太阳系外缘，这些天体吸引了大量的气体，形成气态巨行星——木星、土星、天王星和海王星，即类木行星。

太阳星云

在太阳星云中，一些尘埃和冰微粒碰撞、合并，小微粒逐渐变成直径数千米的叫作"星子"的天体。一些位于太阳星云内部较热区域的星子，主要由岩石和金属构成。而那些距离星云中心较远，处于较冷区域的星子，主要是由冰构成的。

太阳系

看一看：月球的诞生

大多数科学家认为，月球诞生于一个火星大小的天体与年轻地球的碰撞过程中。从碰撞到月球形成可能经过了数百年的时间。最初的月球距离地球比现在要近得多，那时月球环绕地球运行一圈只需要几天的时间，而现在则需要 27 天多一点。

▲ **碰撞过程**
一个与火星差不多大小的天体与地球发生了碰撞。

▲ **崩裂**
撞击使地球和这个天体的部分物质蒸发、熔化，碎片被抛向太空。

▲ **形成新秩序**
撞击产生的碎片形成了一个围绕着地球的环。

▲ **新的卫星**
环中的物质最终结合在一起，形成了地球的卫星——月球。

其他行星系

现在看来，行星系非常普遍。在我们的银河系中，多数年轻的恒星都被由尘埃和氢气组成的圆盘环绕着——正如年轻的太阳一样。科学家们通过研究这些恒星盘可以了解很多关于太阳系的早期历史。在遥远恒星周围的轨道上，已经发现了成千上万颗行星。早期发现的行星几乎都是巨大的类木行星。随着技术的进步，人类探测到许多与地球一般大小的行星，以及许多比地球更小的行星（226 ～ 227 页）。

这幅图展示了一颗想像中的，围绕太阳系外的一颗行星运行的卫星。

知识速览

■ 地球和太阳系的其他行星形成于约 46 亿年前。

■ 行星形成时遗留下来的一些物质今天依然存在，例如岩质小行星和冰质彗星。

■ 撞击产生了非常多的热量，因此岩质行星（水星、金星、地球和火星）形成时处于熔融状态（液态），它们冷却后变为固态，即类地行星。

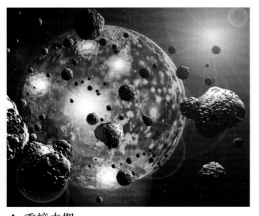

▲ **重撞击期**
在行星形成后，仍然有大量的残余物质。其中，大多数微小的物质被强烈的太阳风吹走了，较大的岩石则继续与地球及其他行星碰撞，一直持续到大约 40 亿年前。

这颗行星的质量大约与木星相当，它围绕着天鹤座 τ1 运行。

太阳家族

太阳统治着宇宙中一片广阔的区域。它的引力、辐射和磁场的影响，向外延伸了数十亿千米。太阳系中包含8颗行星及它们的卫星，至少5颗矮行星，以及上百万颗小行星和数十亿颗彗星。

水星是距离太阳最近的行星。数十亿年来，它几乎没有任何改变。水星很小，上面布满了陨石坑，没有大气层，也没有卫星。它的一年相当于88个地球日。

冥王星由克莱德·汤博于1930年发现。冥王星曾被认为是距离太阳最远的第九颗行星，但现在它被归类为矮行星。

火星是太阳的第四颗行星，它有很多火山、陨石坑、裂谷，以及蜿蜒的峡谷。火星有两颗卫星。它的一年相当于687个地球日。

木星是太阳的第五颗行星，也是最大的一颗行星。它拥有微弱的行星环，79颗已知卫星，以及被称为大红斑的巨大风暴。它的一年相当于11.86个地球年。

天王星由威廉·赫歇耳于1781年发现。它是太阳的第七颗行星，具有暗淡的行星环和27颗卫星。它的一年相当于84个地球年。

太阳　水星　金星　地球　火星　小行星带　木星　土星　天王星

到太阳的距离，单位：亿千米
0　　2.5　　10　　15　　20　　25

类地行星

4颗类地行星（水星、金星、地球和火星）、小行星和许多卫星由岩石构成。石质的行星要比气体的行星小很多，其卫星也少很多（有些没有卫星），并且没有行星环。

轨道

大多数行星、卫星和小行星以相同的方向（由西向东）环绕太阳运行。大多数轨道靠近被称为黄道的地球轨道平面，因此如果你从侧面看太阳系，将会看到大部分轨道几乎在同一水平面上。而水星和冥王星的轨道则不一样，它们的轨道是倾斜的。

公转和自转

公转周期是一个天体环绕另一个天体运行一周所需的时间。行星环绕恒星的公转周期也是它一年的时长。行星的自转周期是行星围绕其自转轴旋转一周的时间，也是它一日的时长。

小行星带 位于火星和木星之间，宽约 1.8 亿千米，其中包含约 100 万颗小行星。

海王星 由约翰·伽勒于 1846 年发现。它是太阳的第八颗行星，具有暗淡的行星环和 14 颗已知卫星。它的一年相当于 165 个地球年。

金星 是太阳的第二颗行星，其大小与地球相当，但是它表面的大气压力约比地球大 90 倍。金星没有卫星，其一年相当于 224.7 个地球日。

土星 是太阳的第六颗行星，也是第二大行星（仅次于木星）。它的密度很小，甚至小于水的密度。土星拥有 82 颗已知卫星，其一年相当于 29.4 个地球年。

地球 是太阳的第三颗行星，是类地行星中最大的，也是唯一具有液态水的行星。地球的一年有 365 日。

哈雷彗星

行星的定义

2006 年，国际天文学联合会（IAU）第 26 届大会通过了《行星定义》，满足以下三条的天体可定义为太阳系行星：①绕太阳运行；②质量足够大，外形近似球体；③清除了所在轨道上的其他天体。

海王星

30   35   40   45

类木行星

众所周知，4 颗类木行星（木星、土星、天王星和海王星）为气态巨行星。它们由气体构成，核心为岩石和冰。而冥王星和彗星等距离太阳较远的天体则大多由冰构成。

矮行星

矮行星同其他行星一样，也环绕太阳运行，并反射太阳的光线。行星可以清除运行轨道上的其他天体，而矮行星则不能，矮行星的轨道内仍然有很多天体。已知的太阳系矮行星有 5 颗：冥王星（体积最大）、阋神星（质量最大）、谷神星、妊神星和鸟神星。它们是 46 亿年前行星形成时遗留下来的冰质残余物。

◀ **冥王星**

最著名的矮行星——冥王星是一个黑暗、冰冷的世界。它有 5 颗卫星，没有大气层，而且比水星还要小。它的一年相当于 248 个地球年。

水星

水星是八大行星中最小的，也是距离太阳最近的行星。因此它常常隐藏在太阳的光辉之下，除了日出和日落时，其他时间它很难被观察到。水星没有卫星，也没有大气层。

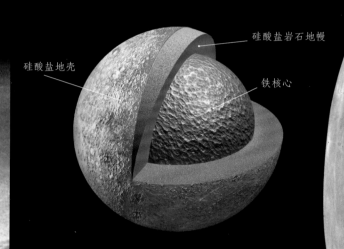

硅酸盐岩石地幔

硅酸盐地壳

铁核心

▲ 水星空气
水星没有大气层，但人们发现，水星表面悬浮着少量的钠和一些气体。

更多信息……

航天员会发现在水星上运动非常容易，因为水星表面的引力很小。航天员在水星表面受到的重力只有在地球表面的38%。

小小世界

水星非常小，地球可以装下大约18个水星。但是除了地球之外，水星比太阳系其他行星的密度都大。这是因为水星的核心由铁和镍构成，而且非常大，外面又被岩石地幔和地壳覆盖。水星核心中的铁所产生的磁场的强度是地球磁场的1%，这可能是由于水星绕轴自转的速度比地球慢。

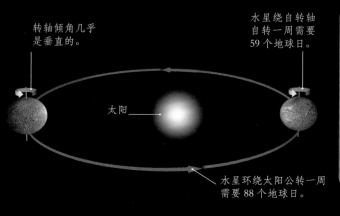

转轴倾角几乎是垂直的。

水星绕自转轴自转一周需要59个地球日。

太阳

水星环绕太阳公转一周需要88个地球日。

行星概况

- 距太阳的平均距离 5800万千米
- 表面温度 −180 ~ 430℃
- 直径 4879千米
- 一日的时长 59个地球日
- 一年的时长 88个地球日

- 卫星数 0颗
- 表面重力 0.38（地球 =1）
- 与地球的尺寸对比

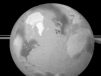

一颗巨大的陨石撞击水星，形成了卡路里盆地。

撞击引起的冲击波穿过水星。

然后，冲击波传到整个水星表面。

冲击波到达并击碎了与撞击地点相对的水星另一端的表面。

巨大的撞击盆地

同月球一样，水星上也布满了陨石坑。这表明水星形成以来被数以百万计的小行星和陨石不断地撞击。有些撞击在其表面留下了巨大的凹地，其中最著名的是圆形的卡路里盆地。卡路里盆地直径约1500千米，底部有山脊和裂缝，边缘处有山脉。形成卡路里盆地的撞击所产生的冲击波可能穿过了整个水星，在与其相对的水星另一端的表面上留下了大面积的崎岖山丘。

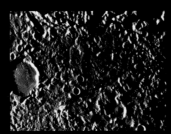

◀ **混乱的地形**
与卡路里盆地相对的水星另一端的地形显示出冲击波带来的冲击，这种冲击会造成断层线、小裂缝和凹地。

看一看：横穿太阳

水星是距离太阳最近的行星，其公转轨道是椭圆形而不是圆形。它与太阳之间的距离从4600万千米（小于日地距离的1/3）变化至7000万千米（日地距离的一半）。有时候水星正好经过地球与太阳之间，此时我们看到的水星就犹如一个小点，从巨大的太阳面前缓慢地穿过。这种水星凌日的现象只发生在5月或11月。下一次水星凌日将发生在2032年11月13日。

▶ **水星的旅行**
2006年11月8日，水星从太阳面前横穿。午夜（协调世界时）之后，水星完成了这一旅程。从图中的3个小黑点可以看出，与太阳相比水星是多么渺小。

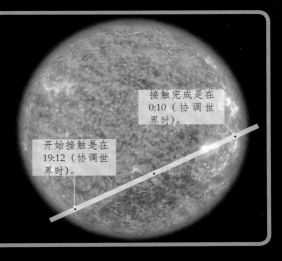

接触完成是在0:10（协调世界时）。

开始接触是在19:12（协调世界时）。

"信使"号

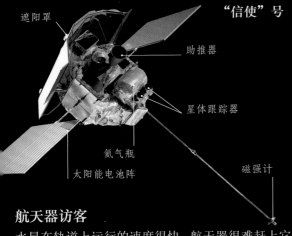

遮阳罩

助推器

星体跟踪器

氦气瓶

太阳能电池阵

磁强计

航天器访客

水星在轨道上运行的速度很快，航天器很难赶上它。"水手"10号探测器于1974～1975年曾三次短暂地飞越水星，但直到几十年后，人类的探测器才进入环绕水星的轨道。自2011年起，"信使"号探测器在环绕水星的轨道上运行了4年，在燃料耗尽后，撞毁于水星表面。另一艘航天器"贝比科隆博"号将于2025年抵达水星。

热点和冷点

水星受太阳光照射的区域非常炽热，特别是赤道附近。卡路里盆地就位于炽热区域，"卡路里"在拉丁文中就是"热"的意思。这里的温度可以达到430℃，如此高的温度足以使铅熔化。尽管水星这样炽热，但是有证据表明，在水星两极附近较深盆地的底部可能仍然存在着水冰。

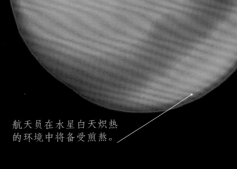

离太阳最近的赤道地区是最热的区域。

由于没有空气传热，水星黑暗的那一面非常寒冷。

航天员在水星白天炽热的环境中将备受煎熬。

金星

金星是太阳系中与地球最相似的行星。它离太阳的距离比日地距离近，因此比地球热。它与地球在大小、质量和物质构成方面都很相近。金星被非常厚的、令人窒息的大气层覆盖，上面没有水，也没有生命。

更多信息……

不仅航天员无法在金星上生存，为数不多的在金星表面着陆的航天器也只能运行 1 ~ 2 小时，时间一长就会被恶劣的环境摧毁。

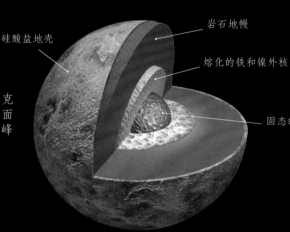

硅酸盐地壳

岩石地幔

熔化的铁和镍外核

固态的铁和镍内核

▶ 岩石地貌
金星上最高的山是麦克斯韦山脉。它高出地面 12 千米，比珠穆朗玛峰还要高。

别去那里！
金星比其他行星距离地球近，但是你肯定不会想去那里旅行。金星上令人窒息的二氧化碳气体留住了向外散发的热量，使金星像一个天然烤箱。如果有航天员登陆金星，很可能会死于硫酸灼伤、高温、超强气压和窒息。

约 80% 的太阳光被反射。

厚厚的硫酸云团阻碍了大部分的太阳光到达金星表面。

反射光使云团表面明亮醒目。

大气中的二氧化碳吸收热量，这样热量就无法散发出去了。

只有 20% 的太阳光能够到达金星表面。

云层
金星表面被厚厚的淡黄色云层覆盖，这些云层由硫化物和硫酸构成。风吹着这些云沿着自西向东的方向，以 350 千米 / 时的速度移动，这些云只需要 4 个地球日就可以环绕金星一周。

行星概况

- **距太阳的平均距离** 1.08 亿千米
- **表面温度** 460℃
- **直径** 12104 千米
- **一日的时长** 243 个地球日
- **一年的时长** 224.7 个地球日
- **卫星数** 0 颗
- **表面重力** 0.91（地球 =1）
- **与地球的尺寸对比**

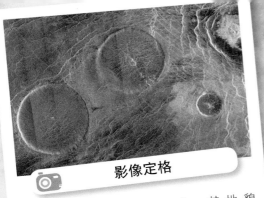

影像定格

金星上有 1600 多座火山，其地貌的鲜明特征之一就是扁平的熔岩穹丘。熔岩穹丘的直径可达 65 千米，高可达 1 千米。它们可能是由厚而黏稠的熔岩小规模喷发而形成的。这些熔岩流到一片平原上后，在那里冷却下来。

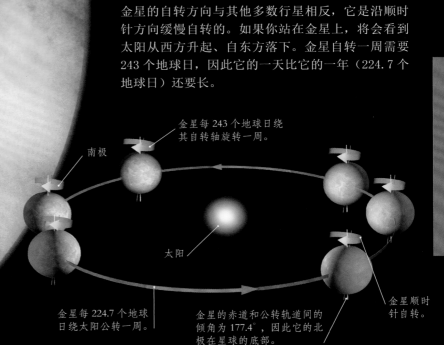

自转

金星的自转方向与其他多数行星相反，它是沿顺时针方向缓慢自转的。如果你站在金星上，将会看到太阳从西方升起、自东方落下。金星自转一周需要 243 个地球日，因此它的一天比它的一年（224.7 个地球日）还要长。

金星每 243 个地球日绕其自转轴旋转一周。

南极

太阳

金星每 224.7 个地球日绕太阳公转一周。

金星的赤道和公转轨道间的倾角为 177.4°，因此它的北极在星球的底部。

金星顺时针自转。

看一看：旋涡状的南极

第一幅金星南极的图像是由欧洲空间局的"金星快车"号探测器于 2006 年从距离金星 20 万千米的地方拍摄的。图中显示的是金星的"暗面"（背对太阳的半球）。它是由可见光与红外热成像光谱仪拍摄的，可见光与红外热成像光谱仪利用光和热成像。图像上的假彩色显示的是盘旋在金星南极的云层。

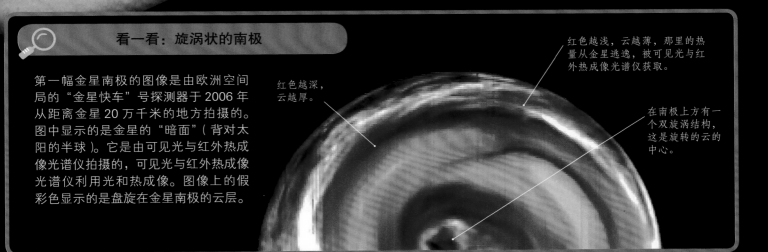

红色越深，云越厚。

红色越浅，云越薄，那里的热量从金星逃逸，被可见光与红外热成像光谱仪获取。

在南极上方有一个双旋涡结构，这是旋转的云的中心。

▶ 金星上的探测器

"金星" 13 号和 14 号探测器可以探查土壤样本，检测金星表面的成分。

着陆

1982 年 3 月，"金星" 13 号和 14 号着陆器从金星表面发回了我们仅有的金星彩色图像。图像显示，在橙色的天空下，荒漠上覆盖着大小不同的岩石，其中许多岩石很平坦，说明金星表面的熔岩层很薄。至少 85% 的金星表面被火山岩覆盖。

金星见闻

金星是距离地球最近的行星，人类曾向金星发送过很多探测器。1970 年，探测器首次在金星上成功着陆，此前发送的探测器都被金星的极端高温和压力摧毁。从 1978 年起，探测器开始使用雷达透过厚厚的云层探测金星表面。

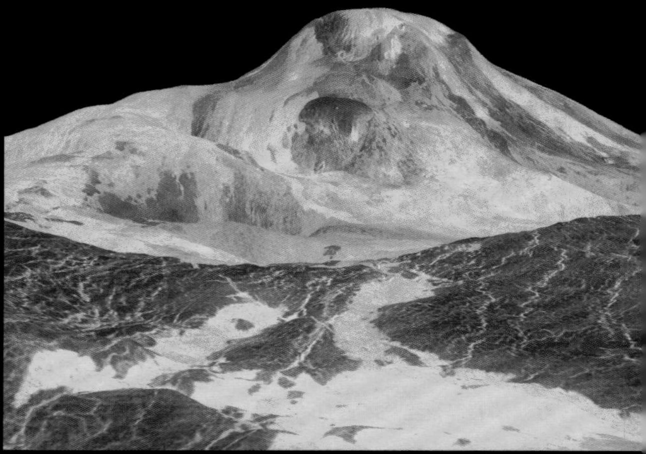

▲ 计算机设计

这幅由计算机生成的玛阿特火山图像，是基于"麦哲伦"号探测器的雷达数据创作而成的。它的颜色参考的是"金星"13 号和 14 号探测器传回的图像。

金星上的火山

火山是金星表面最显著的特征。金星至少拥有 1600 座火山，其中最高的是玛阿特火山（下图后方的山峰），高度约 5 千米。它喷出的熔岩在周围的平原上流淌了数百千米。

人们认为玛阿特火山当前并不活跃，但这并无定论。

▲ 双峰结构

"麦哲伦"号探测器垂直向下俯视萨帕斯火山，使用雷达获取了这幅图像。图中的两个暗区是它的方山（平顶）。

萨帕斯火山

这幅图像是金星北半球的雅特拉区，这一地区可能是由从金星内部涌出的大量熔岩所形成的。前方较亮的区域是萨帕斯火山，它是一座盾形火山，横跨 217 千米，比周围地区高出 1.6 千米。

▶ 排列成行

细长的山脊穿过阿佛洛狄忒台地的奥华特区，较暗的部分可能是熔岩或风化的尘埃。

阿佛洛狄忒台地

就像地球上有山脉和平原一样，金星上也有高地和低地。最大的高地是位于金星赤道地区的阿佛洛狄忒台地。它的面积相当于地球上的一块大陆，大约占了金星赤道长度的 2/3。它主要分为两大区域：西部的奥华特区和东部的忒提斯区。

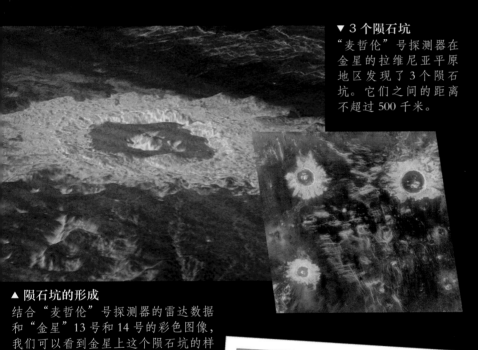

▼ 3 个陨石坑

"麦哲伦"号探测器在金星的拉维尼亚平原地区发现了 3 个陨石坑。它们之间的距离不超过 500 千米。

▲ 陨石坑的形成

结合"麦哲伦"号探测器的雷达数据和"金星"13 号和 14 号的彩色图像，我们可以看到金星上这个陨石坑的样子，它大约有 38 千米宽。

陨石坑

与其他行星相比，金星上没有太多的陨石坑。这或许是由于大多数陨石在到达金星表面之前，就在厚厚的大气层中烧毁了。另一种观点是，由于金星表面太年轻，还没有与那么多大型陨石相碰撞。金星上大多数陨石坑的历史都不超过 5 亿年。

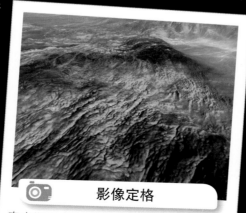

📷 **影像定格**

麦克斯韦山脉是金星上最高的山脉，高度超过 10 千米。其颜色表明它的岩石中富含铁。

"先驱者-金星"号探测器

美国国家航空航天局的"先驱者金星计划"由两个航天器组成。1978 年发射的"先驱者-金星"1 号是第一个使用雷达对金星表面进行探测的航天器，于 14 年后烧毁。同年发射的"先驱者-金星"2 号携带了4 个探测器，以收集金星的大气数据。

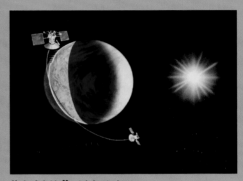

"麦哲伦"号探测器

美国国家航空航天局的"麦哲伦"号探测器于 1989 年 5 月发射，1990 年 8 月到达金星。它环绕金星运行了 4 年多的时间，并使用雷达成像系统绘制了金星表面的详细图像。"麦哲伦"号于 1994 年进入金星大气层并烧毁。

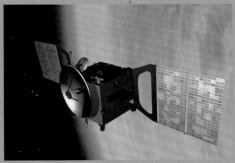

"金星快车"号探测器

欧洲空间局第一个金星探测项目于 2005 年 11 月发射，2006 年 4 月到达金星。"金星快车"号飞过金星的极地地区，从云层顶部到行星表面，极其详细地研究了金星的云层和大气。2014 年，"金星快车"号探测器烧毁。

火星

火星是除了地球之外，最适合人类生存的太阳系行星。火星上的一天略长于24小时，它有着类似于地球的季节变换。火星鲜红的颜色是由富含铁的生锈岩石所造就的。

橙红色的天空

火星的天空中满是细小的尘埃，使其呈现出橙红色。这意味着火星上的日落总是橙红色的，而且在日落后一小时天空都是亮的。火星的日间温度在夏季可达25℃，但随着太阳落山，温度会骤然下降。在冬季的夜晚，火星上的温度可以降到严酷的-125℃。

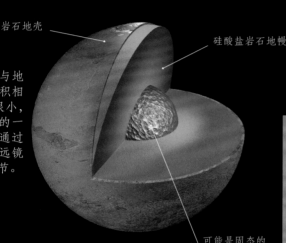

岩石地壳

硅酸盐岩石地幔

▶ 小火星

火星的表面积与地球上陆地的面积相似。但是火星很小，直径仅为地球的一半，因此很难通过地球表面的望远镜看清火星的细节。

可能是固态的铁核心

极地冰冠

在火星的两极都有永久性的白色极冠，但二者的成分相差甚远。北极冠的厚度为2千米，主要由水冰构成。南极冠更厚也更冷（即使在夏季，温度也低至-110℃），并且含有更多干冰（二氧化碳）。

火星的卫星

火星有两颗较小的黑色马铃薯状的卫星——火卫一和火卫二。它们也许是很早以前被火星捕获的小行星。火卫一比火卫二略大，上面有一个被称为斯蒂克尼的大陨石坑。两颗卫星上都布满了陨石坑，似乎被一层至少1米厚的尘埃覆盖着。

◀ "环火星巡逻者"报道

美国国家航空航天局的"环火星巡逻者"于2005年8月发射。其携带的仪器能够拍摄火星表面的细节图像、探测水、分析矿物、检测空气中的尘埃和水，并观测天气。

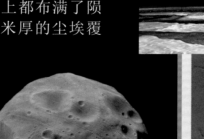

火卫二每30小时环绕火星运行一圈。

火卫一距离火星更近，每7小时40分钟环绕火星运行一圈。

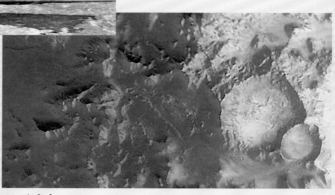

▲ 干冰山

火星的外貌随着季节的变换而变化。一层干冰给延伸于火星南半球的查瑞腾山脉增添了冬季的气息。

看一看：沙尘暴

火星是一颗干燥的行星，但是有证据表明其表面曾经存在过水。现在的火星温度很低，并且空气稀薄，以至于其表面无法存在液态水。火星上的风很大，风速可达 400 千米 / 时，风卷起 1000 米高的巨大尘埃云。沙尘暴可以覆盖火星的大部分区域，并持续数月。

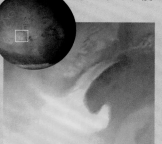

▲ **酝酿中的沙尘暴**
1999 年 6 月 30 日，沙尘暴初步形成。

▲ **形状转换**
橙黄色的沙尘被强风卷起。

▲ **越来越大**
沙尘暴席卷过北极的极冠（图像上方中间的白色区域）。

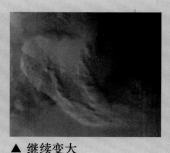

▲ **继续变大**
这幅图像是在第一幅图像拍摄后 6 小时拍摄的，沙尘暴仍在持续。

奥林匹斯山的高度

火星上有太阳系中最大的火山群。令人印象最深的是奥林匹斯山。它的直径约 600 千米，高 21 千米（珠穆朗玛峰高度的两倍多），面积相当于大半个英格兰。其中央是一个巨大的，直径 90 千米的陨石坑。

"海盗" 1 号的着陆舱和 "探路者" 号探测器在克律塞平原附近着陆。

奥林匹斯山是太阳系中最大的火山。

卡塞峡谷群某些地方的深度超过 3 千米，它是由一场毁灭性的洪水形成的。

阿斯克劳山、孔雀山和阿尔西亚山构成了塔尔西斯山脉。

水手谷就像是火星赤道下方的一道伤疤。此峡谷长约 4000 千米。

洛厄尔陨石坑已有 40 亿年的历史了。

行星概况

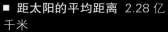

- **距太阳的平均距离** 2.28 亿千米
- **表面温度** −125 ~ 25℃
- **直径** 6792 千米
- **一日的时长** 24.5 小时（约 1 个地球日）
- **一年的时长** 687 个地球日
- **卫星数** 2 颗
- **表面重力** 0.38（地球 =1）
- **与地球的尺寸对比**

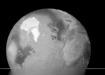

火星计划

除地球外，火星是我们最了解的行星。1965 年以来，人类已经向火星发送了超过 25 个航天器进行探测和研究，而且每隔几年，还会增加更多的火星任务。最终，这些探测和研究任务将为人类登陆火星奠定基础。

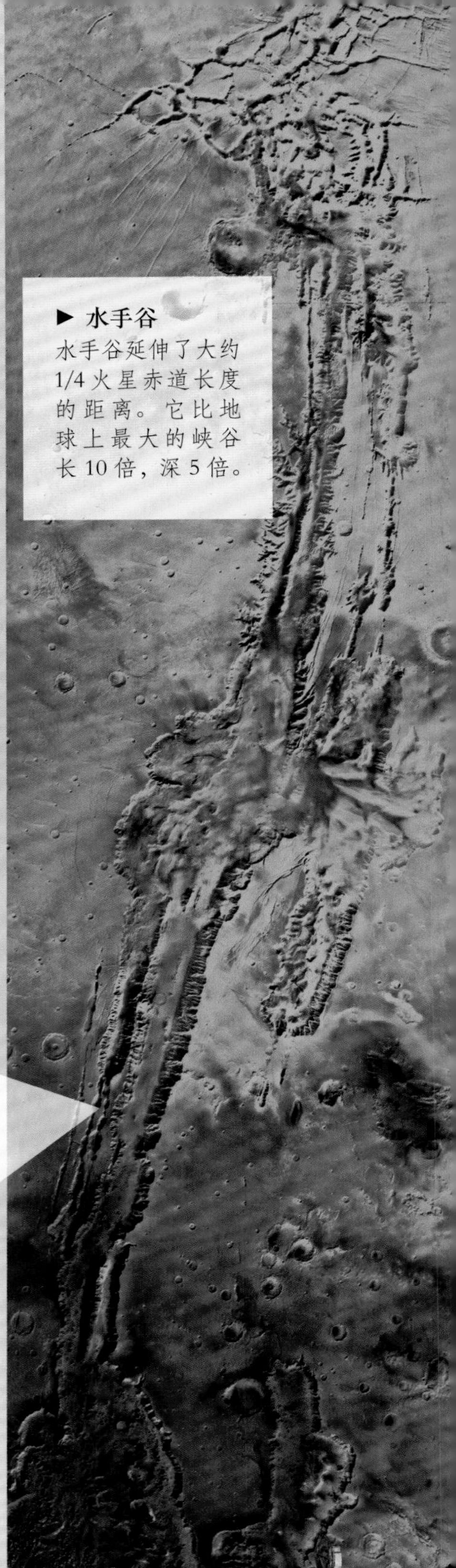

影像定格

这些小沟或小峡谷，从悬崖处（左上）延伸至陨石坑内，很像地球上水流冲刷的痕迹。

为什么要探测火星？

在太阳系，火星是距离地球最近的行星之一，火星上的环境也与地球环境最为相似。随着火星探测计划的进行，我们对它有了更多的了解，其中包括发现火星曾经存在液态水的证据。现在，我们正在火星上搜寻生命的迹象。

▶ **水手谷**
水手谷延伸了大约 1/4 火星赤道长度的距离。它比地球上最大的峡谷长 10 倍，深 5 倍。

地理和地质

火星上的峡谷、火山和其他地貌，主要是通过以下三种方式形成的：地壳运动；水、冰或风的侵蚀；陨石撞击。火星上最大的地貌是水手谷，它就像穿过火星的一道伤疤。这一系列峡谷形成于数十亿年前，当时年轻的行星表面被其内部运动拉伸和分裂。

▲ **多层结构**
上图显示的是水手谷中的一个峡谷。它由大约 100 层岩石组合构成。

火星计划大事年表

20 世纪 60 年代	20 世纪 70 年代		20 世纪 90 年代	
1965 年 "水手" 4 号（美国）首次成功飞越火星，传回了 21 幅图像。	**1971 年** "水手" 9 号（美国）成为首个成功的火星轨道探测器。	**1976 年** "海盗" 1 号（美国）成为首个成功登陆火星的探测器。	**1997 年** "火星探路者" 号（美国）成功向火星运送了"旅居者"号火星车。	**1997 年** "火星环球勘测者"号（美国）绘制了火星地图，提供了更多火星曾经存在水的证据。

耐力陨石坑

陨石撞击地面会形成陨石坑（👁 160 ～ 161 页）。耐力陨石坑宽约 130 米，深不超过 30 米。陨石坑周围有被科学家们称为"蓝莓"的深灰色小卵石，这些卵石中含有富含铁的矿物——赤铁矿。在地球上，赤铁矿一般形成于湖泊或泉水中，因此这些小卵石是火星上可能存在水的证据。

▲ 尘埃沙丘
陨石坑底部的中央，看起来就像一片沙漠。红色的尘埃堆积成 1 米高的小沙丘。

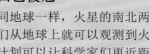

白色极冠

同地球一样，火星的南北两极也有冰盖。我们从地球上就可以观测到火星的极冠，火星计划可以让科学家们更近距离地对其进行研究。在冬季，极冠被干冰覆盖。到了夏季，干冰蒸发后仅剩下了水冰。

▶ 好机会

2004 年，"机遇"号火星车用了 6 个月的时间在耐力陨石坑中拍摄图像、检测岩石和土壤。它还对火星上的其他陨石坑进行了探测。2018 年，这辆火星车最终与地球失去了联系。

▼ 探测火星地震
2018 年，美国国家航空航天局的"洞察"号探测器抵达火星。该探测器携带有地震测量仪，可以揭示火星内部的构造。

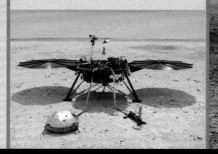

翻越夏普山

美国国家航空航天局的"好奇"号火星车于 2012 年在盖尔陨石坑着陆。这一陨石坑可能是一片古老的湖床，在它的中心有一座巨大的山峰，名叫夏普山。自 2014 年起，"好奇"号一直在对这座山峰进行调查研究。

---

21 世纪初

2003 年
欧洲的"火星快车"轨道探测器开始拍摄火星的详细图像。

2008 年
"凤凰"号（美国）在火星北极着陆。它在电池耗尽之前运行了超过 5 个月。

21 世纪 10 年代

2012 年
美国国家航空航天局的"好奇"号火星车在盖尔陨石坑着陆，并进行探测。

20 世纪 20 年代

2021 年
中国的天问一号探测器携带祝融号火星车抵达火星，祝融号成功着陆并进行探测。

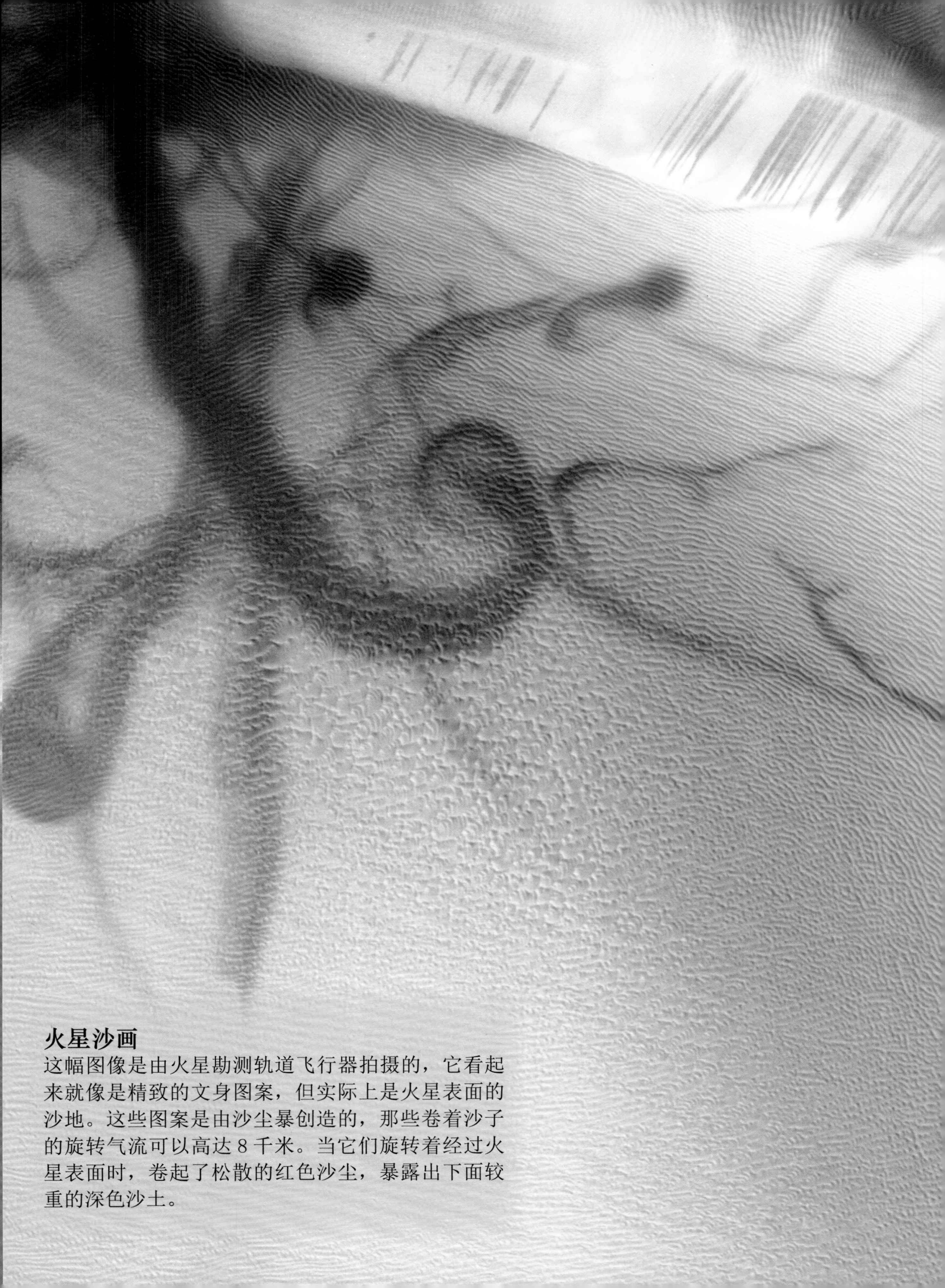

火星沙画

这幅图像是由火星勘测轨道飞行器拍摄的，它看起来就像是精致的文身图案，但实际上是火星表面的沙地。这些图案是由沙尘暴创造的，那些卷着沙子的旋转气流可以高达 8 千米。当它们旋转着经过火星表面时，卷起了松散的红色沙尘，暴露出下面较重的深色沙土。

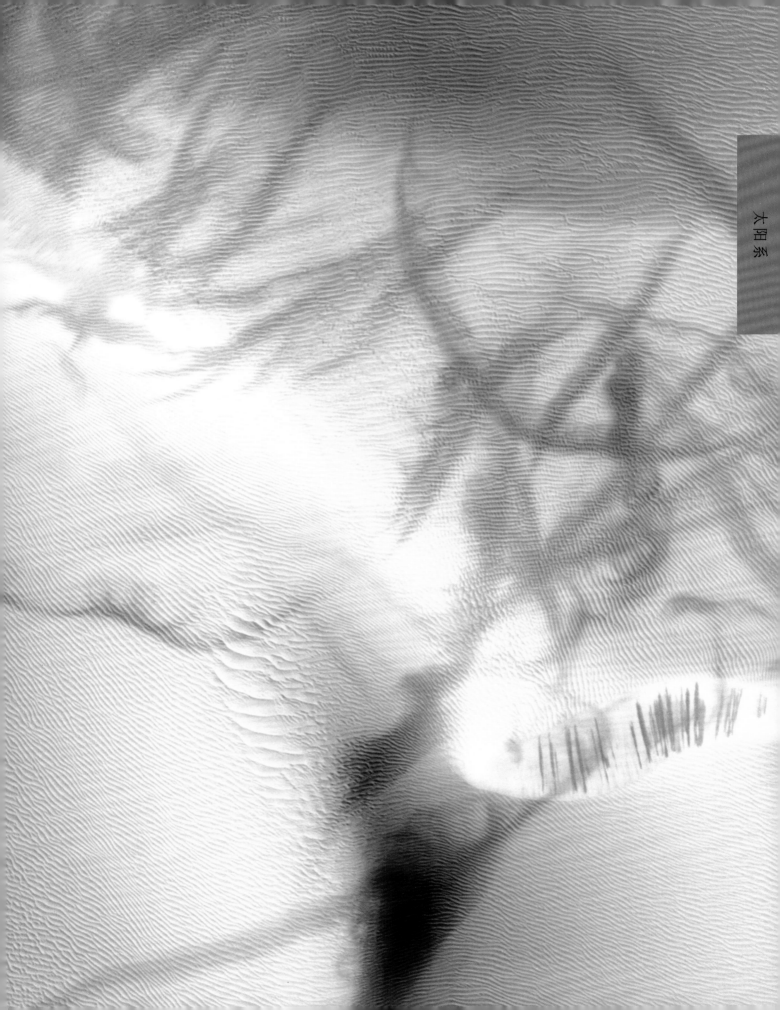

小行星

在数千年的时间里，人们一直认为太阳系中只有6颗行星（包括地球），没有人想过土星之外还有一片世界，但是有人认为在火星和木星之间存在着某些物质。从那以后，人们逐渐发现那并非是单一的行星，而是大量的岩石天体——它们便是小行星。

了不起的明星！

1772 年，德国天文学家约翰·波得提出了计算行星与太阳之间平均距离的公式，即波得定则。1781 年发现的天王星和 1801 年发现的位于小行星带上的谷神星，与定则相符，但是后来发现的海王星和冥王星则与定则不符。因此，波得定则的理论基础尚未最终确定。

小行星带位于火星和木星之间。

木星公转轨道

两个特洛伊小行星群沿着公转周期为 11.86 个地球年的木星轨道运行。

爱神星公转周期：1.76个地球年。

地球公转轨道

太阳

火星公转轨道

▶ 公转
这幅图展示的是一些小行星的公转轨道，以及它们环绕太阳运行所需的时间。

谷神星公转周期：4.6 个地球年。

小行星轨道

小行星是 46 亿年前行星形成时的残余物。其中，一小部分小行星的轨道接近地球，但大多数位于火星和木星轨道之间，环绕太阳运行。爱神星是最大的近地小行星，也是被航天器环绕飞行的第一颗小行星。爱神星的一侧有一个大陨石坑，另一侧有凹地，它的形状并不规则，好似一块大马铃薯。

谷神星
1801 年 1 月 1 日，西西里岛巴勒莫天文台台长、意大利天文学家朱塞佩·皮亚齐在金牛座方位发现了一个神秘天体。该天体位于火星和木星之间，沿近圆形的轨道行进。它类似行星，但是又太小，不能算行星。这就是第一颗被发现的小行星——谷神星，它是小行星带中最大的小行星。根据 2006 年颁布的《行星定义》，谷神星已被归类为矮行星。在谷神星的表面下或许有冰层存在。

灶神星
灶神星是小行星带中最明亮的一颗小行星，用肉眼偶尔可以看到。这颗小行星上有一个直径460 千米的巨大陨石坑——几乎同灶神星自身一样宽。灶神星非常坚固，经受住了这次猛烈的撞击，但是仍然有一些碎片以陨石的形式落入地球大气层。

小行星游客
2007 年,美国国家航空航天局发射了"黎明"号探测器，对灶神星和谷神星进行了近距离研究。

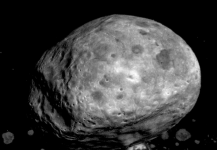

"隼鸟"2号

2018年，日本的小行星探测器"隼鸟"2号到达了直径1千米的小行星龙宫星。"隼鸟"2号详细研究了这个小世界，采集其表面的样本，并送回地球。

龙宫星

▼ **大小对比** 图像显示的是小行星带内最大的4个天体与美国国土的尺寸对比。

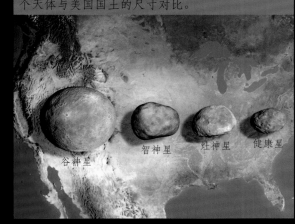

谷神星　智神星　灶神星　健康星

太近不安全！

小型的小行星要远远多于大型的小行星，几乎每周都会有一颗小行星从地球附近划过。人们推测大约有1100颗近地小行星的直径大于1千米，超过100万颗近地小行星的直径大于40米。曾经有一些小行星与地球发生过碰撞。

墨西哥的**奇克苏鲁布陨石坑**为6600万年前小行星与地球相撞留下的遗迹。

名字中的内涵

发现新小行星的天文学家，拥有对其命名的权利，因此小行星通常以人名命名。

陨石坑、裂缝或碎片？

小行星之间经常发生碰撞，碰撞的后果取决于小行星的大小。如果一颗很小的小行星撞向一颗较大的小行星，就会在较大的小行星上留下一个陨石坑；如果是稍大一些的小行星，则会撞碎较大的小行星，破裂的碎片可能会形成一个碎石球；如果小行星足够大或其运行速度足够快，它将会完全击碎那颗较大的小行星，并留下一串跟随其后的微型小行星。

▶ **两个世界的碰撞**
在太阳系形成初期，小行星不断碰撞、变大，直到运行轨道上只剩下一个巨大的岩石天体，也就是我们所说的行星（120～121页）。

木星

木星是行星之王。它的质量比太阳系其他7颗行星总质量的2.5倍还要多。木星中可以塞进大约1300个地球，但木星主要由较轻的气体构成，因此它的质量仅是地球的318倍。

叹为观止的极光

同地球一样，木星也有磁场，就像一个巨大的磁铁深埋在行星的内部。它会引发极光。当来自太阳的高能粒子流与极地大气发生碰撞时，就会产生极光。极光像一帘巨大的光幕，在木星云层之上铺展数百千米。

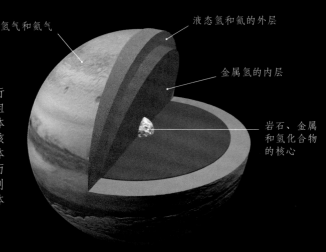

氢气和氦气

液态氢和氦的外层

金属氢的内层

岩石、金属和氢化合物的核心

▶ 里面是什么？
木星是一颗气态巨行星，主要由氢和氦组成。靠近表面的气体温度较低，越接近核心的气体越热。气体在木星内部因高压而变成液态，最中间则是一个较小的固体核心。

多彩的云

木星大气中的90%是氢，其余大部分是氦，还有一些氢化合物，例如甲烷、氨、水和乙烷。气体化合物在不同温度下凝结（变成液体），并在不同高度形成不同类型、颜色各异的云。

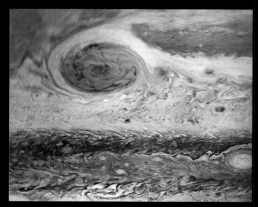

看一看：大红斑

大红斑是木星上最显著的特征。它是一个巨大的风暴，1664年首次被发现并记录以来，至今仍未停止。风暴每6个地球日沿逆时针方向绕木星旋转一周。大红斑呈现橙红色，其中包含的化学物质尚未查明，但大红斑的温度比附近云层的温度低。近年来，在木星云层的同一区域，又有两个红斑出现。

▲ 这幅图像是**哈勃空间望远镜**于2008年5月拍摄的。它显示出大红斑和小红斑的左侧有一个新红斑。

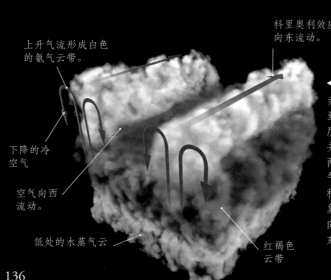

上升气流形成白色的氨气云带。

科里奥利效应推动空气向东流动。

下降的冷空气

空气向西流动

低处的水蒸气云

红褐色云带

◀ 云移动
赤道地区的空气因受到太阳光的照射而温度升高，热空气上升并向两极流动。由于两极较冷，引起冷空气回流。一种被称为科里奥利效应的现象，使原本沿南北方向流动的空气转为沿东西方向流动。

区、带和隆起

围绕木星的白色云带称为区，红棕色云带称为带。尽管木星很大，但是它的自转周期仅为9小时55分，比太阳系其他行星都快。这使得木星赤道地区的云以超过45000千米/时的速度移动，从而导致赤道地区向外隆起。

影像定格

木星被一层薄薄的微弱行星环围绕着。1979年，当"旅行者"1号飞越木星时发现了这个环。其主环直径约250000千米。每个环中所含微粒的大小不一，从微小的尘埃到直径几米的大颗粒不等。

风暴系统

北温区

北温带

北热区

北赤道带

更多信息……

这幅图像是用"卡西尼"号探测器拍摄的一组图像合成的，此时"卡西尼"号距离木星1000万千米。

赤道区

飞越极地

2016年，美国国家航空航天局发射的"朱诺"号探测器抵达木星，并进入了非同寻常的极地轨道，在北极和南极之间飞行。"朱诺"号从这一角度收集了许多关于木星内部的独特信息，包括强大的磁场，以及能从下方加热云层的能量来源。

南赤道带

南热区

▲ **"朱诺"号** 在木星南极拍摄到这幅视角独特的图像。

行星概况

- 距太阳的平均距离 7.8亿千米
- 云顶温度 −143℃
- 直径 143000千米
- 一日的时长 9.93小时
- 一年的时长 11.86个地球年

- 卫星数 79颗
- 表面重力 2.53（地球=1）
- 与地球的尺寸对比

南温带

大红斑

南极地区

木星的卫星

木星有 79 颗已知的卫星，包括 4 颗伽利略卫星和 4 颗内卫星，其余的都是较小的外卫星。1610 年，伽利略卫星（木卫一、木卫二、木卫三和木卫四）首次被发现，但是直到 1979 年两个"旅行者"号探测器前去探测之前，我们对这 4 颗卫星都知之甚少。

📷 **了不起的明星！**

1610 年 1 月 7 日，意大利科学家伽利略用他的小型望远镜发现了木星附近呈一条直线排列的 3 颗小而明亮的星星。经过数周的观察，他得出结论：实际上有 4 颗星星，每一颗都是环绕木星运行的卫星。这 4 颗卫星后来被称为伽利略卫星。

头顶奶酪的木卫一

木卫一的大小与月球相当。它看上去就像一个巨大的、撒满奶酪的比萨饼，这是由于它被硫覆盖，而硫通常呈黄色。当硫遇热时，其颜色会先变红，再变黑。其中热点区域的温度可达 1500℃。木卫一是太阳系中火山活动最频繁的星球。常常有十几个或更多火山向太空中喷发出伞状的气体和硫化合物云团。

火山喷发出的二氧化硫落在火山表面，形成"雪"环。

散布在表面的这些黑色区域都是活火山。

贝利火山喷出的气团。

贝利的气团

贝利火山是木卫一上最大的火山。当"旅行者"1 号经过它时，一股尘烟上升至地表以上 300 千米的高度，并覆盖了与阿拉斯加面积相当的一片区域。由于木卫一的引力很小，尘烟在落回地表之前可以上升得很高。

木卫四的陨石坑

木卫四是伽利略卫星中距离木星最远的，其表面已形成数十亿年，它是太阳系中受陨石撞击最多的天体。木卫四体积比水星略小，由冰和岩石构成，有微弱的磁场。尽管它不像木卫一、木卫二、木卫三那样有潮汐加热，但在其地下深处，似乎存在着咸海。当卫星受木星和其他伽利略卫星的引力影响，从内部升温时，就会发生潮汐加热。

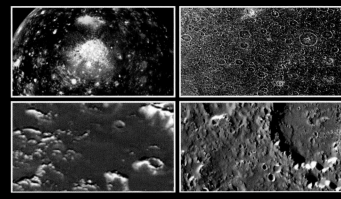

▲ **陨石坑特写**
这些是木星第二大卫星木卫四的图像，那些看起来像光斑的地方实际上是陨石坑。

看一看：木卫二

木卫二的大小与木卫一和月球相仿，它有被冰覆盖着的光滑表面——上面没有深谷或高山，也几乎没有撞击坑。这表明其表面很年轻，冰层从下方不断更新。实际上，它的一部分表面看起来很像地球北极地区的浮冰。人们认为从木卫二的冰壳表面往下穿过10～20千米厚的冰层后，可能有一片海洋。这片海洋可能是因潮汐加热而形成的。

◀ 👁 163 页，了解有关木卫二更多的信息。

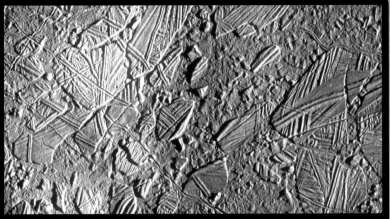

▲ **冰质表面** 图像中的白色和蓝色区域显示的是覆盖在木卫二地壳上的一层冰微粒。人们认为这些冰粒尘埃是在该地区以南约1000千米处的一个大陨石坑的形成过程中产生的。

你知道吗？

你知道从地球上可以轻松地看到木星吗？在晚上，它是夜幕中一颗明亮的星星，在地球上的不同地点、不同时间都能看到它。木星是夜空中最亮的星星之一——只有月球和金星比它更亮。你只需拿稳手中的小型天文望远镜或者性能良好的双筒望远镜，就能看到4颗伽利略卫星。

巨大的木卫三

木卫三的直径有5260千米，是太阳系中最大的卫星。它的体积比水星还要大，但是因为它是岩石和冰的混合物，所以质量只有水星的一半。人们认为木卫三的内部可分为三层：富含铁的小核心被岩石地幔围绕，外部包裹着冰壳。它的表面可以分为两种不同的景观：一种是非常古老、黑暗的，并且坑坑洼洼的区域；另一种是较年轻、明亮的，具有沟槽、山脊和陨石坑的区域。木卫三的磁场较弱，可能在冰壳表面往下200千米处有咸海。

木卫三的暗区年代久远，并且布满了陨石坑。

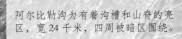

阿尔比勒沟为有着沟槽和山脊的亮区，宽24千米，四周被暗区围绕。

亮区较年轻，而且具有很多不常见的沟槽类型。

"旅行者"1号和2号

1977年8月20日，"旅行者"2号探测器从美国佛罗里达州的卡纳维拉尔角发射升空，"旅行者"1号于9月5日发射。它们是迄今为止仅有的4艘飞出太阳系的航天器中的两艘。另两艘航天器是"先驱者"10号和11号，但是它们已经与地球失去联系了。尽管两艘"旅行者"号探测器已经进入了星际空间，我们现在仍然可以定期接收到它们传回地球的数据。

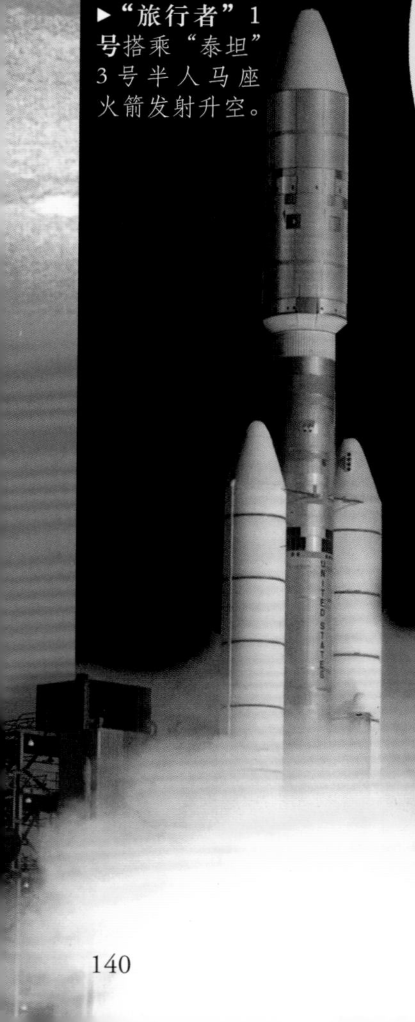

▶ "旅行者"1号搭乘"泰坦"3号半人马座火箭发射升空。

地球

太阳

木星

土星

天王星

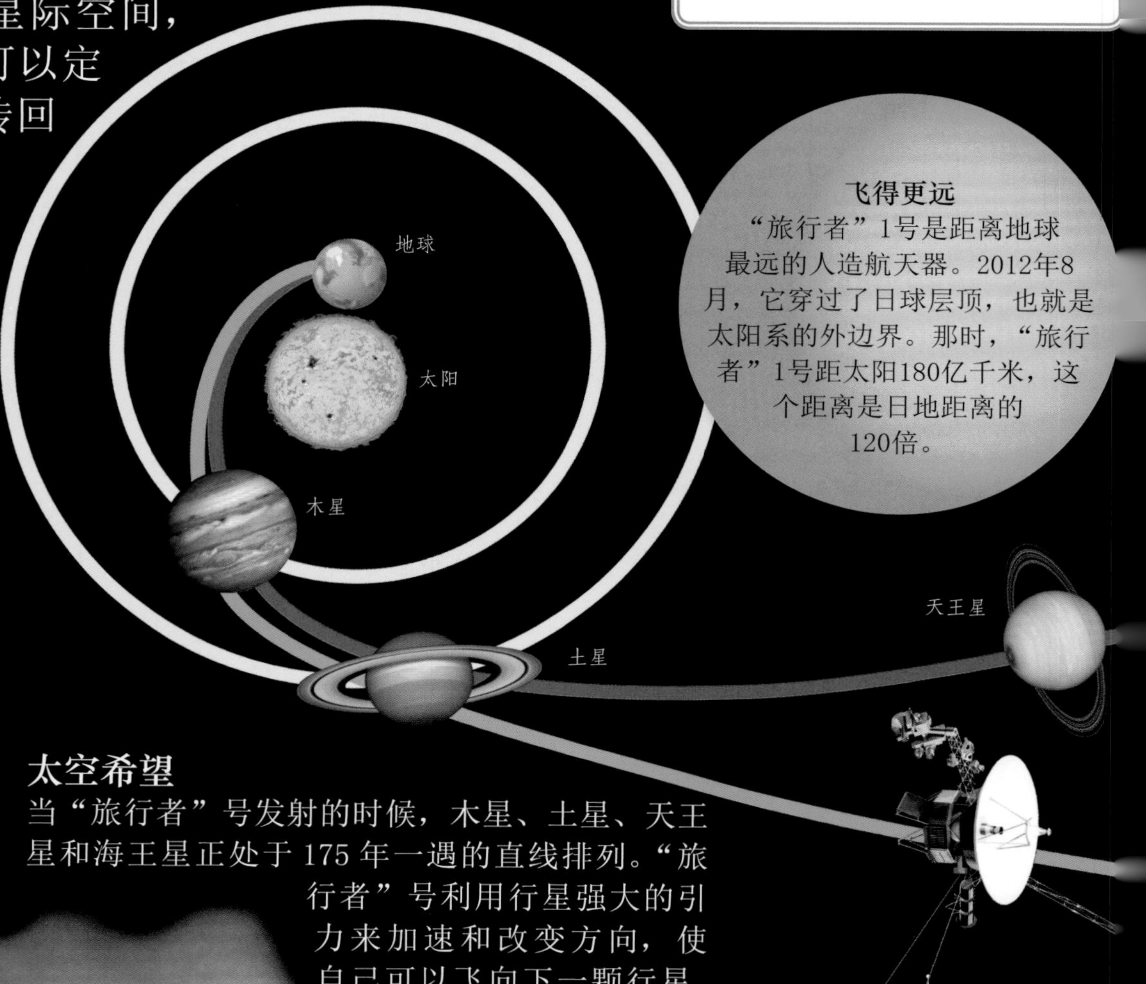

飞得更远

"旅行者"1号是距离地球最远的人造航天器。2012年8月，它穿过了日球层顶，也就是太阳系的外边界。那时，"旅行者"1号距太阳180亿千米，这个距离是日地距离的120倍。

太空希望

当"旅行者"号发射的时候，木星、土星、天王星和海王星正处于175年一遇的直线排列。"旅行者"号利用行星强大的引力来加速和改变方向，使自己可以飞向下一颗行星。1979年3月，"旅行者"1号到达木星；7月，"旅行者"2号到达。"旅行者"1号探访土星系统后偏离了航线，但"旅行者"2号继续向天王星和海王星行进。

"旅行者"1号在探访土星系统时路线微调，前进方向转向了星际空间，无法继续向外层行星行进。

有了电源

每艘"旅行者"号探测器携带着10台仪器，用来研究行星及其卫星。它们的电力由核电源组提供。久而久之功率下降，现在的输出功率大约只能点亮2个120瓦的灯泡。以现代标准来衡量，"旅行者"号上的计算机功能非常弱。每艘"旅行者"号上都安装有3台计算机，每台计算机只有8000字节的内存。

星际旅行

"旅行者"号正在飞离太阳系，它们分别朝不同的方向行进。预计4万年后，这两艘探测器将会分别抵达另一颗恒星附近。现在，"旅行者"号已经越过了太阳系的外边界，被称为日球层顶的区域，即太阳风与星际空间的交界处。两艘探测器具有足够的电量和姿态控制推进剂，可以运行到大约2025年。

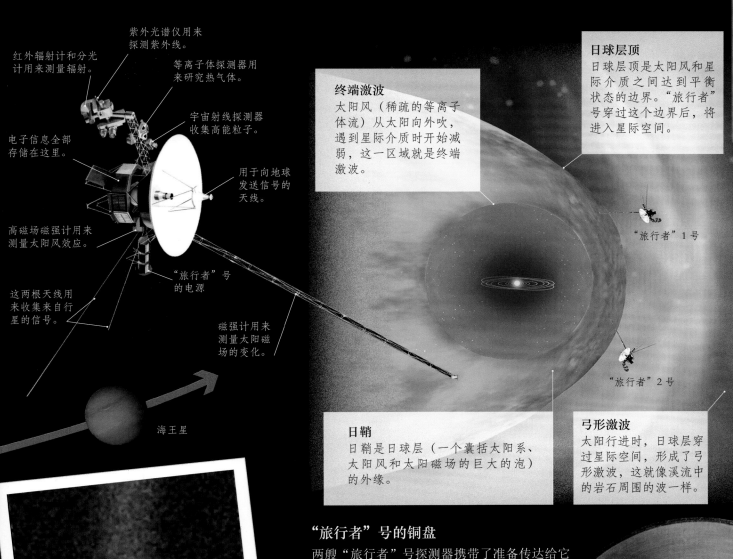

紫外光谱仪用来探测紫外线。

红外辐射计和分光计用来测量辐射。

等离子体探测器用来研究热气体。

宇宙射线探测器收集高能粒子。

电子信息全部存储在这里。

用于向地球发送信号的天线。

高磁场磁强计用来测量太阳风效应。

"旅行者"号的电源

这两根天线用来收集来自行星的信号。

磁强计用来测量太阳磁场的变化。

海王星

终端激波
太阳风（稀疏的等离子体流）从太阳向外吹，遇到星际介质时开始减弱，这一区域就是终端激波。

日球层顶
日球层顶是太阳风和星际介质之间达到平衡状态的边界。"旅行者"号穿过这个边界后，将进入星际空间。

"旅行者"1号

"旅行者"2号

日鞘
日鞘是日球层（一个囊括太阳系、太阳风和太阳磁场的巨大的泡）的外缘。

弓形激波
太阳行进时，日球层穿过星际空间，形成了弓形激波，这就像溪流中的岩石周围的波一样。

太阳系

影像定格
这幅图像是从距离地球60亿千米的地方拍摄的，图像中的地球犹如一束光中的一个小点。这幅图像由"旅行者"1号拍摄，是首幅太阳系"肖像"的一部分，从完整的肖像中能看到6颗行星（看不到水星和火星）。

"旅行者"号的铜盘

两艘"旅行者"号探测器携带了准备传达给它们所遇到的外星生命的，关于"旅行者"号故乡的信息。这些信息被记录在特殊的30厘米唱片，即镀金铜盘上，该铜盘携带的信息包含了精挑细选的声音和图像，展示了地球上各种各样的生命和文化。唱片封面显示了地球的位置和唱片的使用说明。唱片内容包括图像、各种自然界的声音、来自不同文化和年代的音乐，以及55种语言的问候。

THE SOUNDS OF EARTH

UNITED STATES OF AMERICA
PLANET EARTH

土星

土星是太阳系第二大行星，也是距离太阳第六近的行星。土星是我们不使用望远镜所能看到的最远的行星。一年中有 10 个月可以在天空中看到土星。它被壮观的土星环（需要用望远镜才看得到）围绕着。

▲ 圆环
我们有时可以看到土星环的北侧，有时可以看到南侧。这是由于地球和土星的轨道不在同一个水平面上，因此地球时而在土星环上方，时而在其下方。

▶ 大而轻
土星内可塞进 750 多个地球，但是它只比地球重 95 倍。这是因为土星主要由氢气和氦气构成。土星很轻，是唯一可以漂浮在水上的行星——如果你可以找到足够大的海洋。

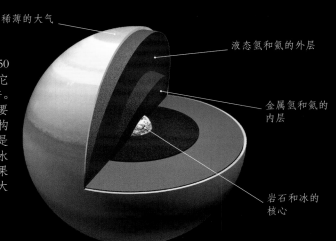

稀薄的大气

液态氢和氦的外层

金属氢和氦的内层

岩石和冰的核心

更多信息……

1610 年，伽利略首先发现了土星环，但是从那架简易望远镜里看，这些圆环很像是从行星上伸出来的"耳朵"。

▲ 土星环中的岩石
土星环由尘埃、岩石和水冰块构成。它的直径约 28 万千米，厚度只有 1 千米。

环

土星环非常壮观，因此土星也被称为"有环行星"（虽然木星、天王星和海王星也有行星环）。土星环包含 3 个很大很亮的主环，用小型望远镜就可以看到。它们从里向外依次被称为 C 环、B 环和 A 环。在它们外面是微弱的 F 环、G 环和 E 环。

▲ C 环
C 环内侧有一个薄环，被称为 D 环，两环之间没有空隙。

▲ B 环
B 环是最宽的主环，宽约 25500 千米，厚度 5～15 米，是主环中最亮的。

▲ A 环
A 环是第一个被发现的环。这些环是以发现的顺序来命名的，而不是它们的位置。

◀ 注意其间隙
土星环中的一部分区域被土星卫星的引力清除得干干净净，在环之间留下了空隙。最大的空隙是位于 A 环和 B 环之间的卡西尼缝。

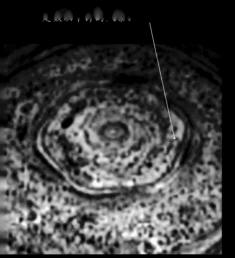

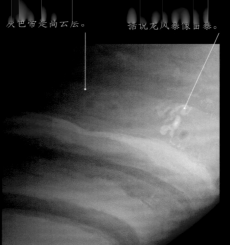

据说龙风暴像雷暴。

灰色带是高云层。

从望远镜中看到的土星为浅黄色，其中夹杂着稀薄的云带。土星上不时会出现一些大的白色斑点，这是巨型风暴，从地球上可以看到。高速的风将风暴云散布到土星的赤道附近。赤道上的风速可达 1800 千米 / 时，比地球上最强的风速快 6 倍。大风暴也会在两极发生，它们像飓风一样有"风暴眼"。在金星和木星上也发现了类似的极地风暴。

▲ 辨认风暴
在土星的两极区域，存在着巨大的飓风般的风暴。小的风暴云（图中黑点）围绕着这些大的"旋涡"在土星大气中移动。

▲ 观察龙风暴
在土星的南半球有一个云带被称为"风暴通道"，很多风暴发生于此，其中包括被称为龙风暴的这种大型、明亮、带电的风暴。

 看一看：极光

土星的强磁场在土星周围形成了一个用肉眼看不到的罩子，可保护土星不受吹向行星的太阳风中高能粒子流的影响。但是，这些高能粒子中的一部分会被捕获，并沿着磁力线流向土星的磁极。当它们撞击高层大气时，就会形成被称为极光的光晕。

▶ **南极光** 这个极光于 2005 年 1 月出现在土星南极。

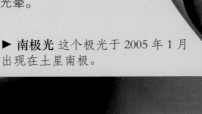

行星概况

- 距太阳的平均距离 14.27 亿千米
- 云顶温度 −180℃
- 直径 120540 千米
- 一日的时长 10.6 小时
- 一年的时长 29.4 个地球年
- 卫星数 82 颗
- 表面重力 1.07（地球 =1）
- 与地球的尺寸比较

土星的卫星

土星有 82 颗已知的卫星，包括又大又圆的主卫星、形状不规则的小型内卫星，以及位于土星环之外的不规则的微型外卫星。一部分小卫星位于土星环中或土星环附近。位于土星环外的卫星可能是被土星的强大引力捕获的彗星。土星还有 7 颗距离它很近的中型卫星。

了不起的明星！

1655 年，荷兰天文学家克里斯蒂安·惠更斯发现了土星的第一颗卫星——土卫六。欧洲空间局的土星探测器就是以他的名字命名的。

更多信息······

土星的卫星非常寒冷，它们冰冷的表面如同岩石般坚硬，在彗星撞击的地方留有陨石坑。

▲ 众多的卫星

位于土星主环内或附近的卫星为（从左至右）：土卫十八、土卫十五、土卫十六（上）、土卫十七（下）、土卫十（上）、土卫十一（下）。而土卫一、土卫二、土卫三、土卫四、土卫五，则全都在主环之外，位于薄薄的 E 环之内或附近。

▶ 土卫九

同土星的大多数卫星一样，土卫九也沿椭圆轨道运行。它位于距离土星 600 万 ~ 1200 万千米处，具有由冰块和尘埃构成的环。这个环被称为土卫九环。

▲ 土卫七

土星的大多数卫星的转轴倾角都是固定不变的。但是，土卫七在环绕土星运行过程中却会翻转方向，这可能是由于它与彗星发生过一次或多次碰撞。

◀ 土卫八

土卫八是距离土星第 24 近的卫星，也是距离土星最远的主卫星。其朝前的一侧覆盖着被彗星撞击下来的土卫九的尘埃。与其他大部分卫星不同的是，土卫八的自转周期与公转周期相同，因此总是同一侧朝向土星。

▲ 土卫六

土卫六是太阳系中第二大卫星（木星的木卫三是最大的），它比水星还要大。其公转轨道距离土星约 120 万千米。

太阳系

土卫十六　土卫十　　土卫二
土卫十五　　　　　　　　　　土卫十八　　　土卫十七　土卫一　　　土卫三　　土卫四　　土卫五
　　　　　　　土卫十一

壮观的土卫六

土卫六是土星最大、最独特的卫星，同时也是唯一具有大气层的卫星。土卫六的大气像地球大气一样富含氮而且稠密，不同的是它非常寒冷，不适合生命生存。我们利用雷达和红外仪器来研究隐藏于厚厚的、橙色雾霾下的土卫六的表面，发现其表面被冰覆盖，还有山脉和大型沙丘，以及由液态甲烷形成的河流与湖泊。

▶ 土卫六表面的沟壑可能是被流动的液态甲烷冲刷而成的。在地球上，甲烷以气体的形式存在，但是由于土卫六上太寒冷（温度低至 -179℃），因此甲烷呈液态。甲烷还会以雨的形式从云层中落下。

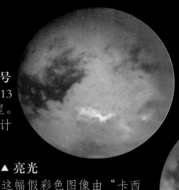

▲ "卡西尼 - 惠更斯"号
"卡西尼"号探测器花了13年时间研究土星及其主卫星。它的子探测器"惠更斯"号被设计用于探测土卫六的大气和表面。

▲ 亮光
这幅假彩色图像由"卡西尼"号探测器拍摄。图中非常明亮的区域被称为"世外桃源"，人们认为这里存在着冻结的水或来自火山的二氧化碳。

◀ 大相径庭
这幅图像的拍摄时间晚于左图 2 个月，也就是 2005 年 12 月。图像显示的是土卫六的另一半球（左图的背面）。你可以清楚地看到北极地区和南极地区。

看一看：土卫二

在土星的卫星中，或许最让人惊奇的是土卫二。土卫二的直径只有 500 千米。人们曾以为它是一个寒冷且死气沉沉的世界。然而，"卡西尼"号探测器在其南极发现了间歇泉。它的形成源于卫星内部的潮汐运动所产生的热量，将冰转化成了水蒸气。水蒸气通过土卫二冰壳中的裂缝或断层线涌出，喷向太空。

间歇泉中的水冰微粒加入到了土星环的 E 环中。

表面附近的水很热。

▲ 断层线
气体和冰微粒通过被称为断层线的表面裂缝喷向太空。

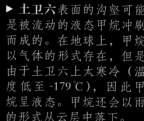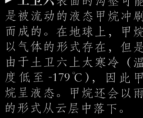

着陆土卫六

经过 40 亿千米的飞行后，2004 年 12 月 25 日，欧洲空间局的"惠更斯"号探测器终于从"卡西尼"号分离。"惠更斯"号于 2005 年 1 月 14 日在土卫六着陆，实现了航天器在外太阳系的首次着陆。探测器上的仪器开始工作，对土卫六的大气进行采样和拍摄。

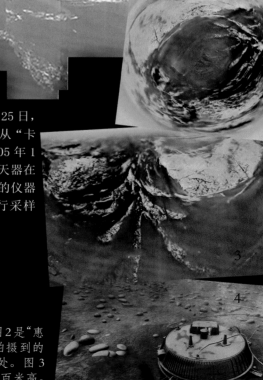

图 1 显示的是"惠更斯"号的着陆地点。图 2 是"惠更斯"号使用降落伞向土卫六降落时拍摄到的景象，拍摄于土卫六表面以上 6 千米处。图 3 是土卫六上最高的山峰，据推断只有几百米高。图 4 是"惠更斯"号在土卫六上的艺术想象图。

阳光下的土星

这幅图显示的是土星与太阳位于一条直线时的壮观景象，它是由"卡西尼"号探测器拍摄的 165 幅图像合成的。太阳位于土星正后方，图中这一侧土星完全处于阴影中，微弱的光揭示出了此前未被发现的土星环，以及距离数十亿千米外的地球。

地球

天王星

天王星是太阳系第三大行星，也是距离太阳第七近的行星。距离太阳如此遥远，接收到的太阳光和热很少，因此天王星非常寒冷。它环绕太阳运行一圈需要84个地球年，所以要在天王星上过一次生日，那可是非常难得的！

气体和冰

天王星的大小大约相当于63个地球，但是由于天王星主要由气体构成，它的重量仅为地球的14倍。有人将天王星和海王星称为巨型冰团，这是因为它们内部很大一部分是由水、甲烷和氨构成的冰组成的。

氢、氦等气体构成的大气。

水、甲烷和氨构成的冰层。

岩石（可能还有冰）核心

了不起的明星！

1781年，威廉·赫歇耳发现了天王星。他通过自制的望远镜，发现在双子座方位有一颗蓝绿色星球，这颗星球在他的星图中并没有出现。赫歇耳以为这是一颗彗星，但是一年之后他确定这是一颗新的行星。

看一看：黑色圆环

天王星有13个暗而薄的行星环。它们非常黑，而且相当窄，宽度不到10千米，主要由尘埃和直径1米的大石块构成。从地球上看不到这些环，1977年，当天王星从一颗恒星的前方经过时，这些环才被发现。因为当恒星处于天王星的行星环后方时，这颗恒星发出的光变得暗了。

天王星上的云

通过地球上的大型望远镜观察，天王星好似一个普通的圆盘。1986年，当"旅行者"2号飞过天王星时，发回了有少量云或风暴特征的淡蓝色星球图像。后来，哈勃空间望远镜又发现，巨大的云层以高于地球上飓风两倍的速度围绕着天王星运动。

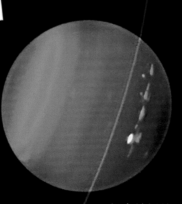

▲ 凯克拍摄的云
这幅图像是由位于美国夏威夷州的凯克望远镜在红外线下拍摄的，展现了天王星的行星环和风暴云，它们在可见光下很难被观察到。

▲ 排列的直线 在这幅假彩色图像中，最外面的行星环——埃普西隆，显示为一条白线。

天王星的卫星

天王星有 27 颗已知的卫星，其中大多数是以莎士比亚戏剧中的人物命名的。卫星中的大部分是直径小于 200 千米的小型天体，它们离行星环很近，并环绕着天王星运行。卫星中的天卫六和天卫七是"牧羊犬卫星"，它们能通过引力的作用保护环，使其不致破裂四散，类似牧羊犬管理羊群。

天卫四

天卫二

天卫三

天王星

天卫五

天卫一

主卫星

天王星的 5 颗主卫星都是极其寒冷的世界，其中天卫五最小，天卫一最亮。天卫一于 1851 年与布满陨石坑的天卫二同时被发现。最大的两颗卫星天卫三和天卫四在过去曾经显示出一些内部升温的迹象。

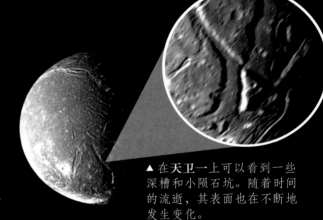

天卫五

天卫五的表面具有独特的地形，包括深谷、阶梯式地层和更年轻、更平坦的表层，这些都指向天卫五的一段动荡历史。有证据表明，天卫五在遥远的过去曾经遭受过灾难性的碰撞，然后以我们所看到的混乱方式重新组合。另一种观点是，它开始演变后，较重的物质向中心下沉，而较轻的物质则向表面上升，但是这个过程在完成前便停止了。

▲ **天卫四**是第一颗被发现的天王星卫星，它于 1787 年由威廉·赫歇耳发现。

▲ 在**天卫一**上可以看到一些深槽和小陨石坑。随着时间的流逝，其表面也在不断地发生变化。

斜着身子的行星

天王星是一颗与众不同的行星，因为它向侧方倾倒，赤道几乎与公转轨道垂直，其两极轮流朝向太阳。每极的夏季都有长达 21 个地球年的持久光照，在冬季则有 21 个地球年的持久黑暗。人们推测，在很久以前天王星可能曾与一个行星大小的天体相撞，从而被撞翻。

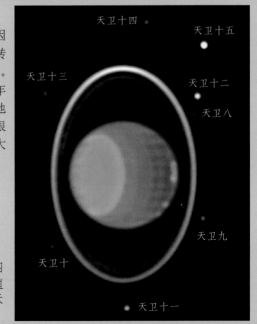

天卫十四

天卫十五

天卫十三

天卫十二

天卫八

天卫九

天卫十

天卫十一

▶ **直立的轨道**
这幅由哈勃空间望远镜拍摄的图像显示了天王星的卫星如何跟随天王星倾斜，并从上至下环绕天王星旋转。

▲ **麻烦的迹象？**
天卫五表面的一些峡谷要比地球上的大峡谷深 12 倍。

海王星

海王星是距离太阳第八近的行星，也是冰质的气态巨行星，大小是地球的 58 倍，但重量仅为地球的 17 倍。海王星是一颗非常寒冷和黑暗的星球，因为它与太阳间的距离比日地距离大 30 倍，接收到的光和热是地球的 1/900。

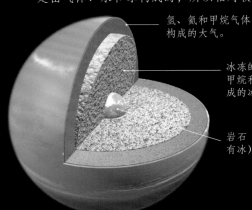

▼ 充满气体

尽管海王星的大小是地球的 58 倍，但它主要是由气体、水和冰构成的，所以相对较轻。

氢、氦和甲烷气体构成的大气。

冰冻的水、甲烷和氨构成的冰层。

岩石（可能还有冰）核心

蓝色行星

与天王星类似，海王星看起来也是蓝色的，这是因为其大气中含有甲烷气体。这种气体吸收了来自太阳的红光，当红光从可见光中被剔除之后，就显现出了蓝光。

活跃的大气

从海王星内部升起的热量，使行星的大气层非常活跃，它催生出许多大型风暴，并驱动着太阳系中最快的风。据观测，海王星上的云团以大约 2000 千米 / 时的速度横扫这颗行星，是地球上飓风速度的 10 倍。有时从长条状的高层云中可以看到这些高速风的痕迹。

◄ 阴影

甲烷冰云在其下方 50 千米的蓝色云团上投下阴影。条状云团宽仅 50 ～ 200 千米，但却在行星上绵延了数千千米。

大暗斑

海王星的大气变化非常快，因为大型的风暴和云团沿与海王星自转相反的方向绕着海王星急速运行。被称为"滑板车"的白色云团仅用 16.8 个地球日的时间就环绕了行星一周。迄今为止，人们观测到的最大的云团是与地球一般大小的大暗斑，它可能将在几年之内消失。

更多信息……

我们对海王星的所有了解几乎都来自 1989 年拜访过海王星的"旅行者" 2 号。海王星是"旅行者" 2 号拜访的第 4 颗行星，也是最后一颗。现在，"旅行者" 2 号已经飞离了太阳系，开启了它的星际空间之旅。

海王星的卫星

■ 海王星有 14 颗已知的卫星，其中最大的是海卫一。海卫一比月球小，但是比矮行星冥王星大。海卫一围绕海王星运行的方向与大多数卫星围绕行星运行的方向相反，它受到海王星引力的影响，逐渐被拉向海王星。海卫一是我们所知的最冷的天体之一，其表面温度为 -235℃。海卫一被冻结的氮气覆盖，尽管表面很寒冷，但其内部似乎比较温暖。

◀ **小而快速** 海卫八是 7 颗内卫星中最大的，它环绕海王星运行一圈需要 27 小时。

■ **大多数海王星的外卫星都很小**，海卫二直径 340 千米，其他外卫星的直径都小于 200 千米。其中 7 颗的运行轨道距离海王星很近，只有不到 12 万千米。有 5 颗的运行轨道距离海王星较远，大于 1500 万千米，它们可能是被海王星捕获的彗星。

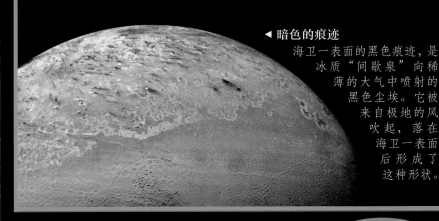

◀ **暗色的痕迹**

海卫一表面的黑色痕迹，是冰质"间歇泉"向稀薄的大气中喷射的黑色尘埃。它被来自极地的风吹起，落在海卫一表面后形成了这种形状。

海王星的环

海王星有 6 个非常狭窄和昏暗的环。4 颗小卫星位于环内部，其中海卫六和海卫五对环中的微粒起着牧羊犬的作用，维持着两个环的形状。海卫六可能也是亚当斯环微粒聚集异常的原因。此环具有环弧，这意味着环弧部分的微粒比其他部分的密集。

奇妙的轨道

海王星是距离太阳第八近的行星。由于它沿着椭圆轨道运行，这样在它环绕太阳运行一周所用的165个地球年中，有20个地球年距离太阳要比冥王星还远。1979～1999年便是如此。

◀ 这幅由"旅行者"2号拍摄的图像显示了 4 个**行星环**。其中的两个亮环分别是亚当斯环（外侧）和勒威耶环（内侧）。

约翰·伽勒

了不起的明星！

海王星是 1846 年由德国天文学家约翰·伽勒发现的。此前人们注意到似乎有一种力量在吸引着天王星，使天王星的运行速度有时比预期快，有时比预期慢。根据这种推测，约翰·柯西·亚当斯和于尔班·勒威耶也各自计算出了海王星的位置。

行星概况

■ **距太阳的平均距离** 45 亿千米

■ **云顶温度** -220℃

■ **直径** 49500 千米

■ **一日的时长** 16 小时

■ **一年的时长** 165 个地球年

■ **卫星数** 14 颗

■ **表面重力** 1.13（地球 =1）

■ **与地球的尺寸对比**

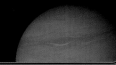

冥王星及其之外

冰冷的冥王星距离太阳十分遥远，是太阳系几颗矮行星中最大的，也是柯伊伯带中距离我们最近、最明亮的天体之一。柯伊伯带是环绕着太阳系运行的冰冷世界，位于海王星轨道之外。

异乎寻常的轨道

冥王星的轨道相较于太阳系八大行星的轨道倾斜了 17°，而且更长，与太阳之间的距离为 44 亿～ 74 亿千米。

▼ 冥王星的漫长旅程

冥王星绕太阳运行一周要花 248 个地球年。冥王星的公转轨道很奇特，它穿过柯伊伯带，而且有一部分位于海王星轨道的内侧。

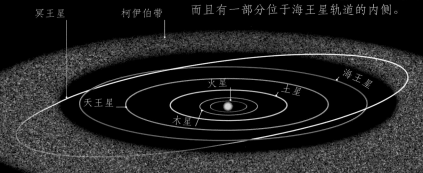

冥王星　柯伊伯带

火星　土星　海王星　天王星　木星

▶ 天涯海角

2019 年 1 月 1 日，"新视野"号探测器经过了柯伊伯带中的一个小天体。该天体由两个不同的天体碎片构成，在一次缓慢碰撞中，它们合二为一，形成了这个新天体。这是人类航天器目前所能定位的最遥远的天体。

柯伊伯带

柯伊伯带由数以百万计的围绕着太阳运行的天体组成，其宽度约为海王星与太阳之间距离的 3 倍。柯伊伯带中的物质主要为 46 亿年前行星形成时散落的冰块残骸。位于柯伊伯带内侧部分的天体轨道是稳定的，但是在外侧部分，天体的运行轨道有时会被打乱，有些天体会落向太阳，成为短周期彗星。

其他矮行星

天文学家将看起来像行星，但又与许多其他天体共享轨道的天体称为矮行星。除了冥王星，太阳系还有另外 4 颗已知的矮行星，即位于小行星带的谷神星，以及位于柯伊伯带的阋神星、鸟神星、妊神星。阋神星与冥王星大小相近，轨道呈椭圆形，围绕太阳运行一圈大约需要 560 个地球年，有一颗已知的卫星。妊神星比冥王星小，形状像飞艇，每 4 小时就能自转一圈。鸟神星则更小，颜色是不同寻常的红色。

冰冻的表面

冥王星是一颗冰冻的星球，即使在距离太阳最近时，温度也仅有 -230℃。它的大气比地球大气稀薄得多，主要成分是氮和甲烷。冥王星绕太阳运行过程中，这些成分在气态和固态之间来回转换，导致整个大气层的形状和厚度发生巨大变化。

神奇的冰封世界

冥王星是一个异常活跃的世界。冥王星上有一块心形的亮斑区域，被称为汤博区。温度稍暖的冰从冻结的地壳之下向上推升，形成了这块亮斑。汤博区是一片光滑的、无陨石坑的平原。而其他地方则有巨大的水冰山脉和古老的陨石坑。较古老的淡红色区域覆盖着一种叫作"托林"的复杂化学物质，它们可能是生命形成的基石。

冥王星

矮行星概况

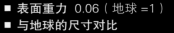
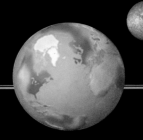

- 距太阳的平均距离 59 亿千米
- 表面温度 -230℃
- 直径 2304 千米
- 一日的时长 6.4 个地球日
- 一年的时长 248 个地球年
- 卫星数 5 颗
- 表面重力 0.06（地球 =1）
- 与地球的尺寸对比

太阳系

▶ 冥卫一

冥王星最大的卫星是冥卫一（卡戎星），大小约为冥王星的一半，绕冥王星运行一圈大约需要 6.4 个地球日。在被冥王星的微弱引力捕获之前，冥卫一可能是一颗独立的矮行星。

冥卫一

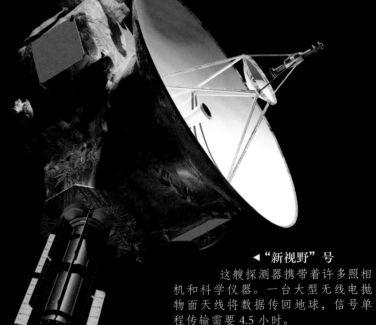

◀ "新视野"号

这艘探测器携带着许多照相机和科学仪器。一台大型无线电抛物面天线将数据传回地球，信号单程传输需要 4.5 小时。

从地球望去

从地球上看，即使用强大的哈勃空间望远镜观测，冥王星也只不过是一颗非常模糊的星星。2005 年，哈勃空间望远镜捕捉到了这幅从地球视角看过去的冥王星图像，图像显示了冥王星 5 颗已知卫星中的 3 颗。

冥王星
冥卫二
冥卫三
冥卫一

飞向冥王星

我们对于冥王星的了解大部分都来自一次探索任务，即美国国家航空航天局于 2006 年发射的"新视野"号探测器。它是目前脱离地球引力的航天器中速度最快的，飞行速度 16.26 千米／秒。在快速穿越太阳系后，它于 2015 年 7 月飞越冥王星，当时它距离冥王星 12500 千米。

黑暗的白天

如果冥王星上有人类居住，那么他们最好随时携带手电筒。因为即使是在白天，冥王星上的亮度也仅有地球上的 0.04%～0.1%。

彗星

有时我们会看到一个拖着细长尾巴的天体出现在夜空中。这就是彗星，它由尘埃和冰组成，朝着太阳的方向飞驰而去。环绕太阳运行的彗星有数十亿颗，它们的轨道远远地超出了冥王星的轨道。

撞击理论

有时彗星可能会被推离自己的轨道，从而进入内太阳系运行。如果它撞击地球，会造成毁灭性的破坏。但是不用担心，这种撞击发生的概率非常小。

脏雪球

彗星的彗核（固态核心）由脏水冰构成。"脏"是指岩石的尘埃。当彗星运行在临近内太阳系或太阳附近时，其温度上升，彗核会释放出气体和尘埃，形成被称为彗发的云团，并能够挥发出由气体和尘埃构成的彗尾。彗尾主要有两种：浅蓝色的气体彗尾和白色的尘埃彗尾。彗尾总是指向远离太阳的方向。

尘埃彗尾弯曲。

气体彗尾

近日点

太阳

当彗星向太阳移动时，彗尾也随之增长。

距离太阳越近，彗尾越长。

裸露的彗核

远日点

气体和尘埃喷发。

亮面正对太阳。

由水冰和硅酸盐岩石尘埃构成的彗核。

由碳构成的黑色外壳。

生命周期

彗星生命中的绝大部分时间都处于冻结状态，直到它运行到太阳附近时，才开始升温并活跃起来。彗发在近日点（离太阳最近的点）时最大，此时冰质的彗核会释放出大部分气体和尘埃。彗星每从太阳附近经过一次，就会缩小一点。如果彗星在这条轨道上运行数千年，最终可能会蒸发得干干净净。

海尔 - 波普彗星

人们每年都会发现很多新的彗星，但是大多数需要借助大型望远镜才能看到。有时也会有非常明亮的彗星出现在天空中。巨大的海尔 - 波普彗星的名字是以其发现者艾伦·海尔和汤姆·波普的姓氏命名的。1997 年，有数亿人可以在天黑以后用肉眼直接看到这颗彗星。

哈雷彗星

哈雷彗星是最著名的彗星，以埃德蒙·哈雷的名字命名。埃德蒙·哈雷最先意识到在 1531 年、1607 年和 1682 年出现的彗星实际上是同一个天体。他计算出，在彗星运行出海王星轨道之后，每隔 76 年会重现。他预测 1758 ～ 1759 年这颗彗星会返回，尽管他没能目睹，但事实的确如此。同许多彗星一样，哈雷彗星以与行星相反的方向环绕太阳运行。

► 坏兆头
哈雷彗星的形象也出现在贝叶挂毯中。这颗彗星正好出现在 1066 年黑斯廷斯战役前。

壮观的彗尾

一些彗星会产生壮观的彗尾，犹如扇子向外展开。40 多年来，麦克诺特彗星一直是最亮的彗星。2007 年初，它在南半球的天空中形成了一个壮观的彗尾，这个由尘埃构成的扇形彗尾即使在白天也清晰可见。有人以为它是灌木丛着火、爆炸或神秘的云团。

极易分裂

彗星的彗核并不牢固，有时会分裂成小块。1994 年，由于木星引力的作用，"舒梅克－列维" 9 号彗星分裂成了 21 块。碎块坠向木星，在其云带上形成暗斑。有的彗星在接近太阳的轨道上分裂。1995 年，"施瓦斯曼－瓦赫曼" 3 号彗星分裂成 5 大块，然后继续分裂成更多的小块，很可能会完全解体。

木星的表面被彗星撞击得伤痕累累。

►"舒梅克－列维" 9 号彗星分裂成许多小块。

奥尔特云

人们认为，奥尔特云（以科学家扬·奥尔特的姓氏命名）中存在着数十亿颗彗星。这个巨大的球状云团远在冥王星之外，与太阳的距离大于 1 光年。彗星大部分时间是在深度冻结中度过的，偶尔被路过的天体干扰，便开始向内太阳系运行。当彗星靠近太阳，开始蒸发并形成彗尾时，我们才知道它的存在。百武彗星是 20 世纪晚期最亮的彗星之一，它来自奥尔特云。它 10 万年内都不会再返回地球的天空。

扬·奥尔特

▶ 星球撞击
一颗星球接近奥尔特云，并将彗星撞击到新的轨道。

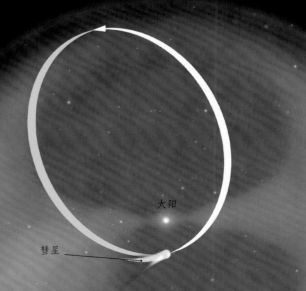

太阳

彗星

彗星计划

对太阳系而言，彗星曾一度被视为神秘的访客。1986 年，人们开始通过发射航天器近距离观测彗星，从而对彗星有了更多的了解。探测器不仅仅是飞越彗星，而且还收集了彗星尘埃的样本，有的甚至撞上了彗核。

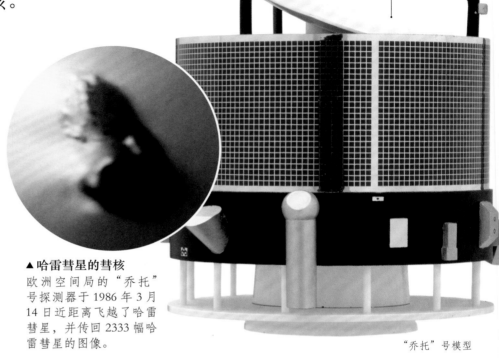

备用天线

抛物面主天线

"乔托"号模型

"乔托"号探测器

第一幅近距离拍摄的彗核图像来自欧洲空间局的"乔托"号探测器。1986 年，"乔托"号从距离哈雷彗星的彗核不足 600 千米的位置飞越。图中黑色马铃薯形状的物体就是哈雷彗星，彗星面对太阳的一侧有气体和尘埃喷向太空。"乔托"号在一次与大尘埃颗粒的高速撞击中损坏，修复后于 1992 年又从距离格里格 - 斯基勒鲁普彗星 200 千米的位置飞越。"乔托"号成为首艘访问了两颗彗星的探测器。

▲ **哈雷彗星的彗核**
欧洲空间局的"乔托"号探测器于 1986 年 3 月 14 日近距离飞越了哈雷彗星，并传回 2333 幅哈雷彗星的图像。

太阳和日球层天文台及掠日彗星

欧洲空间局和美国国家航空航天局的太阳和日球层天文台（SOHO）是用来观测太阳的，它可以遮蔽太阳的光辉。它已经发现了许多颗近距离飞越太阳的彗星（通常坠入太阳中），即掠日彗星。1996 年以来，太阳和日球层天文台已经发现了约 1700 颗彗星。

"星尘"号

- 1999 年 2 月，美国国家航空航天局的"星尘"号探测器发射升空，去探访"怀尔德"2 号彗星。"星尘"号被用来收集彗星的尘埃样品。这些微粒被收集在气凝胶中，并带回地球供分析研究。

- 2004 年 1 月，"星尘"号从距离"怀尔德"2 号彗星 236 千米的位置飞越。探测器拍摄的图像揭示了这颗彗星与博雷利彗星和哈雷彗星大不相同。尽管其汉堡形的彗核宽度只有 5 千米，但它的表面很坚固，可以支撑超过 100 米高的悬崖和山峰。其表面最引人注目的是直径 1.6 千米，深 150 米的圆形大陨石坑。

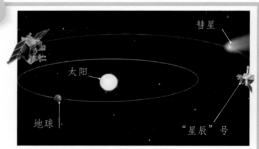

彗星

太阳

地球

"星辰"号

▲ **遨游太空** 这幅艺术想象图显示了飞往"怀尔德"2 号彗星的"星尘"号。后来"星尘"号继续执行了飞越"坦普尔"1 号彗星的任务。

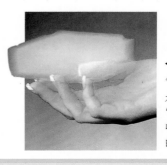

◀ **轻如空气**
气凝胶中 99.8% 是空气，只有它可以完好地收集高速飞行的彗星微粒。

"深空" 1 号探测器

美国国家航空航天局的"深空"1号于 1998 年 10 月发射。2001 年 9 月,它从距离博雷利彗星不足 2200 千米的位置飞越,并传回了罕见的高质量彗核图像。它的彗核长约 8 千米,宽 4 千米。人们发现它是太阳系中最黑暗的天体,反射的太阳光还不到接收的 3%。

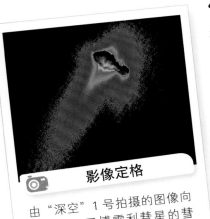

影像定格

由"深空"1 号拍摄的图像向我们展示了博雷利彗星的彗发、尘埃彗尾和彗核(黑色)。

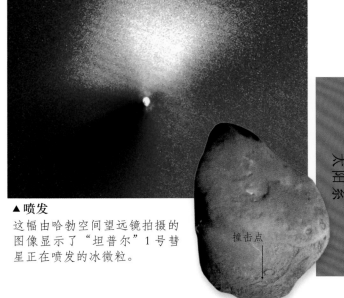

▲ 喷发

这幅由哈勃空间望远镜拍摄的图像显示了"坦普尔"1 号彗星正在喷发的冰微粒。

近地小行星探测

"近地小行星交会 - 舒梅克"号探测器创造了历史,成为第一艘不仅可以在轨道上运行,而且可以在小行星上着陆的航天器。它于 2001 年 2 月 12 日着陆爱神星,并将数据和图像传回地球。它于 2 月 28 日停止工作,并继续停留在爱神星上。

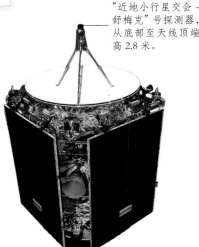

"近地小行星交会 - 舒梅克"号探测器,从底部至天线顶端高 2.8 米。

撞击点

"坦普尔"1 号彗星

深度撞击

为了得到有关彗星的更多信息,美国国家航空航天局派出了"深度撞击"号探测器。探测器释放的撞击器以 36000 千米 / 时的速度与"坦普尔"1 号的彗核相撞,随后撞击器爆炸分解,腾起的冰和尘埃形成了巨型云团,并产生了一个中等大小的陨石坑。我们发现这个彗核宽 5 千米,长 7 千米,具有山脊和弯曲的斜坡。

丘留莫夫-格拉西缅科彗星

▲"菲莱"号着陆器在彗星表面的一条阴暗的裂缝中着陆后,与"罗塞塔"号失去了联系。

"罗塞塔"号彗星探测器

欧洲空间局发射的"罗塞塔"号探测器是目前为止成果最丰硕的彗星探索任务。它于 2004 年发射,花了超过 10 年的时间到达目标天体——丘留莫夫 - 格拉西缅科彗星。探测器随后进入其轨道两年,利用一系列科学仪器研究彗星的各个方面。此时,彗星距离太阳最近,气体和尘埃开始从它的外壳中喷涌而出。最终,2016 年 9 月,"罗塞塔"号缓缓下降,永久停留在了冰冷的彗星表面。

流星

当你仰望夜空的时候，很可能会看到有流星。流星的出现没有任何预兆，通常持续不到 1 秒。流星体实际上是尘埃颗粒，当以大约 40000 千米 / 时或更快的速度穿过大气层时，会由于摩擦而燃烧起来。

流星雨

观看流星的最好时间，是在发生流星雨的时候。流星雨在每年的固定时间段出现，也就是在地球穿过那些彗星运行所遗留下来的尘埃流时。如果彗星不久前曾穿过内太阳系，那么流星雨可能会特别壮观。

看一看：车里雅宾斯克流星体

2013 年 2 月，一颗直径约 20 米的巨大流星体划过俄罗斯车里雅宾斯克市上空。这颗巨大的火球被称为车里雅宾斯克流星体。它在距离地面 23 千米高的地方爆炸，爆炸之前，它的亮度曾一度超过太阳。爆炸造成的冲击波撼动了建筑物，打碎了玻璃窗。这样的流星被称为"超火流星"，在一个世纪中只出现过几次，其中大部分都在海面上爆炸，未引起人们的注意。如果它们在陆地上空出现，即使它们的体积小到不足以降落到地球表面，在空中爆炸也会造成破坏。

▲ **固定访客**
如我们在这幅假彩色图像中看到的那样，英仙座流星雨起源于斯威夫特 - 塔特尔彗星的一团碎片残骸。每年 8 月，从地球上都能观看到这场流星雨。

狮子座流星雨

公元 902 年，狮子座流星雨最先由中国天文学家记录下来。这个流星雨在每年的 11 月中旬都可以看到，在它的高峰期通常每小时可以看到 10 ～ 15 颗流星体。狮子座流星雨大约每 33 年有一个爆发期，那时，数以千计的流星体在 1 小时内从天空中飞驰而过。虽然大部分流星体比沙粒还小，但是流星雨却如此壮观，仿佛天降大雪一般。

星迹

流星

▲ **狮子座流星雨**
2001 年 11 月，狮子座流星雨在朝鲜半岛上空发生时的情景。

火流星

我们知道，火流星是特别亮的流星。当小块岩石进入地球大气层时，剧烈的摩擦使其变得极热并且非常明亮，这就是火流星。有些火流星非常亮，即使在白天也可以看得到。还有些会产生可以使房屋摇晃的强烈音爆（如同飞机突破声障）。有时，大块岩石爆炸，散射并形成小陨石落在地面上。

▲ **飞驰而过**
狮子座火流星以 70 千米 / 秒的速度坠落。

陨石

每年，大约有 2 万吨宇宙尘埃和岩石以流星的形式进入地球大气层。那些足够大的，未在大气中燃烧殆尽并且降落到地面的，则被称为陨石。大部分降落到地面上的陨石是在太空撞击中分离出的小行星碎片。

陨石坑的形成

当陨石或小行星降落到地面时，会形成陨石坑。

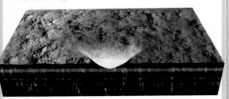

▲ **陨石**飞快地撞击地面，产生的热量使其蒸发。

▲ 撞击产生的**能量**使地面的岩石向外飞出。

▲ 巨大的**撞击**导致地壳反弹，使坑的中间形成了一个中心峰。

▲ **霍巴是什么？**
大部分陨石是以它们降落地点的名称来命名的。霍巴陨石是以纳米比亚赫鲁特方丹附近的霍巴农场命名的。

沉重的霍巴陨石

霍巴陨石是地球上最重的陨石。这颗铁陨石可能是在不到 8 万年前降落到地面的，它现在仍然位于 1920 年的发现地——位于纳米比亚的霍巴农场。不可思议的是，这颗 6 万千克重的陨石在撞击地面时，并没有形成陨石坑，这或许是由于它以低角度进入大气层，受大气阻力影响而减速所致。

它们是什么？

- **流星体** 环绕太阳运行的小行星或彗星的碎块。
- **流星** 流星体穿入地球大气层而产生的发光现象。
- **陨石** 降落到地球表面的流星。

陨石坑

地球上已经发现了将近 200 个陨石坑。其中，最年轻的是位于美国亚利桑那州的巴林杰陨石坑。它是在大约 5 万年前由一颗 27 万吨重的铁陨石撞击而成的。这个陨石坑宽 1200 米，深 183 米，被高达 45 米的疏松岩石壁环绕着。

看一看：陨石的类型

研究陨石有助于我们了解太阳系的更多情况。陨石主要有 3 种类型。最常见的是石陨石，但是当它们落向地球时容易碎裂。铁陨石在太空中相对较少，但是它们非常坚硬，而且通常整体落地。石铁陨石是前两种类型的混合体。陨石的表面一般覆有一层黑色外壳，这层外壳是它们在穿过大气层时由于摩擦加热所形成的。

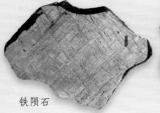
铁陨石

石铁陨石

石陨石

塔吉什湖陨石

2000 年，这颗罕见的陨石降落到了加拿大塔吉什湖的冰冻湖面上。这颗脆弱的、类似木炭的陨石富含碳，其中还包括了一些古老的太阳系物质，可以帮助我们研究太阳系。

火星上的陨石

陨石除了会降落在地球上以外，也会降落在其他星球上。美国国家航空航天局的"机遇"号火星车已经在火星上发现了若干陨石，其中最大的是 2009 年 7 月在子午线平原上发现的。这块被称为"布洛克岛"的陨石由铁和镍构成，它可能已经在火星上待了数百万年。

来自火星的陨石

在地球上发现的 6 万多颗陨石中，约有 250 颗被鉴定为来自火星。这些陨石在很久以前经过大碰撞后被抛射进太空，它们在太空中运行了千百万年才降落到地球上。尽管没有人看到它们落地，但是它们含有与火星相同的气体，因此我们知道它们来自火星。另外，还有 350 多颗陨石来自月球。

▶ 布洛克岛陨石
布洛克岛陨石长 60 厘米，宽 30 厘米。

NWA 2626 陨石

▲ 晶体特写
2004 年 11 月，在阿尔及利亚发现的 NWA 2626 陨石来自火星。陨石中包含大颗晶体，并具有像玻璃一样的纹理。

有人打网球吗？
巴林杰陨石坑内可以容纳 2000 多个网球场！

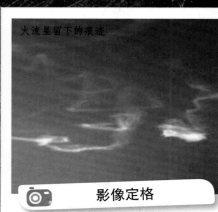
火流星留下的痕迹

影像定格

2008 TC3 是第一颗在进入地球大气层前被观测到的流星体。天文学家通过对天空的观测，准确地预测了其进入地球大气层的时间和地点：2008 年 10 月 7 日，苏丹。

其他星球上的生命

在地球上的一些地方，尽管环境极端恶劣，但是仍然有生命存在，如坚硬的岩石内部、火山口，甚至冰冻的南极洲。一些专家认为，在太阳系的其他星球上如果存在生命要素的话，也可能会有一些简单的生物存在。

◀ **生命要素**
在存在水和能量的地方似乎都有生命生存。这种黏菌定居在岩石上，以岩石为食。

火星上的生命？

■ 在过去的几个世纪，**人们一直着迷于火星上有生命存在的猜想**。他们认为火星的轨道就在地球之外，因此它可能会有与地球相似的环境。有些人甚至报告称在火星表面发现了人工开凿的运河痕迹。不过后来人们已经证实，这些只不过是美好的幻想罢了。空间探测器已经探明，火星实际上是一片干燥、寒冷的荒漠，不过在遥远的过去，火星上的环境有可能曾经适合生命生存。

← 纵横交错的沟渠

过时的火星虚构图

▶ 火星陨石内部是微小的、像蠕虫一样的结构和磁铁矿晶体，这与某种细菌相关。

■ **20 世纪 90 年代**，美国国家航空航天局的科学家报告称，他们在来自火星的陨石上发现了远古生命的迹象。这颗陨石是在撞击中从火星上脱落的岩石，后来落在了地球的南极洲上。科学家们在陨石上发现了在地球上通常只有细菌活动才能形成的化学物质和结构，甚至认为它可能是一块"化石"。然而，想要证明火星远古生命的存在，还需要更多的证据。

■ 在过去的 20 年里，美国国家航空航天局发射的"机遇"号和"好奇"号**火星车**研究了火星表面的岩石。它们收集的证据表明，火星曾经比现在更温暖、更潮湿，环境与地球更相近。例如，它们找到了火星上曾经存在温泉的迹象，这类似于地球生命的起源地。

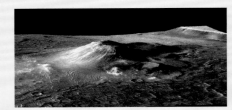

▲ 在火星上一座死火山的侧面，火星车发现了**明亮的二氧化硅沉积物**。这可能是由温泉形成的。

云团中的生命

木星是气态巨行星，它没有固态表面和充满水的海洋，但是科学家认为生命形态也可能会存在于云团中。这样的生命只能生存于高层大气，因为低层大气中的压力和温度都太高。但是目前，探测器还没有在木星上发现任何生命的迹象。

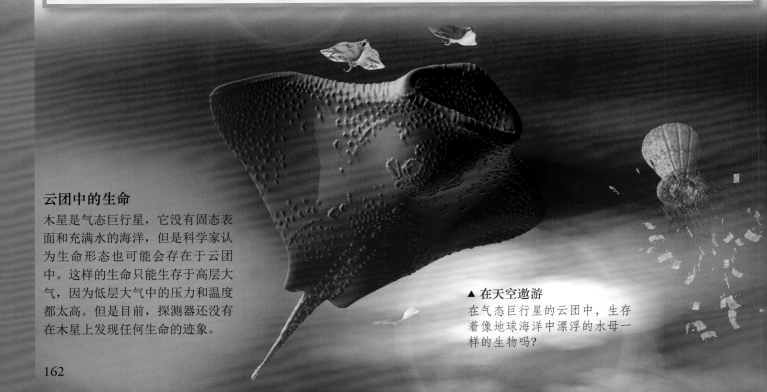

▲ **在天空遨游**
在气态巨行星的云团中，生存着像地球海洋中漂浮的水母一样的生物吗？

木卫二

科学家认为，被冰覆盖的木星卫星木卫二是太阳系中最有可能存在外星生命的地方。木卫二的表面覆盖着断裂的冰，在冰的下方可能隐藏着海洋，那里可能存在着很多生命。在海底还可能存在着深海热泉。在地球上，这样的深海热泉常被各种奇怪的生命包围，人们推测这种深海热泉可能是地球生命的发源地。

冷冰

暖冰

海洋

▲ 下面有什么？
尽管木卫二表面温度低至 -170℃，但木星引力在其深处产生的热量可能为它创造了一个隐藏的海洋，那里可能充满了生命。

▲ 木卫二
的冰质表面显示出下面存在热量的迹象。

甲烷奇迹

1997年，科学家发现了一种类似蜈蚣的新物种，它们生活在墨西哥湾海底那些成堆的甲烷冰中。这种动物可以奇迹般地在地球上的甲烷中存活下来，那么在太空里的甲烷中是否也有生物生存呢？

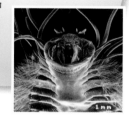

壮观的大气

土星最大的卫星土卫六具有稠密的大气，就像地球早期生命开始时的大气那样。土卫六上有生命所需的化学成分，包括水冰，以及能在星球表面形成湖泊的有机化合物。因为土卫六表面的温度过低，所以不适合生命生存，但是隐藏在地下深处的由液态水或氨水构成的湖泊中或许有生命存在。

▶ 生命之水？
这幅假彩色雷达图像显示了土卫六上的液态甲烷（一种有机化合物）湖泊。

类地行星地球化

美国国家航空航天局的一部分科学家认为，我们可以将一些无生命的类地行星转化为适合生命生存的行星。这被称为地球化（"再现地球"）。如果我们能够加热火星，就可以使它地球化。

▶ 首先要有足够的热量使火星上冻结的水和二氧化碳融化，形成海洋和湖泊。

▶ 其次要有足够的水，以及从地球带过去的微生物和植物，让它们向空气中释放氧气，使空气适宜人类呼吸。

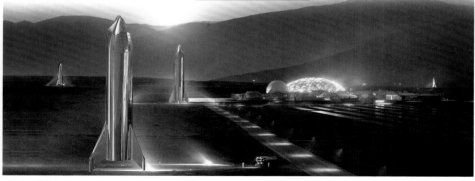

太空基地

在太空中维持人类长期生存需要耗费大量的资源，因此未来的航天员可能不得不学会"靠山吃山"。尽管月球与地球间的距离很近，但火星可能更加适合人类居住，这是因为其土壤中蕴含着大量的水冰。

▲ 火星基地
利用太阳能加热火星永久冻土层中的冰，使之融化，可以为未来的星际殖民地提供饮用水、氧气，甚至火箭燃料。

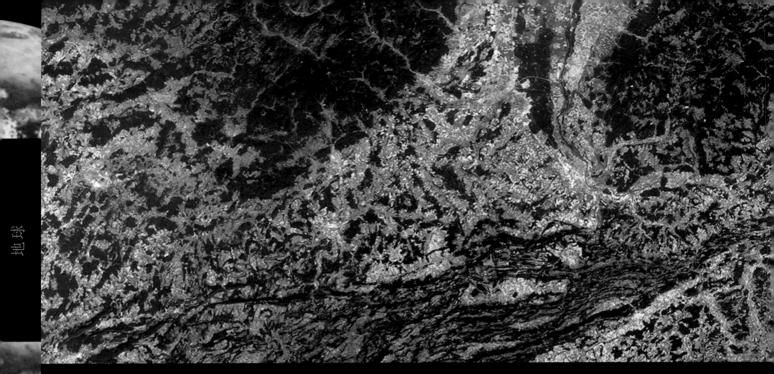

地球

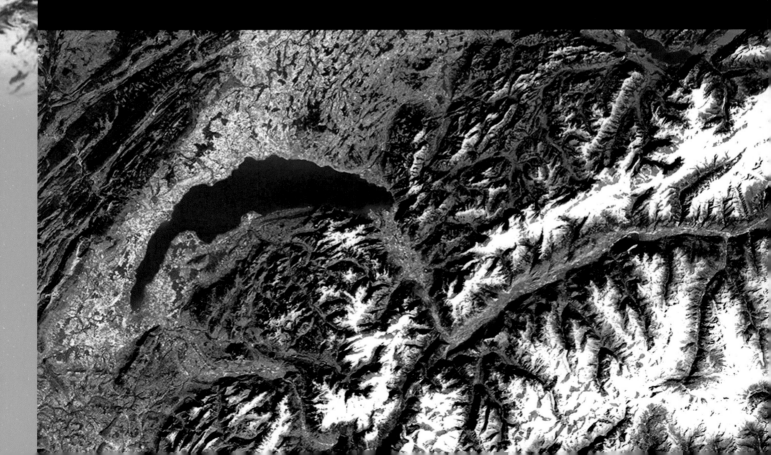

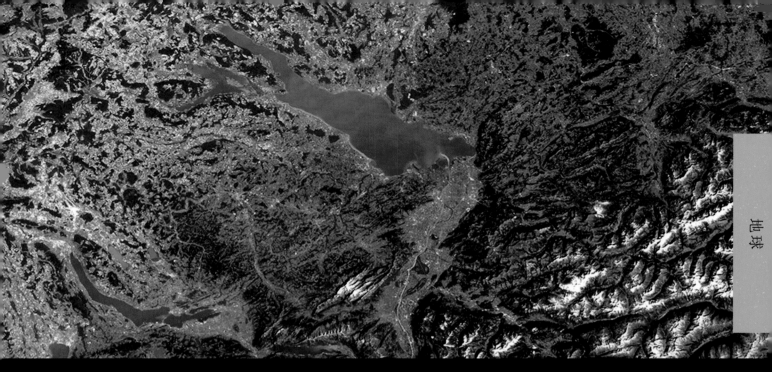

我们的地球是一颗独一无二、无比神奇的星球。它是距离太阳第三近的行星，也是目前已知的唯一一颗适合生命繁衍的星球。

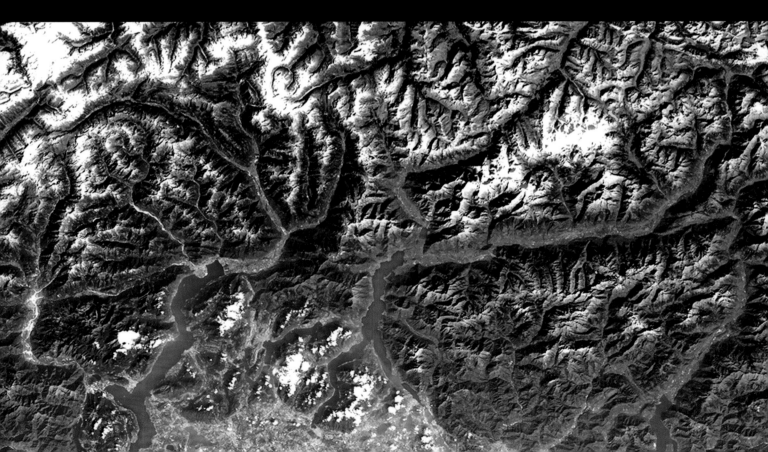

独一无二的地球

地球是一颗独特的星球，它是目前已知的唯一一颗能够维持生命生存的星球。地球表面拥有丰足的液态水和氧气。厚厚的大气层可以使地球表面免遭辐射和陨石的伤害，强磁场则使我们免遭来自太阳的有害粒子的伤害。

地球海洋下的地壳厚度只有大约 6.5 千米，陆地部分的地壳厚度约为 35 千米。

行星概况

- **距太阳的平均距离** 1.5 亿千米
- **表面平均温度** 15℃
- **直径** 12760 千米
- **一日的时长** 24 小时
- **一年的时长** 365.26 天
- **卫星数** 1 颗
- **表面重力** 1 重力单位

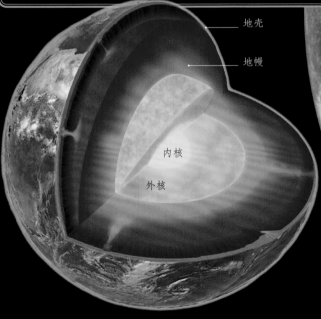

地壳

地幔

内核

外核

大气层是地球表面的气体覆盖物。它主要由氮气（78%）、氧气（21%）和氩气（1%）组成。

地球内部

地核的主要成分是铁，因此地球是太阳系中密度最大的行星。地球内部巨大的压力使得内核在 6000℃ 的高温下仍旧维持固态。地球的外核是由熔化的金属构成的，包裹在它外围的地幔则是由部分熔化的岩石构成的。在地幔之外是一层被称为地壳的岩石。

南极洲的冰占世界冰总储藏量的 90%，占世界淡水总储藏量的 70%。如果南极洲的冰全部融化，海平面将会上升 60 多米。

宜居带

地球与太阳之间的距离恰好使水能够以液态的形式存在。如果距离再近一些，海洋就会被蒸发掉。如果距离再远一些，地球上的水将会全部冻结。液态水非常重要，没有它生命就无法生存。太阳系中适宜生命生存的区域被称为宜居带，而地球是这一区域中的唯一一颗行星。

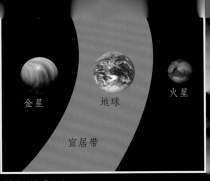

金星　地球　火星

宜居带

▲ 美好的家园
地球处于水能够以液态形式存在的一个狭窄的范围里。我们的行星邻居则不在这个范围内，金星由于靠太阳太近而很热，火星则由于离太阳太远而很冷。

水覆盖了地球表面的 2/3，其中 97% 是海洋中的咸水。

磁场

地球具有很强的磁场，地球磁场与太阳风的相互作用在地球附近产生了一个磁层。磁层的形状很像蝌蚪，在朝向太阳的方向它可以延伸到距离地球表面 64000 千米的地方，在其他方向则可以延伸得更远。一般情况下，磁层可以保护人造卫星和航天员免受来自太阳的高能粒子流的侵害。然而大规模的太阳爆发会削弱磁层。恶劣的空间环境还会造成地球上大面积的电力和通信中断。

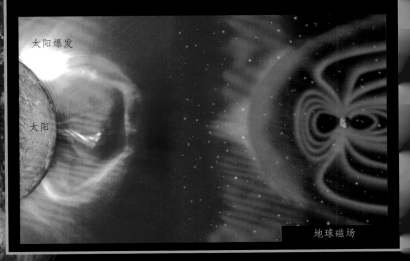

太阳爆发

太阳

地球磁场

看一看：极光

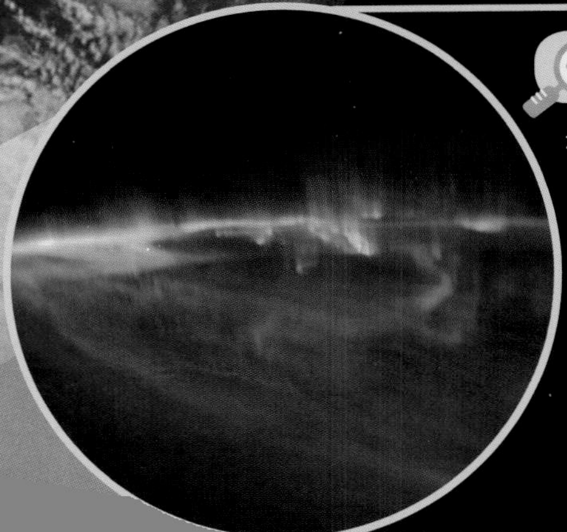

极地夜空中出现的红色或绿色光幕叫作极光，位于北极地区的被称为北极光，位于南极地区的则被称为南极光。来自太阳的高能粒子流在从磁场较弱的地方进入地球大气层时，会与地球高层大气中的原子或分子发生碰撞，产生光线。

完美的星球

我们居住在宇宙中最神奇的星球上。尽管我们一直努力寻找新的适宜居住的星球，但是地球仍是目前已知的唯一一颗适宜生物生存的星球。地球与太阳之间适宜的距离使得它的温度适中。地球上大量的液态水是生物生存至关重要的因素。液态水影响着地球上的气候，使植物得以生长，从而为动物提供了食物。地球也是我们所知的唯一一颗具有充足氧气可供我们呼吸的星球。

地球上的季节

我们按照地球的时间表生活。通常，我们白天清醒，晚上睡觉。地球上白天和黑夜的形成，是太阳光照射的结果。季节（春、夏、秋、冬）的交替，也跟太阳光照射有一定的关系。

地球

▲ 从太空看地球
在这幅图上，地球与月球均处在一半是白天，一半是夜晚的位置上。

地球和月球

如果有外星人从地球附近经过，会看到地球和月球在改变形状。有时地球完全被照亮，就像一个蓝绿色的圆盘，有时则全是暗的，此外还会有很多中间形态。这种不同的形态叫作相位。在地球上，我们可以看到月球的各种月相。

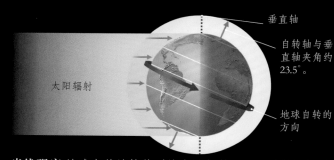

垂直轴

自转轴与垂直轴夹角约23.5°。

太阳辐射

地球自转的方向

▲ 光线强度 地球上某地接收到的太阳辐射量受地球转轴倾角的影响，还取决于该地是朝向太阳还是背离太阳。

白天和夜晚

地球自转时是倾斜的，因此一年中白昼的长短是变化的，除非你住在赤道上。这种情况在极地地区更加极端，那里夏季的白昼非常长，而冬季的夜晚又非常长。在北极圈以北和南极圈以南的区域，隆冬时节太阳是不会升起来的，而盛夏时节太阳又不会落下。正是由于这个原因，挪威北部及美国阿拉斯加等地区被称为"夜半太阳国"。

▲ 午夜的太阳
这幅经过多次曝光的图像显示，在极地地区的夏季，太阳向地平线下沉，但是不会落到地平线以下。

倾角

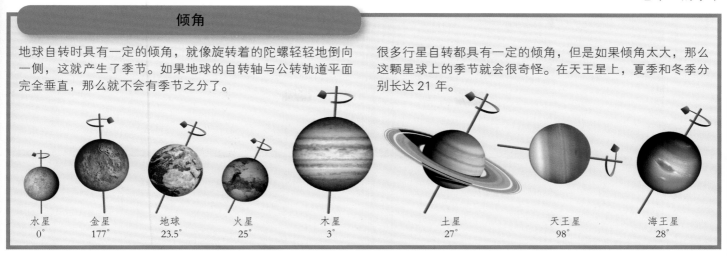

地球自转时具有一定的倾角，就像旋转着的陀螺轻轻地倒向一侧，这就产生了季节。如果地球的自转轴与公转轨道平面完全垂直，那么就不会有季节之分了。

很多行星自转都具有一定的倾角，但是如果倾角太大，那么这颗星球上的季节就会很奇怪。在天王星上，夏季和冬季分别长达 21 年。

水星	金星	地球	火星	木星	土星	天王星	海王星
0°	177°	23.5°	25°	3°	27°	98°	28°

季节

除非居住在极地地区或赤道附近，否则人们会在一年中经历春、夏、秋、冬 4 个季节。在赤道地区，白昼在一年中的长短几乎不变，太阳总是高高悬挂在空中，因此那里总是很热。我们的地球赤道面与黄道面的夹角约 23.5°。当北极靠近太阳时，北半球为夏季，南半球为冬季；当北极远离太阳时，北半球为冬季，南半球为夏季。

太阳

地球

当北极远离太阳时，南半球为夏季。

白天　夜晚

当北极靠近太阳时，北半球为夏季。

▲ 地球轨道

地球沿着椭圆轨道环绕太阳运行，这使得地球与太阳之间的距离是变化的，但是这并不会引起季节的变化。

▼ 植被格局（绿色）随不同季节所接收到的不同的太阳辐射量而变化。

冬季（北半球）

秋季（北半球）

春季（北半球）

夏季（北半球）

太阳周期

白昼的长短及季节的变更会影响地球的温度。夏季，太阳在地平线以上的时间会更长，在天空中的位置也会更高。大气吸收的热量相对少一些，而地面和海洋吸收的要多一些。冬季，太阳在地平线以上的时间相对短一些。在漫长的夜晚，相对于白天太阳提供的热量，更多的热量从地球逃逸到了太空中。

▶ 热水

这幅图向我们展示了太阳光照射对海水温度的影响。其中，红色表示赤道附近温暖的海水，橙色、黄色和绿色表示逐渐变冷的海水，蓝色表示冷水。

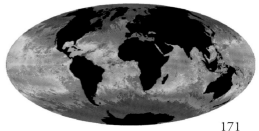

地球表面

地球表面在不断地变化着。地球虽然被岩石地壳包裹，但是地球表面并不是静止不动的。地壳被分割成几个巨大的地块，即板块。这些板块在地球表面缓慢地移动。河流、冰川、风和雨也能够改变地表形态。在地貌的形成过程中，它们都起了一定的作用。

地球板块

构成地壳的岩石板块漂浮在稠密的地幔上。这些板块平均每年移动3～15厘米，这使得大陆的位置也随之改变。有些板块之间做背向运动，有些则做相向运动。板块的移动能够使山脉隆起，也可以导致地震、海啸和火山爆发。

地震和火山爆发

居住在板块的边缘很危险，因为地震一般发生在板块碰撞的地方。像旧金山、东京这些位于活跃板块边界上的城市就经常会遭遇大地震。在板块边界上也常发生火山爆发，如果一个板块俯冲到了另一个板块的下方，熔化的岩石就会喷出地面。

山脉

大多数大陆上都有山脉。当两个板块相撞时，地壳被挤压隆起形成山脉。海拔8848.86米的珠穆朗玛峰是世界上最高的山峰，它属于喜马拉雅山脉。喜马拉雅山脉是印度板块与欧亚板块相碰撞形成的。地球上还有一些从海底隆起的火山，其中海拔最高的是夏威夷的冒纳凯阿山。如果从海底算起的话，冒纳凯阿山比珠穆朗玛峰还要高。

水

水世界

小溪与河流自高而低地流淌着，挟带着泥沙和小岩石碎块。这些粗糙的颗粒与地表相互摩擦，久而久之，侵蚀了山坡，形成了新的峡谷。在接近海洋时，河流中的泥沙沉积，从而形成了新的地貌。海洋本身有可以改变地形的巨大力量，海浪对峭壁和海岸的冲击，能够使海岸线发生变化，并且可以让岩石呈现出奇特的形态。

▼ **自然景观** 美国科罗拉多州红色的风蚀砂岩地貌。

风蚀

在干旱并且植被稀疏的地区，风是侵蚀地貌的主要力量。风快速地敲打着岩石，带走了那些松动的颗粒，这些颗粒又与原有的地貌相互摩擦。天长日久，岩石被磨损，一些神奇的地貌出现，例如拱石、风蚀城堡，以及其他奇特的风蚀地貌。

风

冰之河

冰川是位于极地或高山地区沿地面运动的巨大冰体。它们有些几乎不动，有些则快速地向前移动，速度可达每天 20～30 米。冰川在改变地貌方面是个能工巧匠，它们侵蚀岩石，切割山脉，创造出深深的冰川槽谷。冰川携带着岩石和碎屑移动着，在谷底留下了坑。冰川融化后，形成湖泊，并将巨石及大量的碎石留在地表，形成冰碛滩。

冰

◀ **圣安德烈斯断层**

美国加利福尼亚州的圣安德烈斯是地壳上的一处断层，这个断层是由太平洋板块和北美洲板块之间的相互滑动而形成的。它们平均每年移动几厘米。不过它们并不总是移动，只有当压力足够大时才会发生滑移。这两个板块的突然运动会释放能量，引发地震。

大气

如果没有大气层这层厚厚的气体，地球上就不会有生命存在。大气层不仅为我们抵挡了来自太空的有害辐射和小陨石，而且还产生了各种天气现象，同时还具有保温的作用。

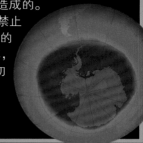

臭氧空洞

臭氧是大气中的氧经紫外线的光化学作用产生的，它能够阻挡来自太阳的有害辐射——紫外线。1985年，人们在南极洲上空的臭氧层中发现了一个空洞，几年后在北极地区上空的臭氧层中又发现了一个稍小一些的空洞。这些臭氧空洞是由人造氯氟烃（氟利昂）的释放造成的。现在这种化学物质已经被禁止使用，但是那些已经形成的臭氧空洞将会存在很多年，太空中的人造卫星会密切监视它们。

大气分层

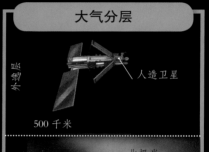

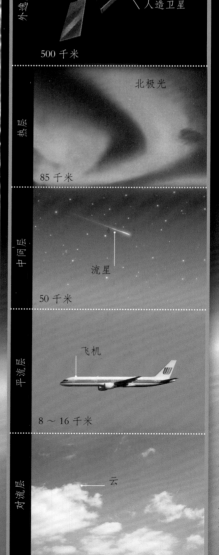

外逸层 人造卫星
500 千米

热层 北极光
85 千米

中间层 流星
50 千米

平流层 飞机
8 ～ 16 千米

对流层 云

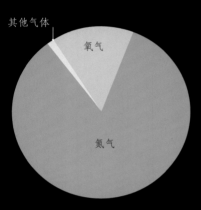

其他气体
氧气
氮气

气体大气

大气层可以向外延伸约 10000 千米。地面附近的大气密度最高，越往上则越稀薄。大气中含量最多的气体是氮气（78%）和氧气（21%）。其他气体还包括氩气、二氧化碳及水蒸气。

因为大气主要散射蓝光，所以天空看起来是蓝色的。

◀ 分层

地球大气层可分为 5 层。最靠近地面的是对流层，所有的天气现象都发生在这一层。平流层则更稳定，臭氧层就位于平流层。中间层的大气十分稀薄，但仍可以使进入该层的流星体燃烧起来。极光现象发生在热层。外逸层是大气层的外边界，大多数航天器的运行轨道在这一层。

水循环

水在地表与大气层之间连续不断地循环运动，即水循环。这一过程的动力来自太阳所提供的热量。水循环为我们提供了淡水。

在高空，水蒸气冷却后又变为水滴，形成云。

当水滴重到一定程度便会以雨或雪的形式降落到地面。

河流及海洋中的水被太阳加热后蒸发，形成水蒸气。

一些水渗入地下形成地下水。

剩余的水离开陆地，流入小溪或河流。

水循环中 90% 的水来自海洋蒸发的水蒸气。

小溪与河流流向湖泊或海洋。

看一看：云与天气

层云

积云

雷雨云

地球上的天气现象发生在对流层，在那里水蒸气凝结成云。云的种类有很多。在无风的情况下，层云表现出广阔的层状结构。热空气上升冷却形成积云。快速上升的空气携带着云到达很高的高度，巨大厚重的积雨云会产生降雨，有时甚至会产生冰雹。位于对流层顶部的卷云是由微小的冰晶组成的。

◀ 超级单体

超级单体是一种罕见的雷暴。它会带来最恶劣的天气现象，包括致命的闪电、大冰雹、洪灾，以及飓风。

风暴的力量

飓风（也叫台风）是地球上最强的风暴。当热带海洋上的风暴速度大于 120 千米／时，风暴就成了飓风。南半球的飓风沿顺时针方向旋转，北半球的则沿逆时针方向旋转。

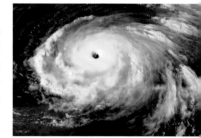

▲ 风眼

在飓风的中心（风眼），空气是平静的，但是它的周围却是狂风肆虐。

▼ **沙尘暴**是大风经过荒漠或干燥多尘地区时形成的。风能将大量的沙尘卷起。沙尘暴像坚固的墙一样逐渐逼近，高度可达 1.6 千米。

地球上的生命

地球是已知唯一有生命存在的星球。从最高的山脉到最深的海洋，在这颗星球上到处都能够寻找到生命的踪迹，甚至在滚烫的温泉及坚硬的岩石里也可以发现生命。

生命的起源

大约 38 亿年前，地球上出现了第一个简单的生命。没有人知道它是怎样诞生的，科学家们推测它可能起源于海洋，因为当时的陆地很热，而且大气是有毒的。也有人认为它是由流星体或者彗星从太空中带到地球上的复杂化学物质。不管怎样，生命就这样开始了。先是形成了简单的分子，分子自我复制形成细胞。随着时间的推移，这些细胞演化成了复杂的生物，并开始登上陆地。

最初的生命

最早的生命形式十分简单，它们是单细胞生物，可能生活在海洋里或者炽热的温泉里。经过了数十亿年的时间，简单的单细胞生物逐渐变得更加复杂，演化成多细胞生物。

早期的细胞

地球生命大事年表

早期的地球

46 亿年前：地球形成。

36 亿年前：蓝藻向大气中释放氧气。

38 亿年前：海洋里出现了简单的细菌。

22 亿年前：最早的复杂有机体出现。它是动物、植物及真菌的祖先。

早期的生命

6.35 亿年前：最早的复杂动物出现在海洋里。

4.7 亿年前：第一批植物在陆地上生长。

3.7 亿年前：种子植物出现。

5.3 亿年前：鱼类出现。

3.95 亿年前：四足动物向干燥的陆地迈出了第一步。

从史前大象……

……到亚洲象

演化

地球上有很多不同类型的生命，包括植物、动物及微生物。所有生命都通过演化这一过程来适应自己所处的环境，也就是我们通常所说的"适者生存"。那些不能适应周围环境变化的物种会遭受灭绝的厄运。

灭绝

在地球生命出现后的不同阶段，有很多生命彻底消失了。其中大部分是由火山爆发造成的，大量的火山灰遮挡了太阳光，导致温度下降，许多动物赖以为生的植物都死掉了。6600 万年前，由小行星的撞击引起的大规模火山爆发，导致了恐龙灭绝。

▲ 提塔利克鱼
这种已经灭绝的肉鳍鱼生活在 3.75 亿年前的泥盆纪晚期。

地球

热水中的贻贝和虾

巨型管虫

黑烟囱

黑烟囱

大多数植物和动物生活在阳光能够照射到的地方，但是深海中的很多物种却生活在完全黑暗的环境中。在海平面以下数千米处，富含矿物质的热水从极热的地幔裂缝中喷涌而出。这些深海热泉看上去就像黑烟囱一般，这里是大量巨型管虫、贻贝、虾和蟹的家园。它们以细菌为食，细菌则通过分解那些溶解在热水中的化学物质获得能量。有些细菌生活在坚硬的岩石里或寒冷的海底，以岩石中的矿物质为食。

看一看：海洋中的赤潮

海洋不仅仅是鱼和鲸等大型生物的家，海洋里最重要的生命是一种被称为浮游植物的微型生物。这些微小的生物漂浮在阳光充足的海水表层。从小虾到巨大的鲸，浮游植物是各种动物的重要食物来源。如果大量的浮游植物聚集到一个区域，海洋表面的颜色就会被改变，形成赤潮。有时候这种赤潮的规模非常大，从太空中都可以看到。

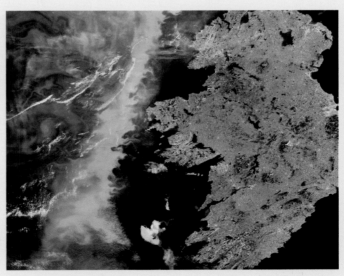

▲ 大量的浮游生物 2006 年 6 月，一种青绿色的浮游植物在爱尔兰海岸附近引发赤潮。

大量的复杂生命出现

3.14 亿年前：有翅膀的昆虫开始飞向空中。

2.25 亿年前：哺乳动物出现。

2.31 亿年前：从爬行动物中演化出了恐龙和鸟类。

2.2 亿年前：爬行动物（翼龙）开始飞翔。

6600 万年前：恐龙及很多其他生物灭绝。

现代

6000 万年前：哺乳动物占领地球，现代的鱼、鸟、植物及昆虫出现。

30 万年前：现代人（智人）出现。

700 万年前：类人猿离开树木，开始直立行走。

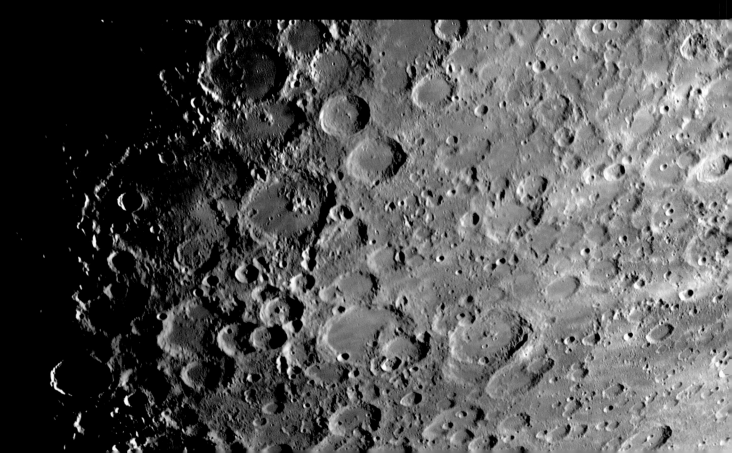

月球

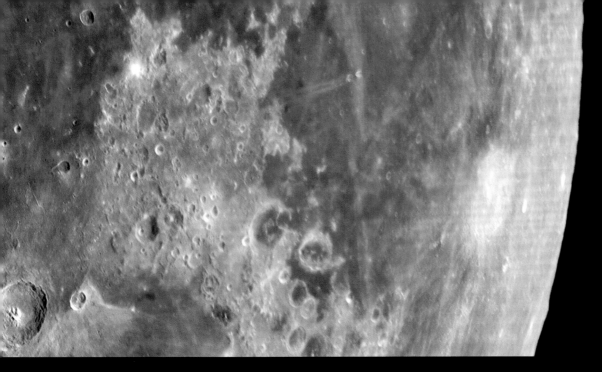

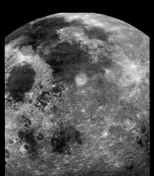  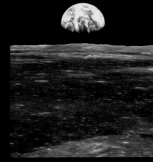

满月是天空中第二亮的天体，其亮度仅次于太阳。月球是人类探索太空的第一个目的地，但是迄今为止仅有12人登上过月球。

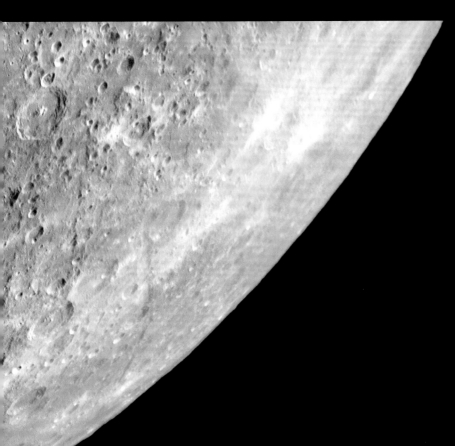

地球的伙伴

地球和月球已经共存了大约 45 亿年。虽然月球比地球小很多，但是它在很多方面影响着我们的地球。人类对月球已经着迷了数千年。

潮汐引力

月球潮汐

月球潮汐是地球表面的水在月球引潮力的作用下产生的周期性运动。在任何一个时间点，地球上总有一个位置距离月球最近，相对的就会有另一个位置距离月球最远。这两个位置受到月球引潮力的作用，海水会上涨，其他位置的海水则会落下，从而产生潮汐。潮汐会伴随地球的自转，在地球表面持续发生。

▲ **低潮** 每天会出现两次，发生于地球上的某个位置与地心的连线垂直于月球与地心的连线时。

▲ **高潮** 每天也会出现两次，发生于地球上的某个位置与月球、地心在一条直线上时。

太阳潮汐

太阳和月球一样，也会引起潮汐，但比月球微弱。当月球、地球和太阳处于一条直线时，由于引潮力的作用，会出现大潮；当月球和太阳相对于地球互相垂直时，会出现小潮。

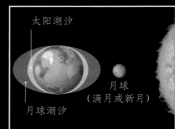 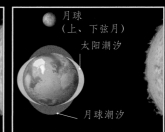

▲ **大潮** 是由于太阳和月球对地球引潮力的叠加而产生的。

▲ 当**小潮**发生时，高潮的潮位比其他时候低，而低潮的潮位比其他时候高。

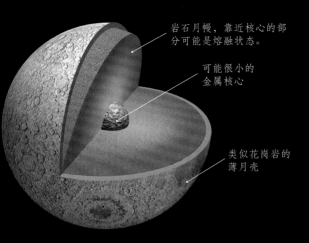

岩石月幔，靠近核心的部分可能是熔融状态。

可能很小的金属核心

类似花岗岩的薄月壳

月球概况

- **距地球的平均距离** 384400千米
- **直径** 3476千米
- **一日的时长** 27.3个地球日
- **一月的时长**（新月到新月）29.5个地球日
- **表面温度** −150 ~ 120℃
- **表面重力** 0.17（地球=1）

月球内部

月球的月壳是一层布满裂缝的，厚度大约为50千米的易碎岩石。在月壳下面，是富含矿物质的月幔，这一点与地球类似。月幔可能一直延伸到了月球的中心，月球的中心可能是一个小的金属核心。

减速

地球和月球之间的引潮力使地球的自转逐渐减慢，这也使每天的时间逐渐延长。在地球形成初期，一天只有6小时。在6.2亿年前，一天就延长到了22小时。最终，引潮力会使地球上的一天延长到现在的27.3倍，同月球一日的时长相等。

新月

残月

蛾眉月

月相从新月变化到满月的过程叫作"渐盈"，从满月到下一个新月的过程叫作"渐亏"。当月球超过一半可见时叫作"凸月"。

下弦月

上弦月

渐亏的凸月

渐盈的凸月

满月

自转

月球环绕地球一圈耗时27.3个地球日，自转一圈也需要27.3个地球日。因此月球正对着地球的一面是不变的，这一面叫作月球正面。即便如此，由于月球绕地球的公转轨道是有变化的，在地球上偶尔也可以看到其部分较远的一侧。地月之间的引潮力使月球以每年3.8厘米的速度远离地球。

▼地球和月球北极的俯视图。

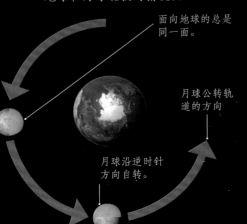

面向地球的总是同一面。

月球公转轨道的方向

月球沿逆时针方向自转。

月相

人类对月相每29.5天轮回一次的变化着迷了若干个世纪。月相的变化是由于月球在环绕地球公转时，被太阳照亮的月球部分大小不同而产生的。

日食和月食

日食和月食是人类可以看到的最奇特的天文现象之一。当地球、月球、太阳运行到一条直线的时候，就会发生日食或月食。当地球的阴影遮挡住月球或月球的阴影落在地球上时，站在阴影中的人们就可以看到月球或太阳的黑色影子。

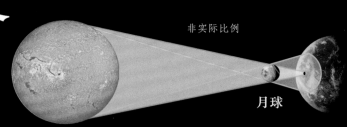

非实际比例

太阳　　　　　　　　　月球　　　　地球

▲ 当月球完全遮挡住太阳的光线时，就会出现日全食。这时能看到的只是太阳周围闪着微光的日冕（太阳的最外层大气）。

▶ **被月球遮挡**
当月球慢慢地遮挡住太阳时，我们能看到的太阳圆盘越来越少。

▶ **钻戒**
在日全食开始和结束的时候，当太阳光从月球表面的山谷透出时，会产生"钻戒"的效果。

光影游戏
日全食只有在月球投射到地球上的阴影中间，即本影中才能看到。在日食发生时，本影从地球表面扫过，途经路线有数千千米长，但宽度不超过100千米。在本影以外，只能看到月球投射的部分阴影，出现日偏食。

日食

每当"新月"的时候，月球都会从太阳和地球之间经过，但是由于其轨道有一点倾斜，通常不会遮住太阳，偶尔才会正好处于太阳和地球之间，形成日食。太阳的大小是月球的400倍，巧合的是，日地距离也是地月距离的400倍。因此，在地球上观看日全食的时候，月球的轮廓刚好能够遮挡住整个太阳。

影像定格

小心！在没有采取合适的眼睛保护措施的情况下，不能用肉眼直接观看日食。只有当太阳完全被遮住，只剩下微弱的日冕时，才能安全地直视太阳。

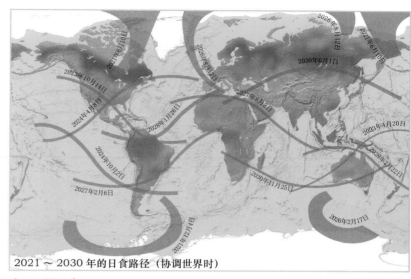

2021～2030 年的日食路径（协调世界时）

白天到黑夜

日全食大约每 18 个月发生一次。如果你所在的地方刚好能看到，便可以观赏这种神奇的天文现象。当太阳的最后一束光芒被遮挡住的时候，黑暗降临，星星出现，白昼变得昏暗，这时只能看到太阳周围朦胧的外层大气。

月食

当月球运行到地球阴影中的时候，月食就发生了。月食每年最多会发生三次。月食发生时的月球不会完全变黑，因为地球大气折射的太阳光会使它呈现出像落日一样的橘红色。18 世纪，中国天文学家王贞仪研究了地球、太阳和月球之间的关系，并准确解释了月食的成因。

▼ **月食**
当地球正好位于太阳和月球之间时，月球处于地球的阴影中，从而形成了月食。

太阳　　　　　　　非实际比例　　　地球　　月球

月食观测表 （协调世界时）	
2021 年 5 月 26 日	亚洲东部、大洋洲、太平洋、美洲
2021 年 11 月 19 日	美洲、欧洲北部、亚洲东部、大洋洲、太平洋
2022 年 5 月 16 日	美洲、欧洲、非洲
2022 年 11 月 8 日	亚洲、大洋洲、太平洋、美洲
2023 年 5 月 5 日	非洲、亚洲、大洋洲
2023 年 10 月 28 日	美洲东部、欧洲、非洲、亚洲、大洋洲
2024 年 3 月 25 日	美洲
2024 年 9 月 18 日	美洲、欧洲、非洲
2025 年 3 月 14 日	太平洋、美洲、欧洲西部、非洲西部
2025 年 9 月 7 日	欧洲、非洲、亚洲、大洋洲
2026 年 3 月 3 日	亚洲东部、大洋洲、太平洋、美洲

▲ **红月亮**
这幅延时摄影照片显示了月食的不同阶段。地球的阴影经过月球表面需要 4 小时，但月球完全处于阴影中的时间，即月全食，仅能持续大约 1 小时。

月球表面

我们仅凭肉眼就可以观察到月球表面的状况。月球表面较暗的区域叫作"月海"，因为最初天文学家误认为这些区域是海洋。意大利科学家伽利略是第一个通过望远镜观察月球的人。他当时被月球表面的山脉、平原和山谷震惊了。

▲ **月球陨石坑**的直径从几毫米到 300 千米不等。较大的陨石坑通常包括一个月壳受到冲击后回弹而形成中心峰，比如直径 58 千米的埃拉托色尼陨石坑。它被附近的哥白尼陨石坑抛射出来的射线状物质环绕着。

月海

高原

成千上万的陨石坑遍布月球表面，它们是由小行星和彗星的撞击形成的。

月球高原

月海外面坑坑洼洼的部分叫作高原。高原覆盖了月球表面的大部分区域，尤其是远离地球的月球背面。高原岩石的化学成分与月海的不同，颜色也较浅。月球上的山脉沿着陨石坑或月海的边缘延伸，高度超过 3.5 千米，比地球上的山脉要平缓，其表面覆盖着岩石和厚达数米的尘埃。

月球背面

从地球上我们只能看到月球朝向地球的一面。人类第一次看到月球的背面是通过 1959 年苏联发射的"月球"3号探测器所拍摄到的图像。之后，美国国家航空航天局拍到了更为清晰的月球背面图像。图像中间是月球面向地球的一面和背向地球的一面的分界线，月球背面只有很少的月海，绝大部分是布满陨石坑的高原。

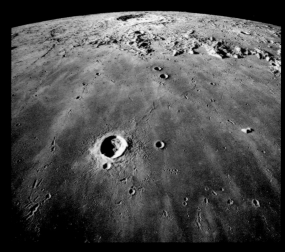

无水的海洋

月海实际上是由火山岩石构成的平原。天文学家认为它们是在月球形成之初的 8 亿年间，由熔岩喷发并注入月球表面的巨大盆地而形成的。熔岩经过冷却和凝固，最终形成平坦的平原。月海形成之后，陨石的撞击率下降，因此月海上的陨石坑比年龄更古老的高原上的少。

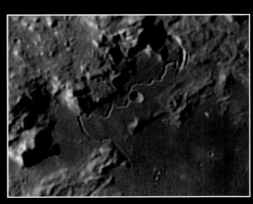

▲ 熔岩流

蛇形的峡谷由数十亿年前的熔岩流形成。熔岩表面首先冷却凝固，之后其内部的熔岩渐渐流走，使得凝固的熔岩顶部坍塌，最终形成了弯弯曲曲的月谷。

📷 影像定格

这个积满灰尘的脚印将永远留在月球上，因为这里没有风，不会把它吹散。据说月球上的灰尘闻起来像火药。当航天员登陆月球时，他们的航天服和设备上覆盖着细小的灰尘微粒。

目的地月球

20 世纪 50～60 年代，人类探索太空的梦想成为现实。在苏联与美国之间的太空竞赛中，苏联首先发射了无人探测器，并第一次将人类送入太空。而美国则实现了人类的第一次登月。

指令舱

航天员座椅

服务舱

燃料罐

发动机喷嘴

前隔热防护罩

仪表盘

氢燃料罐

燃料电池

影像定格

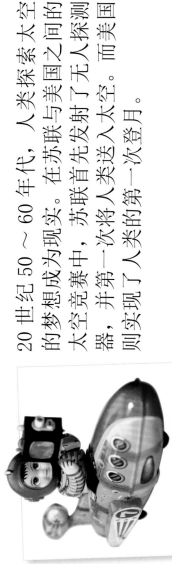

到了 20 世纪 50 年代，空间技术的进步使得探月成为可能。那个时代的很多玩具、书刊和电影都以太空探索为题材。

登月和返回

1969 年 7 月 16 日，在美国佛罗里达州的卡纳维拉尔角，第一次执行人类登月任务的"土星"5 号运载火箭将"阿波罗"11 号飞船送入太空，开始了其历史性的飞行。实际上，这个人类登月之梦差点破灭。当时登月舱的燃料只够航天员尼尔·阿姆斯特朗在 30 秒的时间内寻找到安全的着陆地点。

1. 指令-服务舱和登月舱一起进入地球轨道。

2. 火箭被丢弃。指令-服务舱和登月舱进入绕月轨道。

3. 登月舱进行分离着陆。指令-服务舱继续携带燃料绕月飞行，以备返回地球。

4. 登月舱在月球表面着陆。

5. 登月舱的上升段返回月球轨道，与指令-服务舱对接。

6. 指令-服务舱点燃火箭，返回地球轨道。

7. 指令-服务舱从服务舱分离，并返回地球。

各就各位，发射！

1959 年第一次探月以来，人类已经向月球发射超过 100 艘探测器，不过其中很多发射都以失败告终。以下列出月球早期探测月的记录。

登月舱上升段

对接通道
设备舱
氧气罐
燃料罐

交会雷达天线
控制台

月表传感器

燃料罐

科学实验箱

出入口平台

着陆架

登月舱下降段

游目

"阿波罗" 11 号飞船

"阿波罗" 11 号飞船包括 3 个部分：指令舱是航天员生活和工作的地方，也是最终返回地球的部分；服务舱连接在指令舱下端，为飞船提供燃料，为航天员提供水、电和氧气；登月舱由下降段和上升段组成，下降段在上升段飞离月球表面时起到发射支架的作用。

"鹰" 的着陆

登月舱有个昵称叫作"鹰"。登月舱外面是轻薄的铝层，铝层下面是镀金的隔热层。有了这些保护，即使在巨大的温度变化下，登月舱也不会损坏。当登月舱安全着陆之后，航天员可以穿着在太空中活动的航天服，来到月球表面进行一些科学实验。

▲ 这幅图是由 "阿波罗" 11 号拍摄的，展示了地球正从月球表面升起的景观。图中的月球景观是月球正面的史密斯海海区域。

1959 年 1 月 苏联发射的"月球"1 号是第一艘飞往月球的探测器，它距离月球 6000 千米处掠过并且从未失踪。

1959 年 9 月 "月球"2 号探测器按照指令在月球上撞毁，成为第一艘在月球硬着陆的探测器。

1959 年 10 月 "月球"3 号成为首次拍摄到月球背面图像的探测器。

1964 年 7 月 美国的"徘徊者"7 号在撞击月球表面之前拍摄了数千幅图像。

1966 年 2 月 "月球"9 号成为第一艘在月球表面软着陆的探测器。

1967 年 4 月 美国"勘测者"3 号探测器登月并拍摄图像，为之后"阿波罗"任务寻找合适的着陆点。

1968 年 12 月 美国国家航空航天局发射的"阿波罗"8 号飞船，实现了人类的第一次绕月飞行。

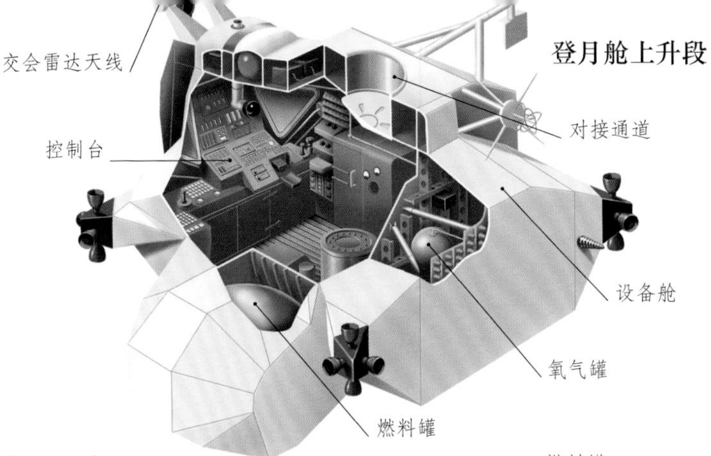

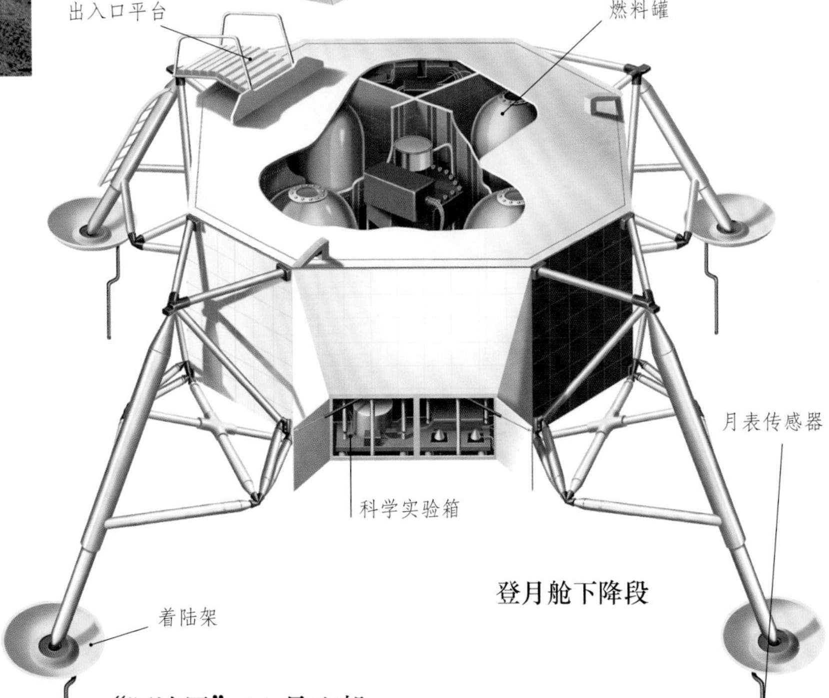

1969 年 7 月 尼尔·阿姆斯特朗和巴兹·奥尔德林成为人类第一批登上月球的人，这是美国国家航空航天局"阿波罗"11 号任务的一部分。

1970 年 11 月 苏联的一艘探测器发射的 8 轮机器婴儿"月球车"1 号是第一辆行驶在月球上行驶的月球车。

人在月球

▲ 奥尔德林和阿姆斯特朗登上了月球，全世界人通过电视机观看了他们太空行走的过程。

1969 年 7 月 21 日，大约 5 亿人通过电视机见证了尼尔·阿姆斯特朗成为人类历史上第一个登上月球的人。阿姆斯特朗向月球表面迈出第一步时说："对一个人来说，这是一小步。对全人类来说，这是巨大的一步。" 1969～1972 年，共有 12 人登上了月球。

月球漫步

由于月球的引力非常小，航天员在月球上的体重只有地球上的 1/6，原本沉重的航天服也变得很轻，使航天员活动起来更容易。然而这种微重力环境使航天员不能正常地行走。他们有些像袋鼠一样跳跃着前进，有些迈着大步前进，还有些航天员甚至借助月球表面的尘埃向前滑行。

月球上的垃圾！

月球上有很多垃圾，例如废弃的登月舱、旗帜、探测器，以及一些因有意或无意的撞击而散落的设备和零件。在美国的"阿波罗"11号登月舱登陆月球1小时之后，苏联的"月球"15号无人探测器就撞击了月球。

存储器，用于存放工具、月球岩石和土壤样品。

照相机

抛物面天线，用于向地球传送图像。

金属丝网轮胎

月球车

"阿波罗"15号和17号的登月舱内都携带了一辆长3米、敞开型、可折叠的月球车。这辆电动月球车的最高时速可达 18.6 千米/时。

月球岩石

"阿波罗计划"的航天员在 6 次登月任务中，带回了很多月球上的岩石和土壤标本。采集这些标本是一项艰苦的工作，相比地球唯一的优势就是月球的引力较小。航天员的手臂由于受到航天服和手套的限制，非常容易疲劳，而弯腰就更难做到了，因此航天员使用一些特殊的工具来采集岩石标本。航天员还发现月球上的尘埃是粉末状的，非常粗糙，并且黏性很大，这些尘埃使航天服变成了灰色，划伤了护目镜，甚至把鞋子表层都磨损了。

▲ **岩石样本**能够帮助科学家了解月球的历史。这块由"阿波罗"15 号的航天员发现的玄武岩表明，月球上曾经有过火山活动。

▲ 航天员在地球上会进行一系列**训练**，比如测试和操作工具。这是航天员在美国亚利桑那州的一座火山口进行训练的情景。

影像定格

作为登月纪念，"阿波罗"16 号的航天员查尔斯·杜克将他的家庭照片和一个装有勋章的塑料袋留在了月球表面。他的家人在照片的背面都签上了自己的名字。

把它点亮

在月球上放置一个激光反射器是航天员在月球表面进行的科学实验之一。科学家从地球发射一束激光到月球上的反射器，然后测量激光返回地球所需要的时间。由此我们得知，月球在以每年 3.8 厘米的速度远离地球。

◀ **科学家们**在美国的麦克唐纳天文台使用一架光学望远镜发射出一束激光并监测其反射。这个实验可以测量地月之间的距离，精度达到 2.5 厘米。

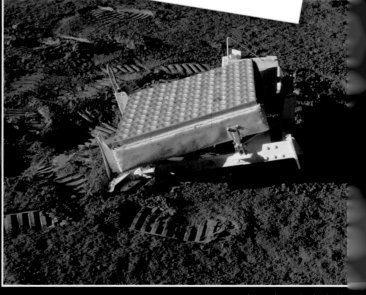

▲ 1969 年以来，人类在月球上放置了一些反射器。不过由于反射回来的光线太弱，用肉眼察觉不到，所以需要借助一些灵敏的放大器来加强信号。

🌑 海中降落

"阿波罗"号的指令舱重返地球,在穿过大气层时其表层发生剧烈燃烧。之后指令舱上的降落伞打开,使它平稳地坠落到太平洋中。海水在指令舱着陆时起到了缓冲的作用,一旦触水,浮囊会立即充气膨胀并使指令舱保持直立。

▲ **降落伞**保证了锥形指令舱安全着陆。

▲ **蛙人**(潜水员)帮助航天员离开烧焦的指令舱,送他们登上救生艇,最后将他们送上军舰。

▲ **"阿波罗" 11 号**的航天员回到地球后,在封闭舱内被隔离了几个星期,以确保他们没有感染上任何太空细菌。

 即将抵达

这幅图像是"鹰"登月舱在开始降落至月球表面时为"阿波罗"11号指令舱拍摄的。航天员迈克尔·柯林斯独自待在绕月飞行的指令舱上。

重返月球

"阿波罗计划"结束于 1972 年，而最后一个"月球"号探测器造访月球是在 1976 年。之后人类再没有其他的登月计划，直到 1990 年，日本"飞天"号探测器重返月球。现在世界各地的许多航天机构都在筹划未来的登月或其他太空计划。

◀ 日本"飞天"号探测器成功完成了近月飞行、绕月飞行和月球表面撞击。日本成为第三个发射月球探测器的国家。

月表绘图任务

1994 年，美国发射了"克莱门汀"号探测器。这标志着美国国家航空航天局重启探月计划。在 71 天的环绕月球运行的过程中，"克莱门汀"号测绘了 3800 万平方千米的月表地形和地貌图。美国国家航空航天局继续跟进这项任务，并于 1998 年和 2009 年分别发射了"月球勘探者"号探测器和月球勘测轨道飞行器。

"克莱门汀"号探测器将一些装备送入太空，以测试它们在太空环境下如何运作。"克莱门汀"号探测器还测绘了月球表面的地形、地貌及月壳厚度，并拍摄了上百万幅图像。由"克莱门汀"号探测器发回的数据显示，在月球南极附近的陨石坑较深处，可能有固态水存在。

▲"克莱门汀"号探测器接收到的从月球表面反射回来的无线电波表明，那里有水冰存在的迹象。

月球勘测轨道飞行器

2009 年，美国发射了月球勘测轨道飞行器（LRO），用以寻找设立人类月球基地的理想地点。与此同时，还发射了月球陨坑观测和遥感卫星（LCROSS）。这颗人造卫星为探明月球上的冰而撞向月球。

▶ 月球陨坑观测和遥感卫星证实，至少有一个月球陨石坑中存在少量的水冰。月球勘测轨道飞行器拍摄的图像也驳斥了"阿波罗计划"是一场骗局的言论。

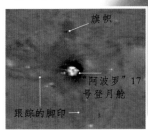

旗帜

阿波罗 17 号登月舱

跟踪的脚印

"圣杯"号探测器

"月球重力恢复和内部实验室"是美国国家航空航天局于 2011 年送入月球轨道的一对探测器。通过这两艘探测器获取的信息，科学家们能够检测出月球重力的细微变化，并首次揭示出月球内部构造的细节。2012 年，这两艘探测器结束了使命，撞毁在月球表面。

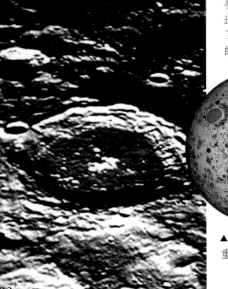

▲ 这幅假彩色图像显示，月球重力变化与远古撞击坑有关。

月球任务

"月亮女神"号

新时代的探月计划中，除了美国，还有其他国家和机构参与，包括欧洲空间局、日本、中国和印度等。

■ **欧洲空间局"智慧"1号**（2003，轨道探测器），研究了45亿年前小行星撞击地球形成月球的理论。

■ **日本"月亮女神"号**（2007，轨道探测器），释放了两颗人造卫星进入月球轨道，测量了月球的引力。

■ **中国嫦娥一号**（2007，轨道探测器），绕月运行，绘制了月球表面的三维图像。

■ **印度"月船"1号**（2008，轨道探测器），搜寻放射性物质，这将有助于科学家了解月球的历史。

■ **中国嫦娥二号**（2010，轨道探测器），绕月运行，为中国的下一艘月球探测器嫦娥三号寻找着陆点。

■ **中国嫦娥三号**（2013，着陆器和巡视器），在月球上实现软着陆，并释放玉兔号巡视器。

■ **中国嫦娥四号**（2019，着陆器和巡视器），实现人类首次在月球背面的软着陆。

■ **中国嫦娥五号**（2020，着陆器），从月球表面收集样本，并将它们带回地球。

未来计划

航天国家未来的探月计划：

■ **中国探月工程四期。** 这项任务已经全面启动，将陆续发射嫦娥六号、嫦娥七号、嫦娥八号探测器。

■ **俄罗斯"月球"25号和27号。** 俄罗斯计划发射的两艘着陆器，也是俄罗斯"月球－水珠"任务的一部分。

■ **美国"阿尔忒弥斯计划"。** 这是美国的载人航天项目，计划将航天员重新送上月球。

"月球－水珠"着陆器模型

中国登月

2013年，中国发射了第三艘无人月球探测器——嫦娥三号，实现了人类20世纪70年代以来的首次月球软着陆。着陆器携带了照相机、望远镜和土壤探测器，还携带了名为"玉兔"的小型巡视器，用以探测着陆点周围的区域（ 87页）。玉兔号携带了一个测月雷达和两个光谱仪，可以分析月球岩石中的矿物质。

嫦娥三号

月球空间站

21世纪初，美国国家航空航天局提出了建立人类月球基地的设想，并计划建设一个绕月空间站。该空间站名为"月球轨道平台"（LOP-G），将为人类提供登陆月球表面的便捷通道，也可以作为一个低重力基地，用于组装飞往火星甚至更远天体的多级航天器。美国国家航空航天局希望这个空间站能在2026年前组装完成并投入使用。

▶ **"月球轨道平台"**
空间站将在每次数周的载人航天任务的间期，进行自动化运行。

月球

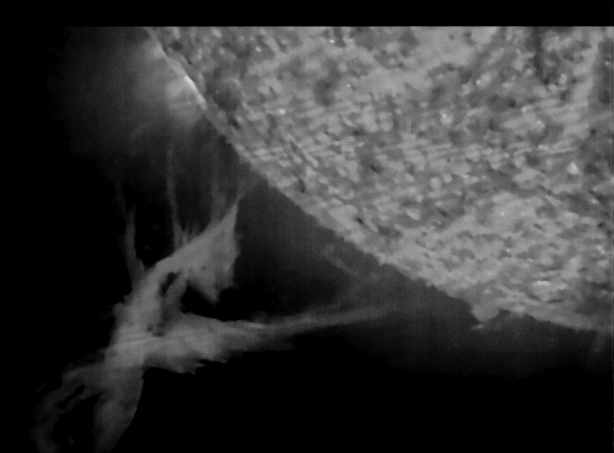

太阳

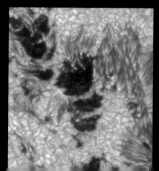
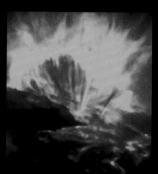
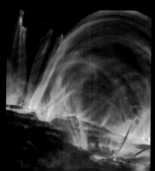

太阳系的**中心恒星**是一颗庞大而灼热的气体球，距离我们1.5亿千米，其内核蕴含巨大的能量。它就是太阳。

太阳

太阳是离我们最近的恒星，它距离地球大约 1.5 亿千米。尽管它是由气体组成的，但是它的质量却是地球质量的 33.3 万倍，是太阳系所有行星质量总和的 750 倍以上。

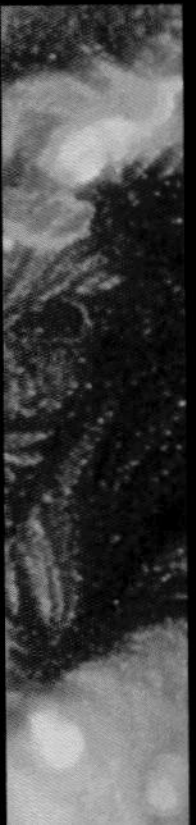

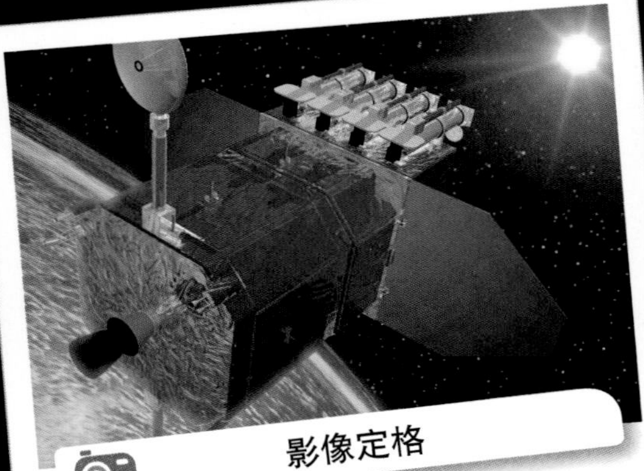

影像定格

美国国家航空航天局发射的太阳动力学天文台是许多密切监测太阳的航天器之一。2010 年发射以来，它一直在研究太阳的可见光波长和紫外线波长。太阳动力学天文台不仅帮助我们了解了更多有关太阳活动的信息，而且向我们预告了对地球具有破坏性的太阳风暴。

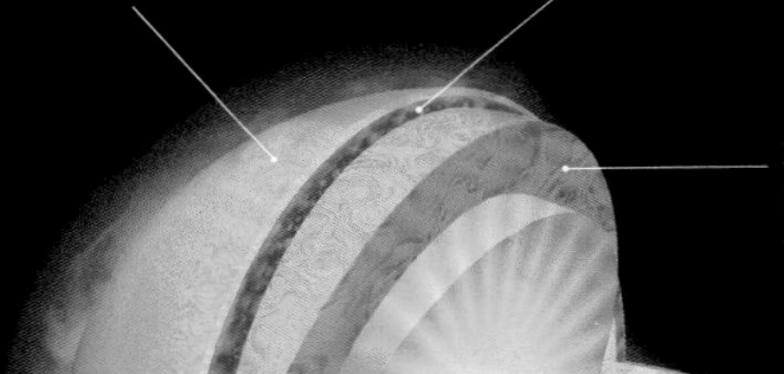

色球层是紧贴在光球层外面的气层。

光球层就是我们通常看到的太阳表面。

对流层，太阳能量以等离子体流的形式通过这个区域。

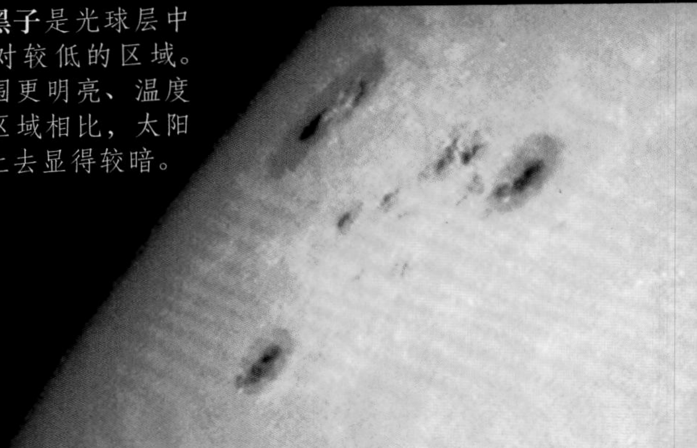

▶ **太阳黑子**是光球层中温度相对较低的区域。与其周围更明亮、温度更高的区域相比，太阳黑子看上去显得较暗。

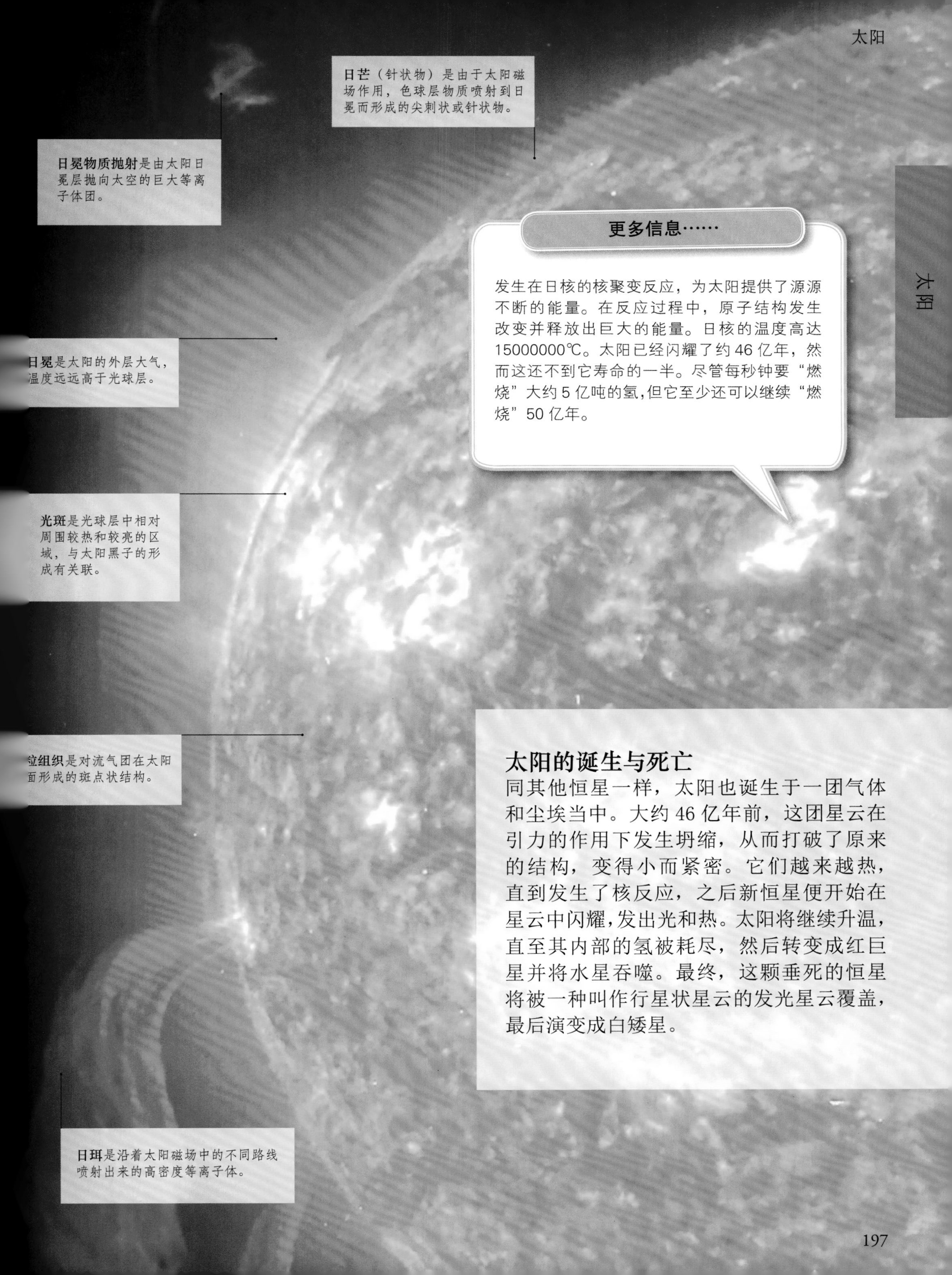

日芒（针状物）是由于太阳磁场作用，色球层物质喷射到日冕而形成的尖刺状或针状物。

日冕物质抛射是由太阳日冕层抛向太空的巨大等离子体团。

更多信息……

发生在日核的核聚变反应，为太阳提供了源源不断的能量。在反应过程中，原子结构发生改变并释放出巨大的能量。日核的温度高达15000000℃。太阳已经闪耀了约46亿年，然而这还不到它寿命的一半。尽管每秒钟要"燃烧"大约5亿吨的氢，但它至少还可以继续"燃烧"50亿年。

日冕是太阳的外层大气，温度远远高于光球层。

光斑是光球层中相对周围较热和较亮的区域，与太阳黑子的形成有关联。

米粒组织是对流气团在太阳表面形成的斑点状结构。

太阳的诞生与死亡

同其他恒星一样，太阳也诞生于一团气体和尘埃当中。大约46亿年前，这团星云在引力的作用下发生坍缩，从而打破了原来的结构，变得小而紧密。它们越来越热，直到发生了核反应，之后新恒星便开始在星云中闪耀，发出光和热。太阳将继续升温，直至其内部的氢被耗尽，然后转变成红巨星并将水星吞噬。最终，这颗垂死的恒星将被一种叫作行星状星云的发光星云覆盖，最后演变成白矮星。

日珥是沿着太阳磁场中的不同路线喷射出来的高密度等离子体。

太阳内部

太阳是一座巨大的"核电站",日核产生了无比巨大的能量,这些能量透过太阳表面辐射到太空中(主要以可见光和热的形式)。如果没有这些来自太阳的能量,地球将成为一颗"冰球"。

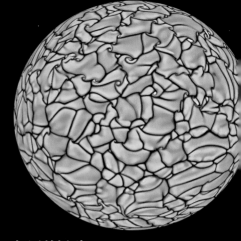

气团的运动

炽热的对流气团从太阳深处上升到表面形成明亮的米粒组织,这些颗粒的直径为1000～2000千米。超大气团升腾可以形成超米粒组织,直径可达3万千米。单个米粒组织的寿命约20分钟,而超米粒组织的寿命可长达两天。

原子能

太阳主要由氢气构成。在太阳的核心,巨大的压力和高温迫使氢原子相互结合,通过核聚变反应,转化为氦原子。这一过程所释放出的巨大能量,使日核充满了高能量的X射线和γ射线。

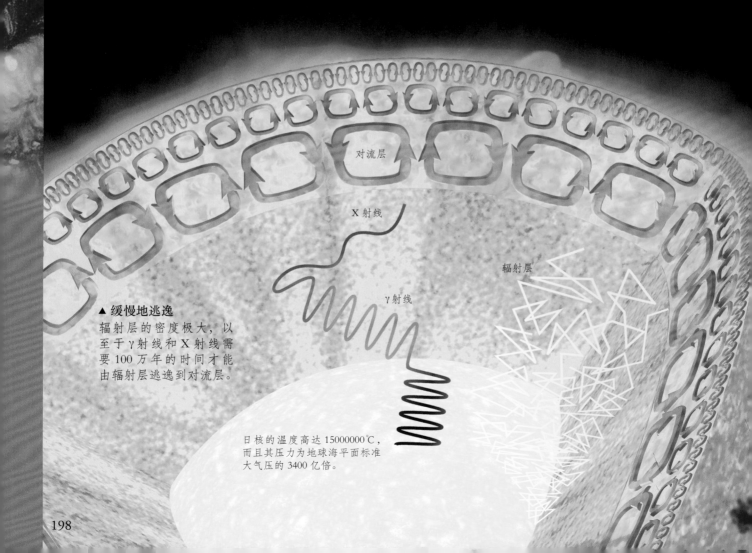

对流层

X射线

γ射线

辐射层

▲ 缓慢地逃逸

辐射层的密度极大,以至于γ射线和X射线需要100万年的时间才能由辐射层逃逸到对流层。

日核的温度高达15000000℃,而且其压力为地球海平面标准大气压的3400亿倍。

光球层

光球层位于对流层之外，也就是我们所看到的太阳表面。光球层看起来像固体，但是实际上它是一层500千米厚的气体。它的厚度相对于太阳自身非常薄，因此光和热可以从这里逃逸到太空中。光球层的温度比日核要低很多，大约为5500℃。光从光球层到达地球大约需要8分钟。

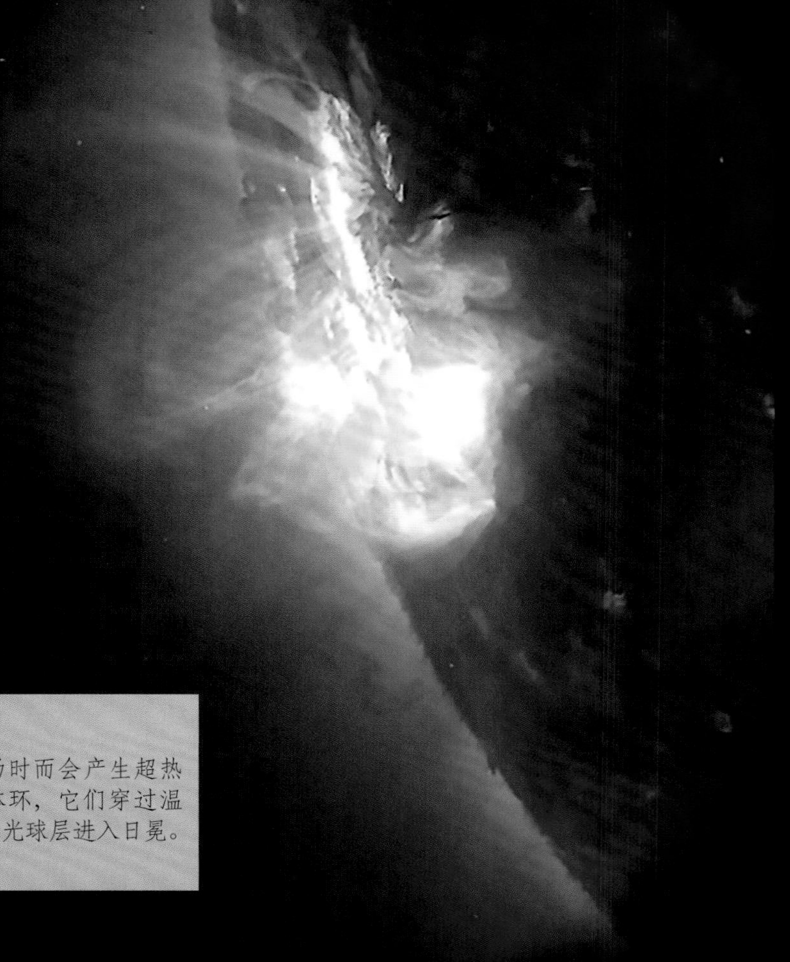

▲ 热斑
太阳磁场时而会产生超热等离子体环，它们穿过温度较低的光球层进入日晕。

明亮的燃烧
太阳每秒钟将5.5亿吨氢原子转化为氦原子。这意味着太阳每秒释放的能量可以满足地球人口至少1000年的需求。

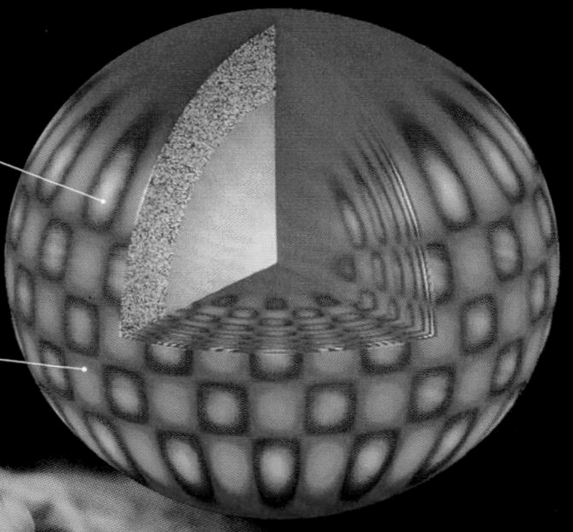

红色区域表示等离子体下降。

蓝色区域表示等离子体上升。

太阳的声音

热等离子体在对流层中的搅动产生了声波，并从太阳内部向外传播。在太阳表面，声波将热等离子体推高了50千米。但由于声音不能在真空中传播，我们听不到太阳发出的任何声音。相应地，声波向内传播会使等离子体向下沉降。通过对这些声波类型的研究，科学家已经掌握了许多关于太阳内部的信息。

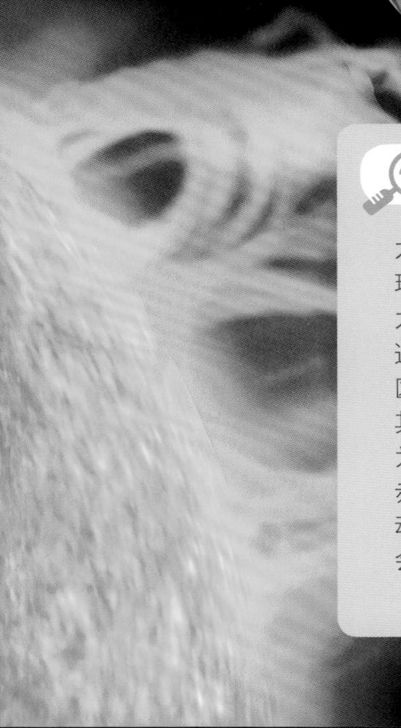

 看一看：太阳的自转

太阳围绕自转轴旋转。它与地球不同，地球是固态的，因此只有一个自转速度，而太阳是气态的，因此有若干个不同的自转速度。太阳赤道地区的转速要大于两极地区的转速。右图显示了太阳的自转速度，其中转速较快的区域为绿色，较慢的区域为蓝色。等离子体在太阳的内部循环，在赤道和两极之间流动。等离子体向两极流动时非常接近太阳表面，但是流回赤道时会向深处下沉。

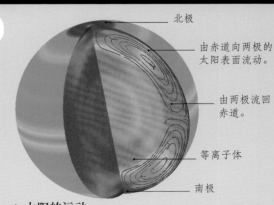

北极

由赤道向两极的太阳表面流动。

由两极流回赤道。

等离子体

南极

▲ 太阳的运动
自转速度较快的区域显示为绿色，较慢的区域显示为蓝色。

太阳大气

太阳是一个巨大的、极热的气体球。我们通常看到的太阳表面是它的光球层，也就是太阳大气的最内层，可见光就是从这里产生的。在光球层外面是稀薄的色球层和厚而不均匀的日冕。由内向外，每一层的温度逐渐升高，而密度却逐渐降低。

日冕

日冕是环绕太阳的一层极热并且稀薄的大气，这里的温度可达 2000000℃。虽然很热，但日冕并不明亮，通常只有在发生日食的时候才能从地球上看到它。不过现在航天器配备的仪器已经能够遮挡太阳明亮的圆盘，使日冕可见。目前尚不清楚为何远离太阳中心的日冕会有如此高的温度，据推测可能与它所存储的磁场能量的释放有关。

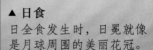

▲ 日食
日全食发生时，日冕就像是月球周围的美丽花冠。

日冕环

日冕环是在日冕磁场中沿着特定通道流动的被困等离子体。这些等离子体的环流速度可达 320000 千米 / 时，可以上升到距离太阳表面 100 万千米的高度。日冕环的温度变化范围很大，局部可高达数百万摄氏度。

▲ 这幅由美国国家航空航天局的太阳过渡区与日冕探测器拍摄的图像显示了日冕内等离子体的环状喷发。

▼ 在地球上，每年至少能看到**两次**日食，而每当日全食发生时，太阳完全被月球遮挡的时间能持续几分钟。对于大多数人来说，这是唯一可以看到太阳外层大气的途径。

"尤利西斯"号探测器

太阳的两极从地球上很难观测到，为了更多地了解它们，美国国家航空航天局和欧洲空间局联合开发了"尤利西斯"号探测器。"尤利西斯"号探测器发射于 1990 年 10 月，是迄今为止唯一对太阳两极进行过探测的航天器。它的工作任务于 2008 年结束，共完成了 3 条路线的考察，并且发现太阳风在太阳活动不活跃的时候会大大减弱。

用于与地球通信的抛物面天线，"尤利西斯"号探测器上共有 4 个。

太阳暗条

经常有大量的温度较低、密度较大的舌形或弓形等离子体流从色球层上升到日冕，它们可能会传播数十万千米，有时候会脱离太阳并且将数十亿吨的气体抛射到太空中。它们在明亮的太阳圆盘的衬托下，看起来就像暗淡的丝带（暗条），但是在黑暗的太空背景下就能以日珥的形式呈现。暗条的形状取决于太阳磁场，它们也常与太阳黑子及太阳耀斑有关。有些暗条能持续几个月，而有些仅能存在几小时。

 看一看：太阳风

太阳释放出的充满能量的粒子流以太阳风的形式吹向太空。经由冕洞逃逸的等离子体，会产生快速的太阳风，以 900 千米 / 秒的速度吹向地球；太阳其他区域释放的太阳风的速度则要慢许多。这些传播或快或慢的高能粒子流遭遇地球磁场，从而产生磁暴。其中一些太阳风中的高能粒子流穿过地球磁场并继续传播至地球两极，就会产生美丽的极光（ 204 ~ 205 页）。

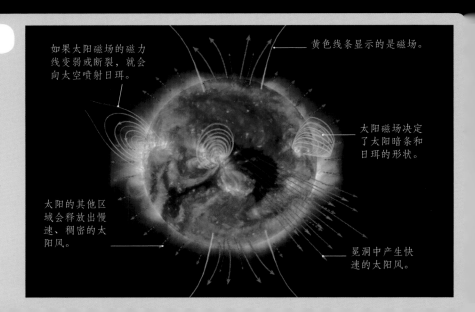

如果太阳磁场的磁力线变弱或断裂，就会向太空喷射日珥。

黄色线条显示的是磁场。

太阳磁场决定了太阳暗条和日珥的形状。

太阳的其他区域会释放出慢速、稠密的太阳风。

冕洞中产生快速的太阳风。

太阳风暴

太阳磁场衰减会引发剧烈的爆发活动，导致人造卫星瘫痪并威胁到太空中航天员的生命。当这些爆发出来的物质和能量射向地球时，会对我们的大气层产生巨大影响，使我们的通信系统受到严重破坏。

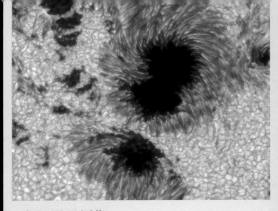

太阳黑子周期

太阳的赤道地区自转速度较快，而两极地区则较慢，因此太阳磁场的形状就像一个被拉伸的橡皮筋，它最终会断裂开来。太阳黑子磁场的极性会发生翻转。这样的现象大约每 11 年发生一次，并且会促使太阳黑子发生周期性变化，即太阳黑子的数量有规律地增加和减少。

耀斑

太阳耀斑是发生在太阳黑子群上空的巨大高能辐射爆发，这里是太阳磁场的密集区域。它们在仅仅几分钟的时间里，就能释放出巨大的能量。在太阳活跃的时期，可能每天会爆发多次耀斑，但是在太阳黑子数量较少的不活跃时期却很少能见到耀斑。大的耀斑会触发日冕物质抛射。

太阳耀斑的温度可超过 10000000℃。

▲ **太阳能量** 太阳耀斑是太阳系最大的爆炸，它们能释放出比地球上的火山爆发高 1000 万倍的能量。

太阳耀斑爆发时会在太阳内部引发震动，就像我们地球上的地震一样。震源所产生的冲击波在进入光球层之前衰减，它的传播距离相当于地球直径的10倍，而传播速度可达400000千米/时。

▲ **太阳耀斑**
由太阳和日球层天文台拍摄。

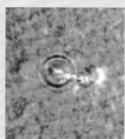

▲ **冲击波**
由耀斑引发的环形冲击波，出现在震中周围。

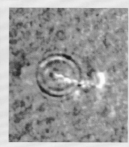

▲ **传播**
环形冲击波在太阳表面可以传播10万千米。

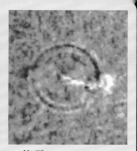

▲ **能量**
一次太阳震动释放的巨大能量，足够美国使用20年。

日冕物质抛射

太阳黑子经常会引发巨大的气体爆发，使数十亿吨的物质被抛进太阳系，这一过程被称为日冕物质抛射。它们将高能粒子以高达1200千米/秒的速度射向太空。在时隔两三天到达地球后，这些高能粒子可引发极光、电力中断和通信系统破坏等事件。与耀斑一样，日冕物质抛射是由太阳磁场破坏引起的能量快速释放，在太阳黑子活动高峰期最常见。

这幅图显示的是由太阳和日球层天文台拍摄于2001年4月2日的太阳耀斑，它是目前记录的最大的太阳耀斑之一。

耀斑引发了巨大的日冕物质抛射。

影像定格

2001年，一场磁暴横扫地球，它是由一个巨大的太阳黑子所引发的日冕物质抛射引起的。这场磁暴引发了异常壮观的南极光，当年4月1日清晨，新西兰的天空出现了美丽的极光。这幅图显示的是悬于达尼丁市上空的红色极光。

粒子流袭击

2000年7月14日，仅在太阳耀斑爆发后的3分钟，射入太空的高能粒子流就袭击了太阳和日球层天文台。人造卫星拍摄下了这些高能粒子流产生的暴风雪效应图像，从图像中你可以看到日冕物质抛射进太空的一个巨大等离子体团，以及在明亮的太阳光线中心的暗圆形区域。

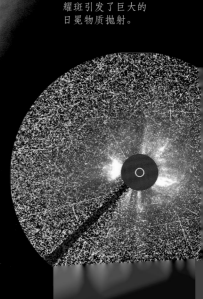

神奇的极光

极光就像是悬挂在极地夜空中的舞动的光幕。当太阳风中的高能粒子流被地球的磁场捕获并移动到极地上空，加速撞击上层大气时，极光就会出现。在这里，它们与空气中的氧原子和氮原子碰撞，释放出绿色和红色的光，以弧状、带状、片状和射线状的形态出现。

太阳活动周期

太阳每天都在天空中闪耀着，虽然看起来不曾改变，但实际上它每时每刻都在发生着变化。太阳的周期性变化表现为从极端活跃到平静，这种周期性变化会给我们的地球带来巨大的影响。

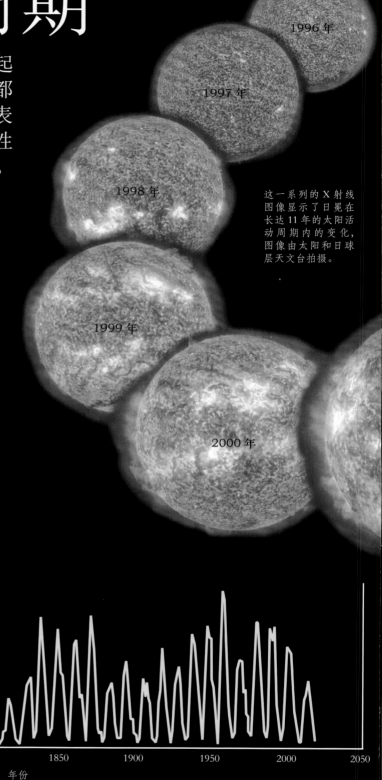

1996 年

1997 年

1998 年

1999 年

2000 年

这一系列的 X 射线图像显示了日冕在长达 11 年的太阳活动周期内的变化，图像由太阳和日球层天文台拍摄。

变化的太阳

太阳活动周期约为 11 年。在每个周期开始时，太阳表面平静且均匀，而活动的高峰期则会有大型太阳黑子群和巨大的太阳耀斑形成。尽管表面看来如此，但太阳辐射的总输出量在一个典型周期内的变化仅为约 0.1%。

这幅图像显示了 1600 年以来，每年太阳黑子的数量情况。

在 17 ～ 18 世纪的一段时间，几乎没有太阳黑子被观察到的记录。这一时期被称为蒙德极小期，是有记载以来太阳持续不活跃时间最长的一个时期。在蒙德极小期，地球上经历了长时间的寒冷天气，被称为小冰期。科学家们怀疑这两个事件之间存在着某些内在的联系。

太阳

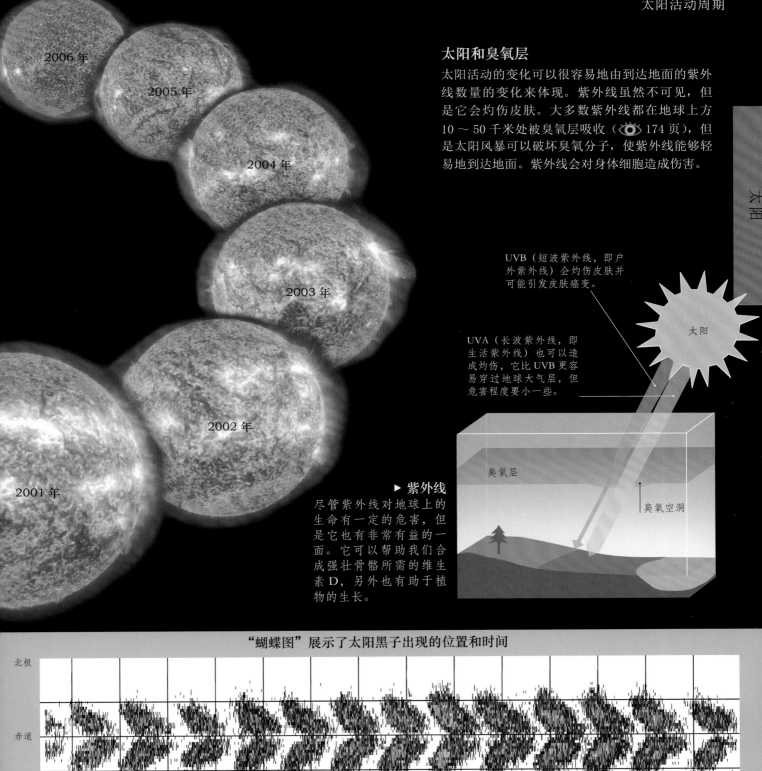

2006 年
2005 年
2004 年
2003 年
2002 年
2001 年

太阳和臭氧层

太阳活动的变化可以很容易地由到达地面的紫外线数量的变化来体现。紫外线虽然不可见，但是它会灼伤皮肤。大多数紫外线都在地球上方 10 ～ 50 千米处被臭氧层吸收（👁 174 页），但是太阳风暴可以破坏臭氧分子，使紫外线能够轻易地到达地面。紫外线会对身体细胞造成伤害。

UVB（短波紫外线，即户外紫外线）会灼伤皮肤并可能引发皮肤癌变。

UVA（长波紫外线，即生活紫外线）也可以造成灼伤，它比 UVB 更容易穿过地球大气层，但危害程度要小一些。

太阳

臭氧层

臭氧空洞

▶ 紫外线

尽管紫外线对地球上的生命有一定的危害，但是它也有非常有益的一面。它可以帮助我们合成强壮骨骼所需的维生素 D，另外也有助于植物的生长。

"蝴蝶图"展示了太阳黑子出现的位置和时间

北极
赤道
南极

1870 1880 1890 1900 1910 1920 1930 1940 1950 1960 1970 1980 1990 2000 2010 2020

年份

蝴蝶现象

英国天文学家爱德华·沃尔特·蒙德（1851 ～ 1928）等人发现，太阳黑子在太阳表面并不是随机出现的，太阳黑子的出现有一个 11 年的周期。在新的太阳活动周期开始时，太阳黑子在靠近两极的地区出现。随着周期的推进，它们出现的位置逐渐向赤道靠拢。通过多年的观测，蒙德将太阳黑子的位置绘成图，该数据图所展示的位置变化就像一队展翅而飞的蝴蝶，即展现黑子位置的著名"蝴蝶图"。

探测太阳

人类对于太阳的观测和记录已经进行了数千年，这些数据被现代天文学家用于更进一步地观测太阳活动，以及解释太阳、地球和月球的运动。如今，地球上和太空中有许多专业的太阳观测设备，许多天文爱好者也开始对太阳进行观测。

了不起的明星！

意大利天文学家伽利略（1564～1642）被誉为现代天文学之父。他证明了太阳是太阳系的中心。

伽利略太阳黑子

伽利略使用望远镜观测太阳，并将观测到的影像绘制成图，以这种方法来研究太阳。他每天在相同的时间进行观测和绘制。他注意到，太阳表面的暗点（太阳黑子）具有非对称的外形，而且不断地在太阳圆盘中出现和消失。他观测到了太阳黑子的运动，同时也证明了太阳是沿轴自转的。

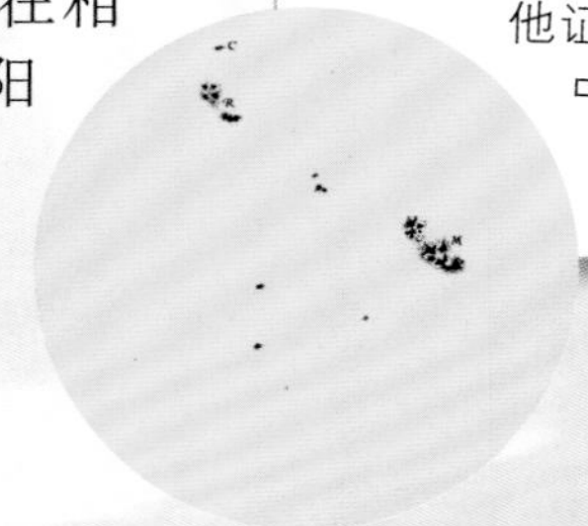

望远镜塔

在地面附近，来自太阳的热量使空气受热并产生紊流，这会使望远镜的成像扭曲，因此需要建造专门的望远镜塔来观测太阳。邓恩太阳望远镜位于美国加利福尼亚州的萨克拉门托峰（右图），它不仅拥有一个高出地面 41.5 米的高塔，而且还深入到地下 67 米。人们几乎将塔里的所有空气都移走了，以获取来自太阳的最清晰的图像。

"日出"号探测器

2006 年 9 月发射的"日出"号探测器是专门用于研究太阳磁场活动的太阳观测卫星。它在地球上空 600 千米的轨道运行，每年有 9 个月的时间一直对准太阳。它装载了 3 台先进的探测器和望远镜，分别用于拍摄太阳的 X 射线图像、测量三维磁场强度和测量太阳风的速度。

看一看：昌克罗十三塔——秘鲁古天文台

在秘鲁的沿海荒漠中，坐落着美洲最古老的太阳观测设施——昌克罗十三塔。它由 13 个大石块组成，沿着一条低矮山脊由北向南排列形成齿形的界线。它已经有 2300 年的历史了。石塔的位置刚好与一年中的日升点和日落点相吻合。这样的山顶结构很可能是古代的某个太阳崇拜部落用来获取太阳历，并用于观察一年中太阳的运动的。

夏至点（白天最短的一天）

昼夜平分点

冬至点（白天最长的一天）

观察点

▲ 太阳历 昌克罗十三塔看上去像是沿着山脊竖立的"牙齿"，每天迎送着第一缕和最后一缕阳光。

太阳

丹尼尔·井上太阳望远镜

这是世界上最大的太阳望远镜，位于美国夏威夷州毛伊岛的哈雷阿卡拉天文台。丹尼尔·井上太阳望远镜的主镜直径 4.24 米，配备了先进的计算机系统，能够消除太阳光穿过大气层造成的模糊。因此，这架望远镜能够看到小到直径 20 千米的太阳表面细节。

恒星

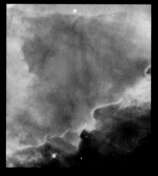  

恒星是一种存在于宇宙中，自身能够发光、发热的气体星球。在夜空中它们形态各异。人类研究恒星已经数千年了。

什么是恒星？

太阳是距离我们最近的恒星，它距离地球大约只有1.5亿千米。就宇宙的尺寸而言，太阳就好比在地球的跟前。不过太阳只是一颗普通的恒星，宇宙中还有上万亿颗各具特色的不同恒星。太阳的大小和亮度都属于中等，处于恒星的中年阶段。随着时间的推移，太阳也会像其他恒星一样逐渐走向衰亡。

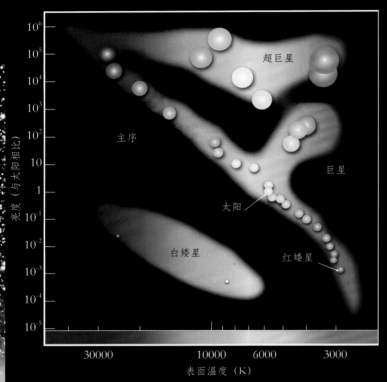

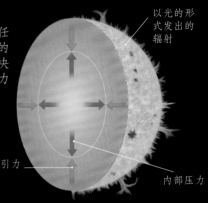

▶ 压力平衡
恒星在其生命中的任何一个阶段所呈现的状态和行为，均取决于其内部压力和引力之间的平衡。

以光的形式发出的辐射

引力

内部压力

温度和亮度

左图是赫罗图，展示了不同恒星的温度和亮度（光度），冷星用红色表示，热星用蓝色表示。大多数燃烧氢的恒星，包括太阳，都处于从左上方至右下方的这条对角线，即"主序"上。燃烧完氢燃料的巨星位于主序的上方；暗淡的矮星则位于主序的下方，接近图表的底部。

恒星的生命历程

所有恒星都是在星云中形成的，星云是由气体和尘埃构成的云雾状天体。大多数中等质量的恒星燃烧并且耗尽氢燃料需要数十亿年的时间。当氢燃料耗尽时，这些中等质量的恒星就会膨胀，变成红巨星，接着红巨星会脱去外壳，最终变成暗淡的白矮星。明亮的大质量恒星能在数百万年内迅速地燃烧并将自身燃料耗尽。当所有可用的燃料耗尽时，大质量恒星将膨胀变成红超巨星，接着发生超新星爆发，形成中子星或黑洞。

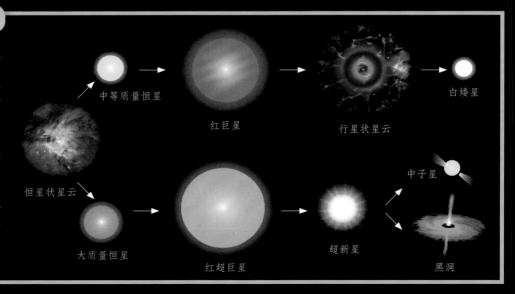

中等质量恒星

红巨星

行星状星云

白矮星

恒星状星云

大质量恒星

红超巨星

超新星

中子星

黑洞

看一看：恒星的类型

赫罗图上有着不同类型的恒星。它们分别处于各自生命周期的不同阶段。有些温度高的处于青年阶段，有些温度低的处于晚年阶段，还有些恒星即将爆发。

◀ **沃尔夫 - 拉叶星**是一种极热的大质量恒星，它们正在快速地流失质量并走向超新星爆发。

▼ **主序星**是赫罗图中位于主序上的恒星，例如太阳，它们燃烧氢并将其转化为氦。

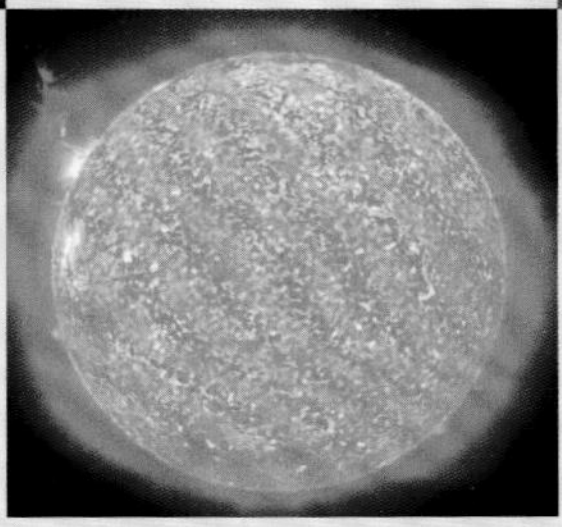

▼ **蓝超巨星**是宇宙中最热、最亮的恒星。图中这颗明亮的恒星是参宿七，它是猎户座中最亮的一颗恒星。

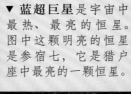

▲ **白矮星**是中等质量的恒星，处于生命周期的晚年阶段。白矮星形成于发生坍缩的红巨星的内核，密度极高。

▲ **中子星**是由红超巨星爆发后形成的体积小、密度极高的恒星，它坚硬的铁外壳内布满了中子。

▲ **红超巨星**体积巨大，半径大约是太阳的 200 ～ 800 倍。由于表面温度低，它们的颜色看起来是红色或橘黄色。

恒星

巨星和超巨星

当主序星中的氢燃料耗尽时，它们的体积开始膨胀变大，并转而开始燃烧氦。将来我们的太阳也会演变成一颗红巨星。到那时，它的体积将达到目前的 30 倍，亮度将达到目前的 1000 倍。

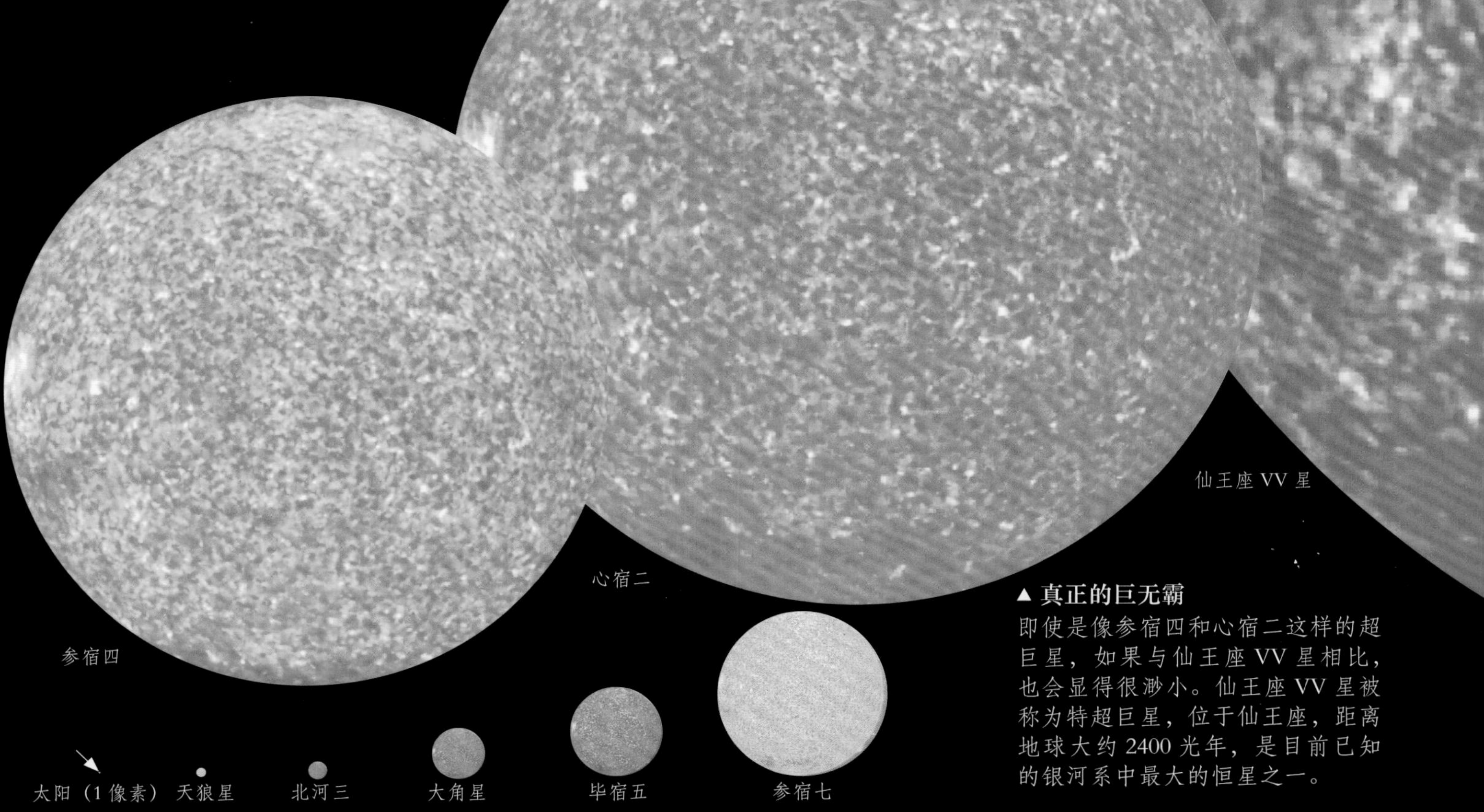

仙王座 VV 星

心宿二

参宿四

▲ **真正的巨无霸**

即使是像参宿四和心宿二这样的超巨星，如果与仙王座 VV 星相比，也会显得很渺小。仙王座 VV 星被称为特超巨星，位于仙王座，距离地球大约 2400 光年，是目前已知的银河系中最大的恒星之一。

太阳（1 像素）　天狼星　　　北河三　　　　大角星　　　　毕宿五　　　　参宿七

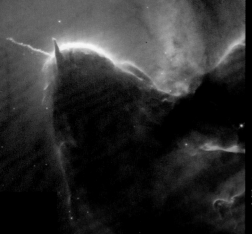

▲ 三叶星云

三叶星云位于人马座，它正在被附近的一颗大质量的恒星侵蚀。在星云的右上方，一颗燃烧着的恒星内部爆发出了一股喷流。这样的喷流是新恒星形成时释放的气。

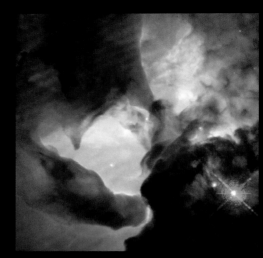

▲ 礁湖星云

在三叶星云附近灵体积更大的礁湖星云，它因其中央的湖形尘埃暗带而得名。成团的新恒星正在礁湖星云内部形成。在其中心有一颗非常炽热的年轻恒星，它发出的辐射正在蒸发并驱散周围的气体和尘埃。

恒星的诞生

大多数恒星诞生于一团巨大的云雾状天体中，这团云雾状天体由气体和尘埃组成，被称为星云。最初，星云开始收缩，接着分成了一些较小的气团。当气团继续坍缩时，其内部的物质会越来越热。当温度达到大约 10000000℃ 时，开始发生核反应，一颗新的恒星诞生了。

星云

星云可以呈现出不同的颜色，这取决于星云中的尘埃是吸收还是反射附近新生恒星的颜色。蓝色星云的颜色是来自小尘埃微粒反射光线而发出的蓝光。红色星云是因附近恒星加热了的尘埃和气体所致。

▲ 马头星云
并非所有星云都有醒目的颜色。马头星云是一团寒冷的暗淡尘埃云，属于猎户座大星云的一部分。暗淡的马头星云是由恒星照射而发红光的星云。在最近100万年里，猎户座大星云中形成了许多颗新恒星。

▲ 七姐妹星团
昴星团位于金牛座方位，也称称为七姐妹星团，因为它有7颗用肉眼就可以看到的巨大炽热恒星。昴星团内部有300多颗年轻的恒星，被一团淡蓝色的薄雾状尘埃环绕。

▲ 鹰状星云
这个由冷氢气和尘埃组成的巨大手指状星云是鹰状星云的一部分。在这个"手指"的最上方，炽热的新恒星在尘埃中闪闪发光。最终这些恒星会把尘埃推开，成为一个耀眼的新星团。

看一看：船底座星云
下面这两幅图显示了船底座星云——一个由气体和尘埃构成的巨大柱状星云，恒星正在其中形成。其中，上图显示的是星云由于受到附近恒星的辐射而发光，下面的红外图像显示恒星内部的一些恒星。

▲ 可见光图像 恒星悠悠藏在这个闪发光的星云内部。

▲ 红外图像 星云内部的两颗新恒星正在释放喷流物质。

辉煌的瞬间

麒麟座 V838 是一颗红超巨星,距离地球大约 2 万光年。2002 年 3 月,麒麟座 V838 的亮度突然达到了其正常值的 1 万倍。下面这组图像显示了这颗红超巨星爆发的光芒扩散到太空,被周围的尘埃反射的情景,我们把这个现象称为光回波。图中的星云看上去似乎在膨胀,但实际上并非如此。这个壮观的景象是因恒星爆发的光芒向外扩散,从而照亮了更多的星云而形成的。

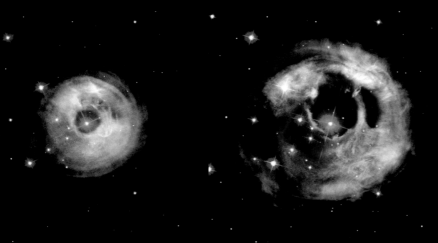

2002 年 5 月 20 日

2002 年 10 月 28 日

2002 年 12 月 17 日

2006 年 9 月
这颗恒星爆发 4 年多之后，
光的余波依然在尘埃云中
继续扩散。

217

恒星的死亡

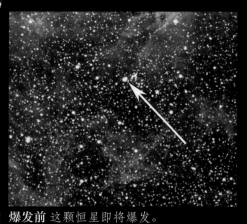

爆发前 这颗恒星即将爆发。

爆发10天后 这颗恒星正处于超新星爆发阶段。它位于银河系附近的大麦哲伦云中，于1987年爆发，是近400年里第一颗可以用肉眼看到的超新星。

恒星的质量越大，寿命越短。炽热的大质量恒星只能发光几百万年，因为其自身的氢燃料会被迅速燃烧。质量较小的恒星温度较低，氢燃烧的速度也相对缓慢，因此能持续发光数十亿年。不过迟早有一天，所有的恒星都会耗尽燃料，走向死亡。

参宿四

当一颗恒星的氢燃料燃烧殆尽后，这颗恒星会膨胀并变成一颗红巨星或红超巨星。参宿四是位于猎户座的一颗红超巨星，直径为太阳的1000多倍。它燃烧的速度大约是太阳的14000倍，因此它的亮度也大约是太阳的14000倍。在数十万年后，参宿四将会耗尽燃料，以超新星爆发的方式来结束自己的生命。到那时，它将成为天空中仅次于太阳的最亮的恒星。

垂死的恒星

海山二是一颗濒临死亡的恒星。它正在被巨大的爆发撕裂，并向外释放出气体和尘埃云，它的亮度也发生了急剧变化。1843年，它曾经是天空中除太阳之外第二亮的恒星；而现在，用肉眼已经无法看到它了。

烟雾环

像太阳这样的中、小质量恒星，最终将演化成红巨星。当红巨星将氢和氦耗尽，而它的温度又不足以燃烧其他物质时，红巨星就会发生坍缩。其外层会膨胀，形成巨大的烟雾环。通过早期望远镜观测时，烟雾环看上去像行星，因此被称为行星状星云。恒星的中心收缩形成白矮星，白矮星的大小与地球相当，但温度极高。

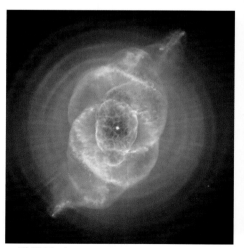

▲ **猫眼星云**
它的中心气泡是由一颗垂死的红巨星在大约1000年前发出的。它正在向外膨胀，并将扩散到更早的爆发所形成的气体云当中。

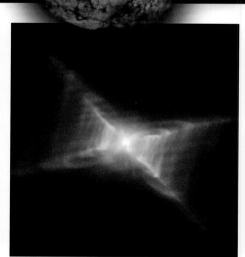

▲ **红矩形星云**
它的中心有两颗恒星，是一个双星系统。双星的周围环绕着浓密的环状尘埃云，将周围环绕的气体塑造出了4个尖峰。

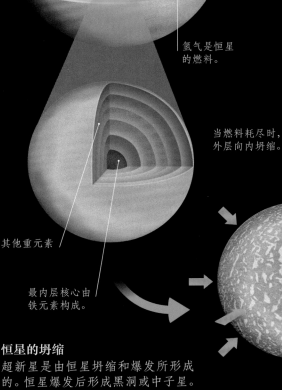

超巨星

致密核心

氢气是恒星的燃料。

其他重元素

最内层核心由铁元素构成。

超新星

大质量恒星一般指质量大于或等于太阳质量 8 倍的恒星，它们会以一种壮观的方式结束自己的生命。当大质量恒星的燃料耗尽时，其内部会突然坍缩，紧接着的超新星爆发会将恒星的外层抛散。超新星释放出的能量相当于太阳在整个生命周期里的辐射能量的总和，一颗超新星的亮度可以超过一个包含数十亿颗恒星的星系。超新星爆发是罕见的事件。

当燃料耗尽时，外层向内坍缩。

比原子还小的中微子从核心迸出。

恒星坍缩产生的冲击波穿透恒星引发了巨大的爆炸。

坍缩的恒星中心形成了中子星或黑洞。

恒星的坍缩

超新星是由恒星坍缩和爆发所形成的。恒星爆发后形成黑洞或中子星。中子星密度极高，其周围环绕着膨胀的气体云。

铁内核无法承受自身重量导致坍缩。

外层气体被喷射到太空。

恒星

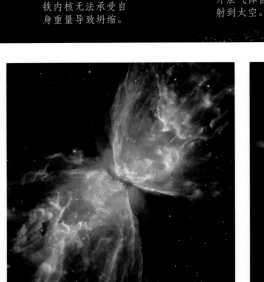

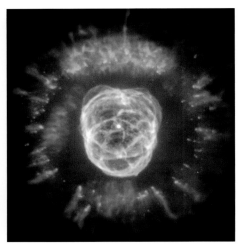

▲ 卵形星云

它中心的恒星被一层浓密的气体和尘埃覆盖。尽管如此，它发出的光依然可以照亮外层气体，并形成了一系列色彩明亮的弧形和圆形的光环。

▲ 蝴蝶星云

这个星云由垂死的中心恒星抛出的气流构成，形状就像是蝴蝶的两片翅膀。蝴蝶星云的宽度约 2 光年，大约是太阳到最近恒星距离的一半。

▲ 爱斯基摩星云

这个看上去像人脸的部分是星风吹出的物质形成的"泡"，它四周的"毛皮兜帽"呈彗星状结构，尾部向着远离恒星的方向扩散。

星际空间

恒星与恒星之间的空间被称为星际空间。星际空间并不是绝对的真空，那里到处弥散着气体和尘埃。实际上，整个星系中的气体和尘埃合起来的量非常巨大。

球状体

小的球状暗星云被称为球状体。已知最小的球状体是以美国航天员巴特·博克的姓氏命名的博克球状体。博克球状体和我们的太阳系一样大，直径约 2 光年。这些气体云中的气体主要是氢分子，温度约 -260℃。球状体在自身引力的作用下缓慢收缩并形成恒星。

▶ 博克球状体
背景中炽热、发光的氢气映出了黑暗的博克球状体的轮廓。

气体和尘埃

科学家们可以探测到太空中的微粒，是因为这些微粒能够吸收或发射无线电波。目前已经被鉴定出的微粒有约 200 种，其中最常见的是气体，如氢气。银河系中的气体非常充足，足够形成 200 亿颗类似太阳的恒星。太空中还存在着尘埃微粒、水、氨和以碳为基础的有机化合物。

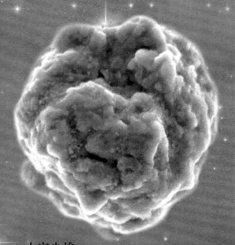

▲ 太空尘埃
每颗尘埃微粒的直径都比人类的一根头发的直径还要小。

带尾巴的球状体

这片朦胧的发光气体和尘埃云，看起来就像是一个正要吞噬星系的外星怪兽，它是由附近一颗新恒星的星风形成的。新恒星发出的强烈紫外线让这个云团的"嘴巴"发出红光。这个云团是一个典型的彗形球状体。彗形球状体得名于它的长尾巴看起来类似彗星的彗尾。

▲ 尘埃云
这个球状体包含的物质足够形成几颗像太阳一样大小的恒星。

恒星诞生地

下图这个星云是猎户座大星云，因为它非常明亮，所以我们用肉眼就能很容易地看到。它距离地球 1500 光年，宽 25 ～ 30 光年，质量大约是太阳的数百倍。猎户座大星云受到了猎户四边形的加热。猎户四边形是位于猎户座大星云中心的一个星团，是新恒星诞生的地方。

知识速览

- 星际空间的物质成分随着新分子的产生和旧分子的分裂而不断地变化。
- 尘埃和气体随着恒星的死亡而增加，随着新恒星的诞生而减少。
- 氢、氦和一氧化碳是星际空间最常见的气体。
- 星际空间中弥漫着各种形式的辐射，例如光、热和无线电波。
- 其他的星际空间物质包括磁场、宇宙射线和中子。

◀ 猎户四边形

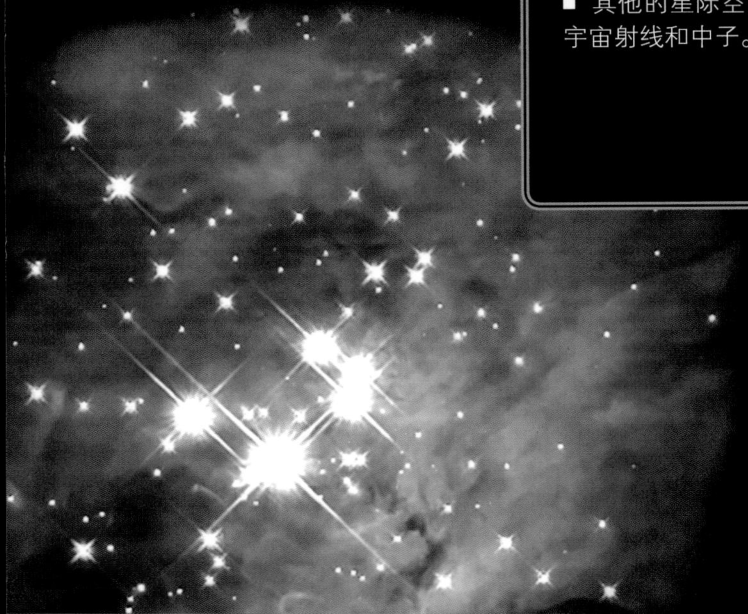

猎户四边形周围的星团中，包含大约 1000 颗年龄不到 100 万岁的炽热恒星。

运动中的太阳系

我们的太阳系正在高速地穿越星际空间。当太阳系移动时，太阳风在它周围产生了一个看不见的“气泡”，我们把它叫作日球层。这个气泡将星际空间的气体和尘埃推挤到了太阳系周围。科学家们曾经认为，太阳系穿越星际空间时的形状就像拖着尾巴的彗星，但是最新的观测发现．它实际上像一个壁球。

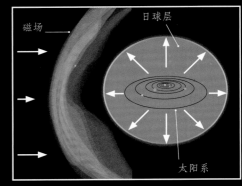

▲ 穿越星际空间

星际磁场弯曲并分开，让太阳系通过。

聚星

大多数恒星会在大型的气体和尘埃里形成星团。随着时间的流逝，这些恒星会移动并离开原来的星团。我们的太阳是一颗比较罕见的孤星。而一半以上的恒星都属于双星系统，还有很多属于三星或多星系统。

双星系统

双星系统由两颗互相环绕的恒星组成。第一对被发现的双星是位于北斗七星斗柄上的开阳（北斗六）及其伴星辅。1650 年，乔瓦尼·里乔利发现了开阳的伴星。从那之后，数对双星陆续被人们发现。著名的双星包括 1685 年发现的南十字座的亮星南十架二和鲸鱼座的红巨星蒭藁增二。

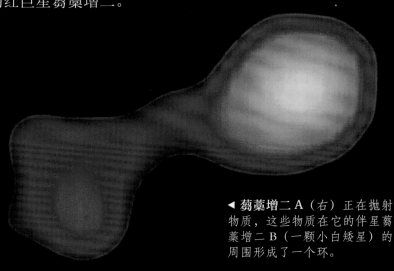

◀ **蒭藁增二 A**（右）正在抛射物质，这些物质在它的伴星蒭藁增二 B（一颗小白矮星）的周围形成了一个环。

双狼星

天狼星是夜空中最亮的星，因为它位于大犬座，所以取名天狼星。蓝白色的天狼星 A 的温度比太阳还高，亮度是太阳的 22 倍。它的伴星天狼星 B 是一颗暗淡的白矮星。

▲ **天狼星 B**（右）距离天狼星 A 非常近，但是由于天狼星 B 的光线非常暗淡，因此直到最近人们才获得它的图像。

太空中的食人族

有时双星系统中的两颗恒星距离太近，以至于一颗恒星从另一颗恒星中"窃取"物质，于是那颗"食人"星的体积和质量会增大。英仙座双星系统就是一个例子。这个双星系统含有一颗正逐步脱落外层物质的老年恒星。它的伴星吸收了其脱落的物质，体积增大至太阳体积的 9 倍。这颗伴星巨大的旋转幅度致使其表面抛射出的气体围绕该星形成了一个环。最终，它可能会将吸取的气体"还给"主星。

英仙座双星

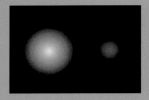

1. 英仙座**双星**在最近的 1000 万年里依靠双方的引力相互环绕，保持相对稳定。

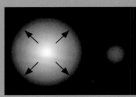

2. 当较大的主星开始耗尽其核反应的氢燃料时，双星开始发生**变化**，逐渐衰老的主星开始膨胀。

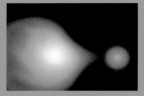

3. 当**逐渐衰老**的主星开始膨胀时，它将自身的物质抛射给了比它小的伴星。

4. 当**主星**几乎失去了所有的物质时，位于其中心的明亮核心就会暴露出来。

5. 此时的**小伴星**已经获取了主星大部分的多余物质。它由一颗中等质量的恒星逐步变成一颗高速旋转的、炽热的大质量恒星。

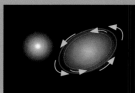

6. **伴星**的高速旋转使得它被扭曲成为扁球状，也导致它释放的氢气在其周围形成一个较大的环。

疏散星团

疏散星团是由数百颗乃至数千颗被彼此引力束缚在一起的恒星组成的天体。疏散星团内的恒星形成于同一片巨大的气体和尘埃云中，因此它们的年龄和成分几乎完全相同，只是质量各有不同。人们肉眼可见的著名疏散星团包括昴星团（七姐妹星团）、毕星团和宝盒星团。

三星结伴

北极星其实并不是我们肉眼看到的那么简单，它实际上是三星系统。伴星北极星B是1780年被人们发现的，第三颗恒星由于离北极星A太近，直到2005年才被人们发现。

▲ NGC 3603

它是一个巨大的星云，包含了银河系中最大的年轻星团之一。图上展示的是被气体和尘埃环绕着的年轻恒星。

球状星团

球状星团是运行在星系轨道上，由密集的恒星组成的球形的星团。一个球状星团中含有数百万颗同一时期、从同一云团中形成的恒星。这些恒星可以依靠引力相互联系并稳定存在数十亿年。许多球状星团年代久远，其中包含宇宙中最早形成的一批恒星。

▶▶▶ 知识速览 ◀◀◀

- 大多数球状星团形成于宇宙历史的初期，即最早的星系形成的阶段。
- 大多数球状星团是由早期形成的古老恒星组成的，它们大约有100亿年的历史了。
- 然而，有些球状星团中包含着不同时期的年轻恒星，因此它们的形成时间相对较近。
- 年轻的球状星团可能是大型星系和矮星系发生碰撞时留下的残余物。

▲ 矮星系的残余物?

半人马座 ω 是南半球夜空中最壮观的景象之一。人们认为这个球状星团已经有120亿年的历史了。最近的观测发现，它中心附近的恒星正在快速地移动，这表明该星团的中心有一个中等大小的黑洞。半人马座 ω 星团有可能是一个古老矮星系的中心。矮星系与银河系发生碰撞后遭到严重毁坏，而半人马座 ω 是它留下的残余物。

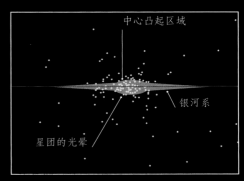

中心凸起区域

星团的光晕

银河系

▲ 球状星团

银河系中约有超过 150 个球状星团。它们与位于银河系银盘上的疏散星团不同，许多球状星团位于银河系中心凸起的核球上。科学家们通过这些球状星团的亮度，可以计算出它们与地球之间的距离。

▲ 白矮星和红矮星

NGC 6397 是距离地球最近的球状星团之一。通过哈勃空间望远镜，人们可以观测到该星团的中心。其中心由两种恒星组成：一种是白矮星，它们是很久以前中等质量恒星死亡后留下的残余物；另外一种是寒冷的红矮星，它们持续燃烧着自身的氢燃料，已经长达 120 亿年。

巨型星团

半人马座 ω 是银河系中最大的球状星团。它由1000万颗恒星组成，直径达150光年。在夜空中，它看起来几乎和满月的大小相同。

▲ M13 球状星团是北半球天空中最亮，也是最著名的球状星团之一。在冬天的晚上，人们通过肉眼可以轻易地看到位于武仙座的这些闪闪发亮的星星。它的中心聚集着大约 30 万颗恒星，周围散落着更多的恒星。M13 球状星团的直径超过 100 光年。

其他的恒星系统

几个世纪以来，人们一直想知道那些遥远的恒星是否也有行星环绕其运行。遗憾的是，由于大多数恒星距离我们太遥远，人们无法看到任何围绕它们运行的行星。但是现代的科学仪器已经能够探测到它们。迄今，人们已经发现了上千颗太阳系外行星。

婴儿行星系统

新的"太阳系"正在太空中形成。右图是猎户座大星云，它是众多恒星形成的地方。每颗新恒星的四周都环绕着呈圆盘状旋转的气体和尘埃。如果这个圆盘内的物质聚集到一起，最终会形成环绕恒星运转的行星。

太阳系外行星

太阳系外行星也被称为系外行星。最早被发现的系外行星是发现于 1992 年的两颗环绕脉冲星运行的行星。虽然人们无法用肉眼看到这些行星，但是通过脉冲星所发射出的无线电波，可以知道它们的确存在（229 页）。

▲ 脉冲星行星

在这些行星上不太可能存在生物，因为脉冲星会发出高强度的有害辐射。

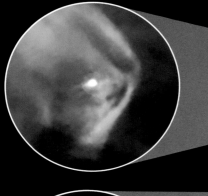

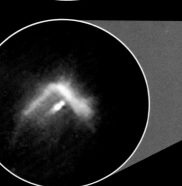

▲ 行星的雏形

天文学家们已经发现，在猎户座大星云中有 30 个处于形成初期的"太阳系"。

恒星

牵引力

1995 年，人们发现了第一颗环绕类似太阳的恒星运行的系外行星。人们在飞马座 51 恒星的运动过程中发现了微弱的摇晃，从而发现了这颗行星。这颗行星被命名为飞马座 51b，它环绕着飞马座 51 运行，飞马座 51 在它的引力作用下时而靠近地球，时而远离地球。这种摇晃导致飞马座 51 的星光发生了轻微的变化。从那以后，人们通过恒星的摇晃发现了成百上千颗系外行星。

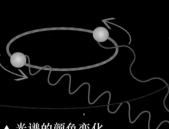

看不见的行星

▲ 光谱的颜色变化
当一颗恒星靠近或远离地球时，其光的波长会发生变化。这一变化可能表明了行星的存在。

降低亮度

另一种发现系外行星的方法是观察恒星亮度的变化。如果有行星公转至该恒星前方，它会挡住该恒星的部分亮光。

系外行星

行星飞越恒星的轨迹

恒星　系外行星的轨道

恒星的亮度曲线出现下降。

亮度

时间

尘埃盘

行星形成于由气体和尘埃组成的旋转圆盘内。在系外行星被发现之前，人们已经在许多年轻恒星的周围发现了尘埃盘。第一个被发现的是环绕在绘架座 β 星周围的尘埃盘。2008 年，科学家们发现有一个天体距离这颗恒星非常近。他们认为这个天体是位于尘埃盘内的一颗巨型行星，公转周期约 20 个地球年。

◀ 绘架座 β 星是绘架座中的一颗炽热年轻恒星。恒星周围的圆盘温度很低，但在红外线下显得非常明亮。

巨蟹座55

在迄今发现的太阳系外行星系统中，位于巨蟹座的巨蟹座 55 所在星系是最类似太阳系的星系。太阳有 8 颗行星，巨蟹座 55 至少有 5 颗行星，远多于目前发现的其他行星系统。巨蟹座 55 的 5 颗行星均比地球大，其中 4 颗距离恒星的距离比日地距离还要短。在这个星系的轨道上，也有一颗类似木星的气态巨行星。事实上，这颗行星位于宜居带的轨道上，而且环绕其运行的岩石卫星上可能存在液态水。

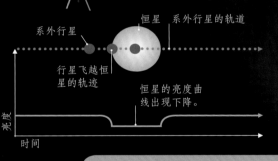

▲ 位于内行星和外行星轨道之间的行星及其卫星上，可能存在水。

比邻星 b

比邻星 b 是距离太阳系最近的系外行星。2016 年，人们观测到比邻星亮度的变化，由此发现了它。比邻星距离地球 4.2 光年，是一颗红色的小恒星。就像这幅艺术想象图显示的那样，比邻星 b 可能只比地球大一点，表面布满岩石。

特别的恒星

宇宙中充满了比我们的太阳炽热或寒冷，质量更大或更小的恒星。它们有的处于生命的晚期，有的会突然变得非常活跃，还有的是从未进行过核反应的褐矮星。`

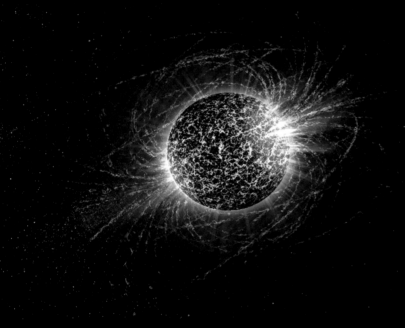

中子星

中子星很小，直径只有大约 10 千米，但却比太阳还要重。一茶匙中子星物质的质量可达 10 亿吨，中子星铁外壳的强度是钢的 100 亿倍。它的内部是中子的海洋，这些中子是超新星爆发后，原子在巨大压力的作用下形成的。

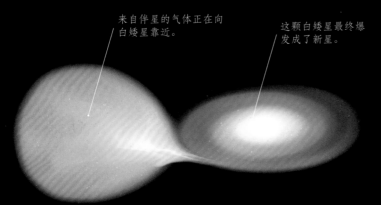

来自伴星的气体正在向白矮星靠近。

这颗白矮星最终爆发成了新星。

白矮星

任何一颗质量不足太阳 7 倍的恒星最终都将演变成一颗微小暗淡的白矮星。当一颗垂死的恒星脱去了大部分物质并且发生坍缩时，它会变得极小，密度和温度极高。白矮星的密度极高，它的一茶匙物质的质量可达数吨。

白矮星

▲ 恒星的毁灭

我们的太阳在大约 70 亿年后，也会像这些恒星一样，变成一颗白矮星。

褐矮星

有些恒星被称为褐矮星，它们非常小，温度低，核心内无法发生核反应或燃烧氢燃料。因此它们被称为"衰星"。其实褐矮星也会发光，只是非常微弱，因为当它们受到引力作用收缩时只能产生微弱的热量。

▲ 双胞胎褐矮星 2M 0939 是人们目前已知的最暗淡的类恒星。

新星

当白矮星的运行轨道接近双星系统中的正常恒星时，它可以从正常恒星那里吸收大量的气体。被吸收的气体变得极热，致使白矮星的表面压力增大，最终发生巨大的核爆炸。爆发后的白矮星在未来数周或数月的时间里变得越来越暗淡，然后等待下一次爆发。这种周期性的爆发被称为新星爆发。

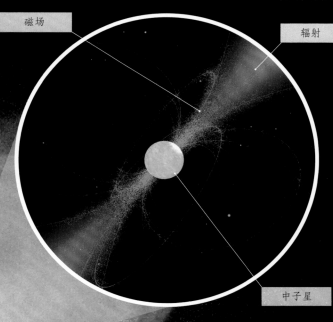

磁场

辐射

中子星

脉冲星

脉冲星是旋转时发出脉冲辐射的中子星。从地球上望去，脉冲星的辐射就好似灯塔发出的光线，快速地扫过夜空。地球上能接收到的脉冲星的辐射包括无线电波、可见光、X 射线和 γ 射线。

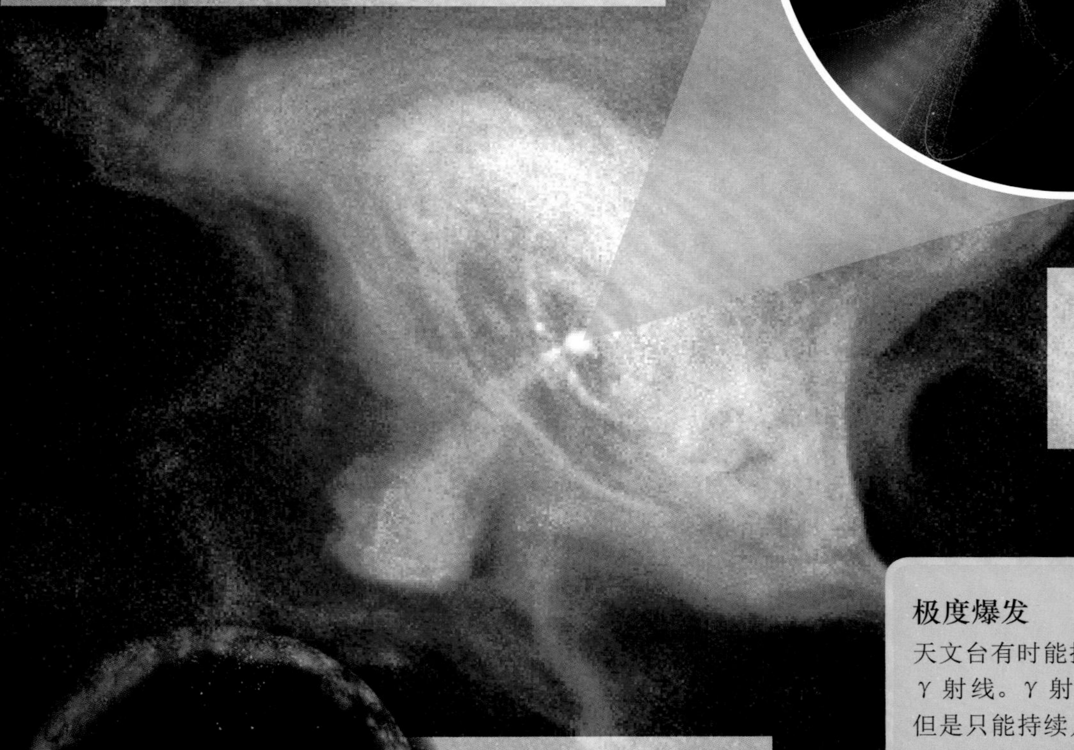

▲ 脉冲星辐射
一颗具有强烈磁场的中子星高速旋转，会产生高能电磁辐射。

极度爆发

天文台有时能探测到十分强大却非常短暂的 γ 射线。γ 射线的亮度超过 10 亿个太阳，但是只能持续几毫秒。它们可能是黑洞与中子星发生碰撞产生的，也可能是两颗中子星之间发生碰撞产生的。如果是第一种情况，如下图所示，黑洞会将中子星吞噬并且变得更大。如果是第二种情况，两颗中子星的碰撞将产生一个黑洞。

◀ 恒星的颤动
2004 年，一颗强磁星突然爆发出的耀眼光芒，导致太空中所有具有 X 射线探测功能的人造卫星暂时失效。这种能量的突然爆发源自恒星扭转磁场时发生的颤动。

强磁星

强磁星是一种中子星，其磁场强度是普通中子星的 1000 倍。强磁星是宇宙中最强的"磁铁"，相当于 10 万亿块普通磁铁。这种强大的磁场可能产生于它们诞生时 300 ～ 500 圈 / 秒的高速旋转。这种旋转与其内部旋涡状的中子流一同形成了巨大的磁场。

黑洞

黑洞大概是宇宙中最奇特的天体。黑洞是一个时空区域，在这个时空区域内，物质向其自身坍缩，导致巨大的质量被聚集在一个非常小的区域内。黑洞的引力非常强大，任何东西都不能逃脱，甚至包括光。

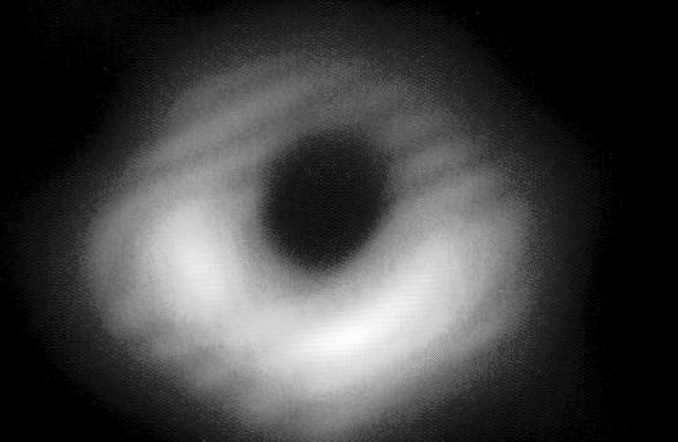

▲ 黑洞的大小
黑洞有不同的大小。有一些只比太阳大几倍；而另一些位于星系中央的黑洞，质量可能要比太阳大数百万甚至数十亿倍。这张照片显示了 M87 星系中心的一个黑洞，它的质量大约是太阳的 65 亿倍。这也是我们第一次拍摄到黑洞。

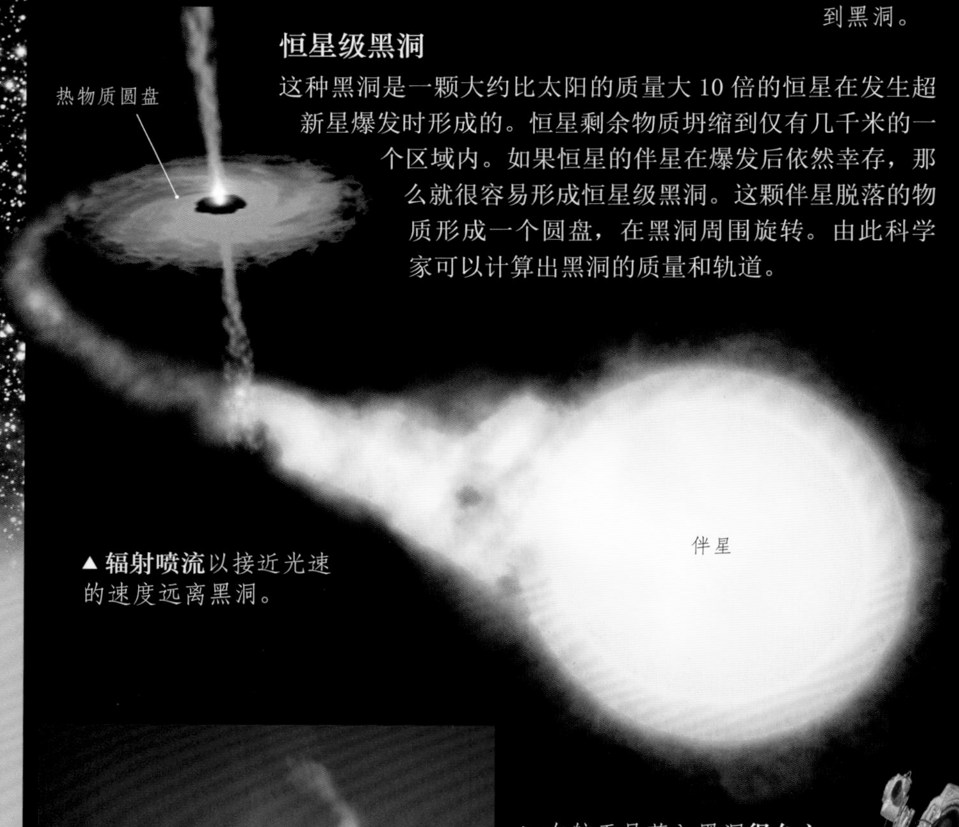

恒星级黑洞
这种黑洞是一颗大约比太阳的质量大 10 倍的恒星在发生超新星爆发时形成的。恒星剩余物质坍缩到仅有几千米的一个区域内。如果恒星的伴星在爆发后依然幸存，那么就很容易形成恒星级黑洞。这颗伴星脱落的物质形成一个圆盘，在黑洞周围旋转。由此科学家可以计算出黑洞的质量和轨道。

热物质圆盘

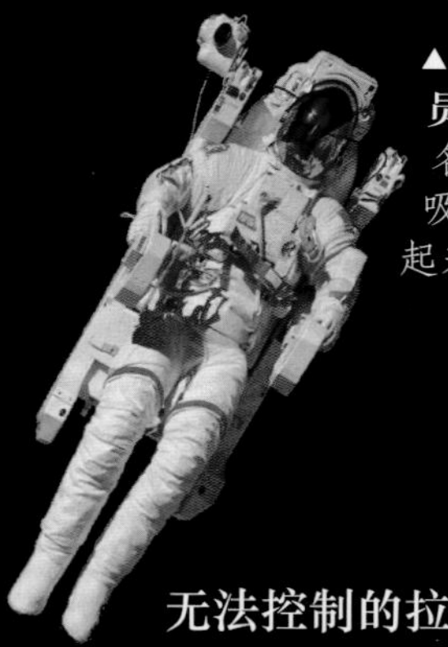

▲ 对于远处的航天员同伴来说，当一名航天员刚开始被吸往黑洞时，他看起来是正常的。

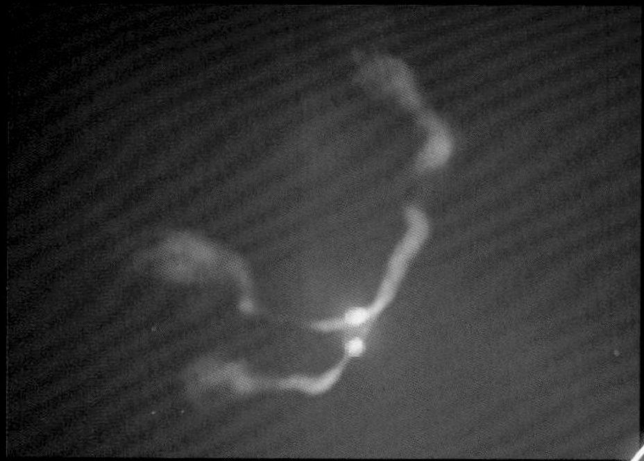

▲ 辐射喷流以接近光速的速度远离黑洞。

伴星

无法控制的拉伸
落入到黑洞的物体会被拉伸至只有一个原子的宽度。一只脚先落入黑洞的航天员会感觉到一股引力，这个引力对他脚的拉伸比头部更明显。这种拉伸距离黑洞越近就会越强烈，最后航天员将会被这种无法抗拒的引力拉碎。在远处的航天员同伴会看到他变为红色。当变为红色的航天员尝试着想从黑洞中逃离时，他似乎盘旋在黑洞的边缘，但是最终会消失。

▶ 在航天员落入黑洞很久之后，远处的航天员同伴会看到他在黑洞的边缘被拉伸得极其长，而且呈红色。

▲ 两个洞 这两个明亮的天体是两个彼此环绕运行的超大质量黑洞。它们最终可能会发生碰撞并形成一个更大的黑洞。图中的粉红色条纹是它们在爆发中形成的喷流。

恒星

超大质量黑洞

人们认为，包括银河系在内的大部分星系，其中心都存在着超大质量黑洞。一些专家认为，这些黑洞是由于很多物质被压挤在一个新形成的星系中心而形成的。另外一种可能是，超大质量黑洞起初非常小，后来通过不断地吸入和吞并附近的物质而逐渐变大。

辐射喷流

▶ 宇宙喷流

气体被吸入黑洞时，会变得非常热。这种能量会以辐射喷流（通常是 X 射线）的形式暴发到宇宙中。

尘埃和气体环

辐射喷流

▶▶▶ 知识速览 ▶▶▶

■ 所有落入黑洞的物质都会堆积到黑洞中心的某个点上，这个点叫作奇点。

■ 如果两个黑洞发生碰撞，就会产生引力波，这将波及整个宇宙。

■ 地球如果变成了一个黑洞，将会压缩到一颗弹珠的大小。

■ 在我们的宇宙里，可能存在着多达 1000 亿个超大质量黑洞。

■ 黑洞会慢慢地失去能量，但是其能量完全消逝需要数十亿年的时间。

做个观星者

自古以来，人们就被夜空深深地吸引着。人类早期文明记录了太阳、月球和行星的位置。如今，街灯和建筑物发出的光芒掩盖了夜空中的星光，但是夜空中的许多景象仍然令人神往。

▲ 必要的设备

除了星图，还可以带上你的书，这样你就会了解更多你所看到的景象。看书时请使用红色灯光，若使用普通颜色的灯光，你的眼睛则需要更长的时间去重新适应黑暗。最后别忘了穿戴保暖的衣物哦！

观星

如果想观测夜空中微小、模糊的天体，你需要选择一个好的观测点，远离强光。花一些时间让你的眼睛适应周围的黑暗，然后使用双筒望远镜或单筒望远镜观看。相比单筒望远镜，双筒望远镜的价格更低，而且在观测星场、星色和月球时的效果也不错。单筒望远镜的放大倍数更高，更适合观测行星、星云和星系。

天空中的指向标

乍一看,夜空中似乎均匀地散布着颗颗繁星,但是如果仔细观察,你会发现其中有不同的排列模式。这些恒星的排列模式,又被称为星座,早期的天文学家为它们命了名。猎户座(下图)是最引人注目的星座之一。它是北半球冬季夜空中最好的指向标之一,人们可以利用它来寻找其他星座及其他明亮的恒星。

D=76mm　F=600mm

指向北河二和北河三

指向南河三

指向毕宿五

指向天狼星

FOCAL RATIO 1:79

多彩的宇宙

行星和恒星的色彩很容易观察到,而星云和星系就没那么容易了。即使使用大型望远镜,它们看上去也只是灰色或绿色的模糊斑点。这是因为它们的亮度满足不了我们肉眼对色彩的感应要求,所以需要利用照相机才能捕捉到它们的色彩。拍摄时,在照相机稳定的状态下,保持快门打开几分钟就可以了。

寻星镜

单筒望远镜

照相机

三角架

▲ **长镜头**
通过在望远镜上安装照相机,并保持快门打开几分钟,就可以拍摄到非常暗的天体。

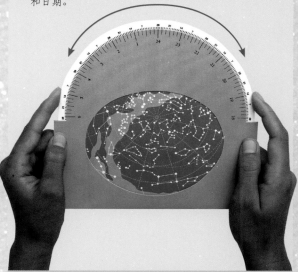

看一看:星图

夜空中的繁星距离我们实在太遥远了,因此它们的方位看上去似乎是固定的。你也许可以很容易地记住那些最亮的星星和星座的位置,但是要想寻找那些较昏暗的天体,你就必须借助星图了。星图有很多种类型。纸质的星图很实用,但是不方便携带,夜间尤其不易查看;而圆形的星盘则可以随时旋转,以显示你头顶星空的准确位置;通过互联网也能找到一些星图;星图应用软件也很实用。

对准刻度尺上的数值,将星盘旋转到匹配的时间和日期。

窗口中显示的区域即为此刻你头顶的夜空。

▲ **引导星** 星盘可以帮助你在繁星中找到方向。

凝视太阳

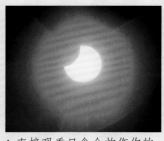

▲ 直接观看日食会灼伤你的眼睛。

观测太阳是一件极具吸引力的事情,但是由于太阳太过明亮,如果用肉眼直接观测可能会导致失明。在观测太阳黑子或研究日食时,最安全的方式是将太阳投影到一张卡片上。你可以利用单筒望远镜或双筒望远镜中的一个镜头,将太阳影像投射到纸上(如图)。你还可以借助针孔投影仪,在镜头上覆盖一个金属箔片,并在中间挖一个小孔。这样就可以将太阳的影像投射到另一张卡片上了。

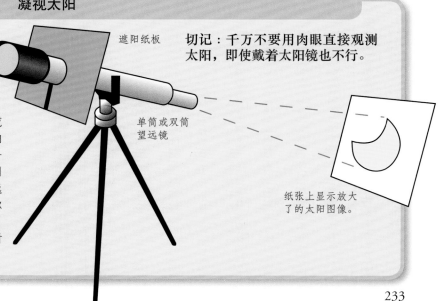

遮阳纸板

切记:千万不要用肉眼直接观测太阳,即使戴着太阳镜也不行。

单筒或双筒望远镜

纸张上显示放大了的太阳图像。

夜空

如果你在一个晴朗的夜晚仰望天空，将会看到数千颗星星，但是如何来辨别这些星星呢？幸运的是，你可以通过星座来帮助自己在夜空中找到想要看的那些星星。

南半球星座分布图

是谁绘制的星座？

早期的天文学家发现，一些具有特征并容易被人们记住的星星在天空形成了不同的图案（星座），它们按照某种规律运动着。于是人们便使用一些人物、动物及神话传说中的事物来对其命名。其中，大部分星座名称源于希腊和罗马神话，但有些是在 17 ～ 18 世纪的近代才被命名的。古代中国也有自己的星座命名方法。

北半球星座分布图

星表

早期的西方天文学家编制了星表。最初，只有 48 个星座，因为当时的欧洲人对南半球还一无所知，所以南半球的星座未被发现。随着航海家探险活动的深入展开，越来越多的星座被添加进了星表中。1922 年，国际天文学联合会正式确定了我们今天所知道的 88 个星座的官方名称和形状。不过，在世界上有些地方，人们仍在使用自己确定的星座。

▶ 天文学家们通过望远镜观察星空，就像《和谐大宇宙》中描述的一样。这是一本由 17 世纪制图师安德烈亚斯·塞拉里乌斯绘制的天文图集。

看一看：行星

金星
月亮

在夜空中我们不仅能够看到恒星，也可以看到行星。水星、金星、火星、木星和土星都是肉眼可见的行星。金星和水星又分别被称为启明星和辰星，因为它们的最佳观测时间分别是日落后和日出前。

寻找北极星

北极星几乎位于地球北极的正上方，因此通过它可以很容易地确定正北方向。在北半球，全年都可以观测到处于小熊座顶端的北极星。你还可以借助于大熊座来确定北极星的位置。大熊座中排列成斗形的 7 颗亮星被称为北斗或北斗七星，斗前端的两颗亮星之间的连线向斗口一侧延伸，指到的第一颗星就是北极星。

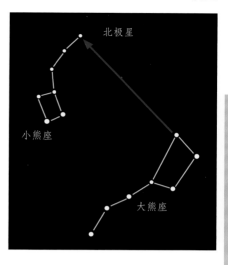

北极星
小熊座
大熊座

恒星

黄道十二宫

在南、北半球都可以看到 12 个星座，古希腊天文学家称之为黄道十二宫。这些星座中的大部分都是以希腊语中的动物来命名的，也有些是以人物或物体来命名的。这 12 个星座在天空中处于黄道（地球绕太阳公转的轨道平面与天球相交的大圆）上，黄道与天赤道之间有约 23.5°的夹角。太阳、月球和行星基本也在靠近黄道的路径上运行。

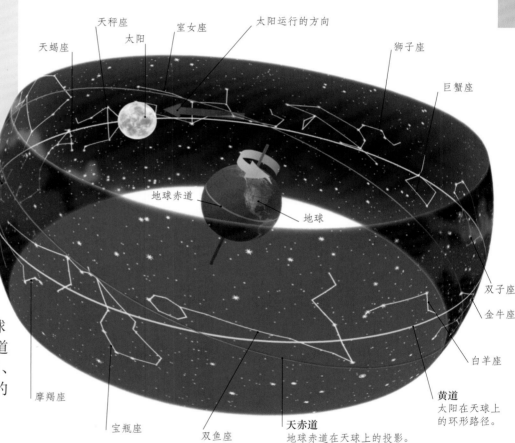

天秤座
天蝎座
太阳
室女座
太阳运行的方向
狮子座
巨蟹座
人马座
地球赤道
地球
双子座
金牛座
白羊座
黄道
太阳在天球上的环形路径。
摩羯座
宝瓶座
双鱼座
天赤道
地球赤道在天球上的投影。

移动的星座

我们所看到的那些组成星座的恒星好像是聚集在一起的，事实上这些恒星的大小不同，距离我们的远近也不同。因为我们无法目测出它们彼此间的距离，所以它们看上去好像分布在一个平面中。太空中的每颗恒星都在移动。在数十万年后，恒星将会移动到不同的位置，星座的形状与今天相比也会发生变化。

10 万年前的北斗

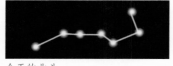

今天的北斗

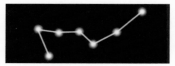

10 万年后的北斗

北半球的天空

要想观察星座，你需要准备一张星图，并且要选择一个视野开阔的观测地点。右侧的星图显示的是在北半球可以看到的星座。你不可能一次就看到所有的星座，由于地球的倾斜自转和沿轨道的公转，一些星座只能在一年中的某些时间段才可以看到。

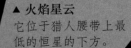

▲ **火焰星云**
它位于猎人腰带上最低的恒星的下方。

▼ **猎户座大星云**是巨大的恒星形成区域，看上去就像是猎人腰带上佩戴着的一把利剑。

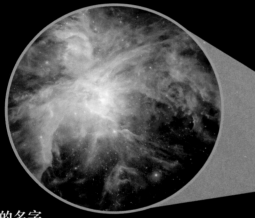

参宿四

参宿七

恒星的名字

有一些恒星在古时候就已经被命名了，例如猎户座中的参宿四和参宿七。但大多数恒星是使用数字和字母标识的。对于那些最亮的恒星，天文学家用希腊字母和其所处星座的名称来命名。在这个体系下，参宿四和参宿七分别被称为猎户座 α 和猎户座 β 。

猎户座
猎人

猎户座是天空中最容易辨识的星座之一。它就像是一位手持棍棒的猎人，其中 3 颗成斜线排列的恒星构成了猎人的腰带，腰带上佩戴着一把利剑。猎人手里拿着一颗狮子的头颅。猎户座中有两颗非常明亮的恒星，分别是位于右下角的蓝超巨星参宿七和位于左上角的红超巨星参宿四。

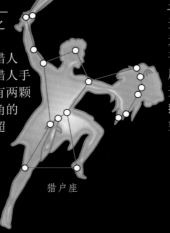

猎户座

天鹅座
天鹅

天鹅座是北半球的一个重要星座，也被称为北十字星座。在冬季的南半球地平线附近也可以看到它。在天鹅的尾部，有一颗明亮的蓝白色超巨星天津四，它比太阳还要亮 16 万倍。在天鹅的喙部有一颗双星辇道增七，通过双筒望远镜或小型单筒望远镜就可以观测到。

天鹅座

▼ 使用星图

现在请你旋转这本书，直到这幅星图外圈所显示的当前月份出现在你的正上方。你也可以将这幅星图影印下来，然后粘贴到卡片上并将其剪下来，那样旋转起来会更方便一些。旋转后，请你面向南方开始在夜空中寻找星图上的这些星星。如果你确定不了方向，那么只要记住中午 12 点时太阳所处的方向就是南方。

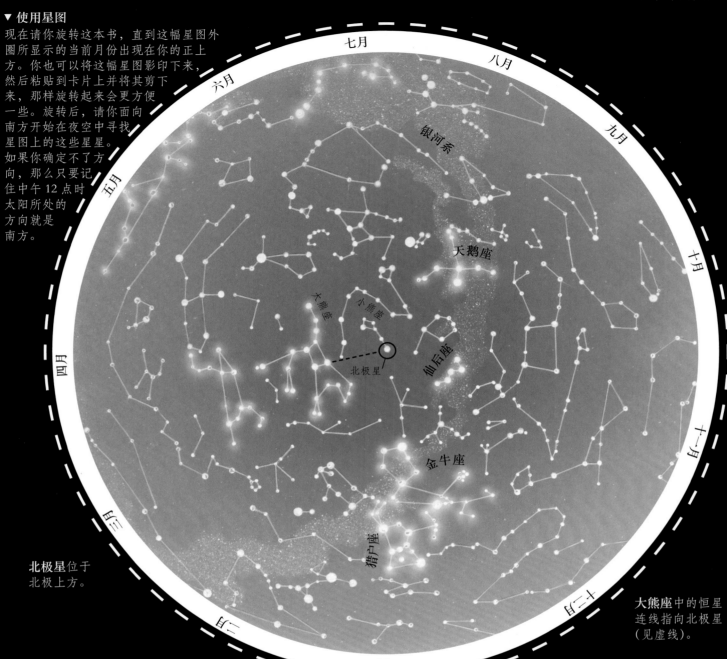

七月

八月

九月

十月

十一月

十二月

一月

二月

三月

四月

五月

六月

银河系

天鹅座

大熊座

小熊座

北极星

仙后座

金牛座

猎户座

北极星位于北极上方。

大熊座中的恒星连线指向北极星（见虚线）。

金牛座
公牛

猎户座的上方就是金牛座。这个星座由两个著名的星团构成，分别是毕星团和昴星团，它们都包含肉眼可见的恒星。橘红色的毕宿五构成了牛的眼睛，而上方的蟹状星云（M1）就像是公牛的牛角尖。天文学家首次注意到蟹状星云是在 1054 年，它被认为是一次超新星爆发的残余物。

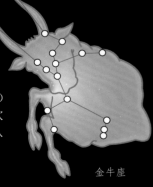

金牛座

仙后座
女王

仙后座是另一个很容易被辨识的星座。它得名于神话中一位爱慕虚荣的女王，她的手中总拿着一面镜子。这个星座的 5 颗主要的星形成了一个独特的 W 形。

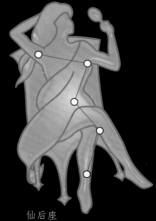

仙后座

237

南半球的天空

在南半球观星可能给你带来与在北半球完全不同的体验。例如，你可以在南半球的夜空中看到银河系的中心，还可以看到距离银河系最近的邻居——南门二。下面是你可能会看到的有趣景象。

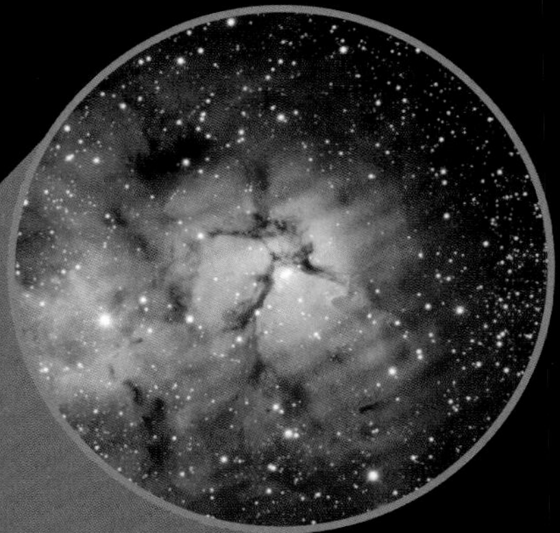

▲ 三叶星云

这个丰富多彩的星云的形状就好像三片树叶，其中包含一些非常年轻、炽热的恒星。

▲ 礁湖星云

这个巨大的星云可以直接用肉眼观察到，使用空间望远镜拍摄的图像呈粉红色。

银河系

银河系中心

当我们仰望夜空时，还可以看到银河系的其他部分。上图是人马座，它恰好处于银河系的中心。相比其他星座，人马座中含有更多的星团和星云。

人马座
射手

人马座形似准备搭弓射箭的人马（神话中一种半人半马的神秘生物）。星座中包含一个被认为是黑洞的射电源，这里可能是整个银河系的中心。人马座包括礁湖星云、三叶星云、ω 星云及球状星团 M22。

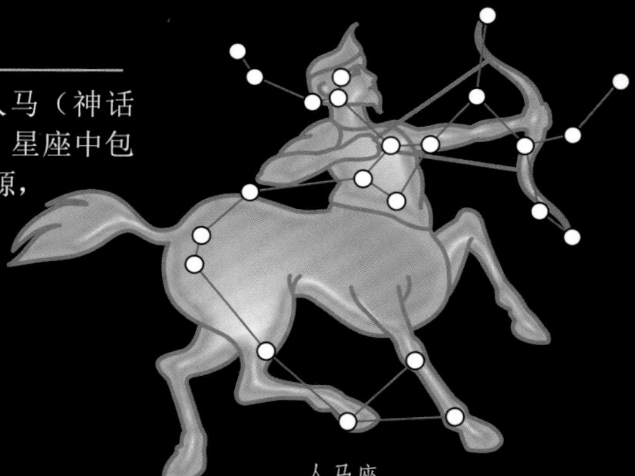

人马座

长蛇座
水蛇

长蛇座是 88 个星座中最大的，几乎占据了整个天空的 1/4。长蛇座中的大部分恒星，其光芒都非常微弱。星座中最亮的恒星是被称为星宿一的巨星。长蛇座中还包含两个星团和一个行星状星云。

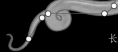

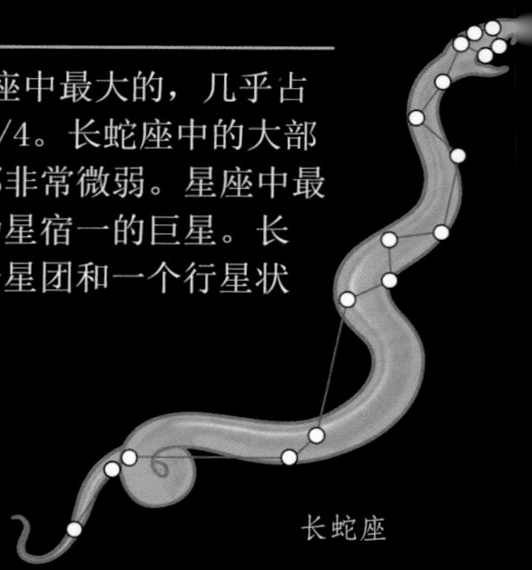

长蛇座

▼ 使用星图

现在请你旋转这本书，直到这幅星图外圈所显示的当前月份出现在你的正上方。然后面向北方开始在夜空中寻找星图上出现的这些星星。如果你手头没有用来确定方向的指南针，那么只要记住中午 12 点时太阳的方向，与这个方向相反的方向就是北方。

恒星

六月
七月
八月
九月
十月
十一月
十二月
一月
二月
三月
四月
五月

天鹤座
银河系
人马座
南十字座
长蛇座
大麦哲伦云
小麦哲伦云
大犬座
猎户座
金牛座

麦哲伦云

这两个星系距离银河系都非常近。

南十字座
南十字星

在南极上空没有足够明亮的星星，因此古代航海家们利用南极附近的南十字座来定位。星座中处于十字长臂方向的星星指向南极。虽然南十字座是所有星座中最小的，但它包含 4 颗非常明亮的星星，其中一颗为红巨星。在十字的左臂附近是可用肉眼直接观察到的宝盒星团。

大犬座
大狗

大犬座是追随猎户座的两条猎狗之一（较小的小犬座就在大犬座附近，但更微弱）。大犬座包括夜空中最明亮的恒星天狼星。天狼星是双星，明亮的天狼星 A 旁边有天狼星 B（白矮星）作为伴星，我们必须借助大型望远镜才能观测到天狼星 B。在古埃及历法中，天狼星非常重要，

太空大事记

数千年来，人类一直沉迷于浩瀚的夜空。数个世纪以来，经过天文学家的观测，我们已经逐渐揭开了宇宙的神秘面纱。

▼ 1845 年，让·傅科和阿尔芒·斐索通过望远镜拍摄了第一张太阳表面的详细照片。

▼ 1781 年，威廉·赫歇耳利用一架望远镜发现了天王星。他起初以为这是一颗彗星。

▲ 1609 年，伽利略制造了自己的望远镜，用于研究恒星。他的发现证明了太阳处于太阳系的中心。

▲ 约公元前 2300 年建成的巨石阵，被认为是一个巨大的石头天文日历。

▼ 1846 年，约翰·伽勒发现了海王星。

公元前 3000 年 ├─────┤ 1600 年 ├────┤ 1700 年 ├──┤ 1800 年 ├─

▲ 公元前 164 年，巴比伦的天文学家们最早记录了哈雷彗星。1066 年，人们再次观测到它，并将它记录在贝叶挂毯上（上图）。

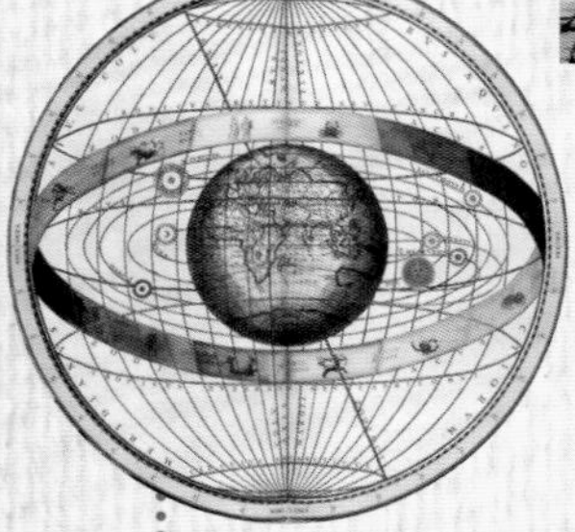

▲ 公元前 320 ～前 250 年，来自萨摩斯岛的古希腊天文学家阿利斯塔克，第一次提出地球环绕着太阳运行的观点。1800 年后，这种观点才得到人们的认同。

▼ 1801 年，朱塞佩·皮亚齐发现了第一颗小行星——谷神星。1802 年，威廉·赫歇耳首先提出了"小行星"这一术语。

▼ 1655 年，克里斯蒂安·惠更斯观测到了土星的卫星，并发现了土星的行星环。

▲ 1895 年，康斯坦丁·齐奥尔科夫斯基第一个提出火箭可以在真空中工作的理论，这使太空飞行成为可能。

240

▲ 1916 年，德国物理学家卡尔·史瓦西提出的理论为日后黑洞概念的形成提供了依据。

▼ 1931 年，乔治·勒梅特认为，宇宙起源于一颗"原始原子"的爆炸。他的"宇宙蛋"理论后来被称为"宇宙大爆炸"。

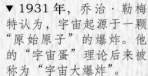

▼ 1926 年，罗伯特·戈达德发射了第一枚液体燃料火箭。

▲ 1959 年，苏联的"月球"2 号探测器，成为第一个硬着陆在月球上的航天器。同年，"月球"3 号发回了月球背面的第一批图像。

▲ 1961 年，尤里·加加林成为遨游太空第一人，他环绕地球飞行了 108 分钟！

1900 年├──────────────────┤1950 年├────────────

▼ 1957 年，苏联向太空发射了第一颗人造卫星——"人造地球卫星"1 号。

▼ 1962 年，美国国家航空航天局的"水手"2 号成为第一个抵达金星的探测器。美国和苏联在 20 世纪 60 ～ 70 年代的一系列太空探索由此开始。

▲ 1930 年，苏布拉马尼扬·钱德拉塞卡预测，超新星是由较大的白矮星坍缩形成的。

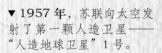

▲ 1945 年，科幻小说家阿瑟·克拉克认为，可以使用人造地球卫星为地球传输电话和电视信号。他的想法在 20 年后成为现实。

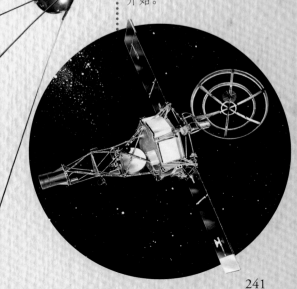

▲ 1924 年，埃德温·哈勃宣布，他发现了银河系以外的星系。

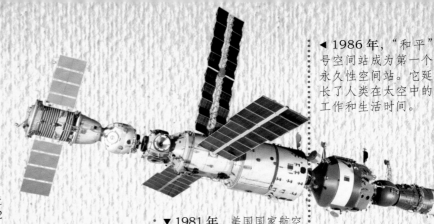

◀ 1986年，"和平"号空间站成为第一个永久性空间站。它延长了人类在太空中的工作和生活时间。

▲ 1965年，苏联的阿列克谢·列昂诺夫进行了人类的首次太空行走。他搭乘"上升"2号飞船进入太空，在距离"上升"2号5米外的太空中活动了12分钟。

▼ 1976年，美国国家航空航天局的"海盗"1号成为第一艘登陆火星并开展探测工作的探测器。

▼ 1981年，美国国家航空航天局的第一架可重复使用航天飞机"哥伦比亚"号，开始执行太空飞行任务。

▲ 1969年，尼尔·阿姆斯特朗搭乘"阿波罗"11号飞船，首次登上月球。

├─ 1970年 ─┤ ├─ 1980年 ─┤

▶ 1970年，"月球车"1号在月球上完成了自己的任务，它是第一辆可以远程遥控的月球车。

▼ 1986年，欧洲空间局发射的"乔托"号探测器从哈雷彗星的彗核附近飞越时，首次近距离拍摄了彗核的照片。

▼ 1977年，美国国家航空航天局发射"旅行者"号探测器，进行深空探测。

▼ 1971年，苏联的"礼炮"1号成功进入轨道，它是世界上第一个空间站。

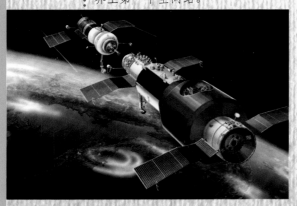

▲ 1982年，海王星的行星环被发现。

▼ 2001 年发射的"起源"号探测器用于收集太阳风中的粒子样本。

▲ 2004 年，私人制造的"太空船"1 号首次进入太空。

▼ 1994 年，哈勃空间望远镜发现了星系 M87 中存在黑洞的证据。

▼ 2001 年，"近地小行星交会-舒梅克"号探测器首次环绕小行星爱神星飞行并成功着陆。

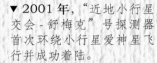

▲ 2019 年，中国的嫦娥四号实现世界首次在月球背面的软着陆。

1990 年 ┠━━━━━━━━ 2000 年 ┠

▼ 2001 年，首位太空游客丹尼斯·蒂托完成了他在国际空间站为期 6 天的太空旅行。

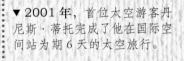

▲ 2006 年，"星尘"号探测器带回了使用气凝胶收集到的彗星尘埃样品。

未来？

在未来的太空探索中，还有很多奥秘等待我们去发现。其中最大的挑战包括：开拓更宽广的太空领域，以及寻找其他星球上的生命。

▲ 1990 年，有史以来最大的在轨光学望远镜——哈勃空间望远镜投入使用后，传回了遥远恒星和星系的图像。

▶ 1998 年，国际空间站的第一个组件成功发射。

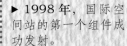

2019 年，美国航天员克里斯蒂娜·哈莫克·科赫和杰茜卡·迈尔在国际空间站外完成了首次只有女性参与的舱外活动。

词汇表

矮行星 围绕太阳运行，有足够大的质量可以形成球形行星，但还没有清除运行轨道上的其他天体。

暗能量 一种无法观测到的能量，科学家们认为这种能量导致宇宙膨胀得越来越快。

暗条 太阳表层释放到太空中的巨大舌状等离子体流。

暗物质 一种无法观测到的物质，其引力可以使来自遥远星系的光发生弯曲。

白矮星 中等质量恒星演化的终点。太阳最终也将成为一颗白矮星。

半球 星球的一半。通常指以赤道为界线的南、北两个半球；或者以任意一个通过天体中心，与天体表面相交的大圆为界线的两个半球。

本影 天体的光在传播过程中被另一天体遮挡，在其后方投射出的完全黑暗的区域。

舱 航天器的一个组成部分。

舱外活动 在太空中，航天员在航天器外进行的活动。

超新星 大质量恒星演化到终期时灾变性的爆发阶段。

尘埃 宇宙中微小的固体微粒，也指岩质行星和卫星表面的微粒物质。

赤道 通过天体中心且与天体自转轴垂直的平面，与天体表面相交的假想线。

臭氧 地球大气层中的一种气体，可吸收太阳光中的一些有害的紫外线。

磁场 行星、恒星或星系存在的磁力区域，环绕着天体并一直延伸至太空。

磁强计 用于测量磁力的仪器。

大气层 包围星球的气体层。

地幔 岩石星球地壳以内，核心以外的很厚的一层构造。

地壳 由岩石构成的行星或卫星的薄外层。

地球静止轨道 一种人造卫星运行轨道。在这种轨道上，人造卫星以与地球自转速度相同的速度绕地球运行，因此从地面上看人造卫星是相对静止的。

等离子体 由电子、离子和未电离的中性粒子组成的物质。它是不同于固态、液态、气态的物质第四态。

电磁波谱 按照电磁波的波长长短排序，从无线电波到 γ 射线的全部范围。

电磁辐射 可以穿透空间和媒介的电磁波向外传播能量的现象。

电子 一种带负电荷的亚原子粒子。

对流层 大气层的最底层，直接与地球表面相接的大气层。各种天气现象主要发生在这一层。

飞越 航天器直接飞过行星、彗星或小行星，而没有降落或者环绕其飞行。

辐射计 辐射探测设备，用于探测或测量辐射的设备。

高超声速 大于或等于声速 5 倍的速度。

光年 距离单位，通常用来度量宇宙中较大的距离。1 光年等于光在真空中一年所走的距离。

光球层 太阳大气的最内层，地球上见到的太阳光就是从这一层发出的。

硅酸盐 由硅和氧组成的化合物。

轨道 一个天体因受到另一天体的引力作用而环绕其运行的轨迹。

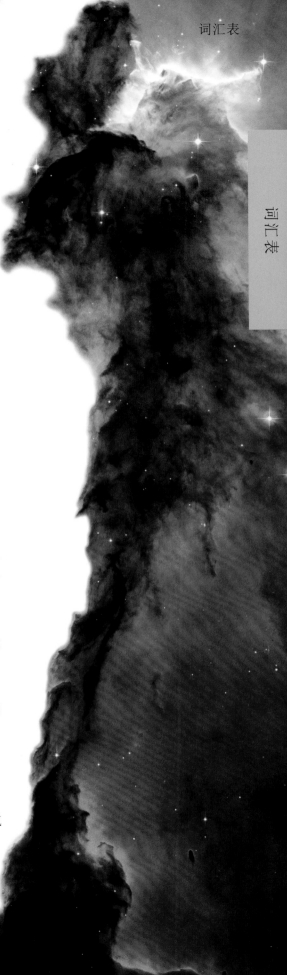

轨道飞行器 环绕天体运行的航天器，不需要降落。

航天员 受过专门训练，在载人航天器和太空中生活和工作的人。

核心 天体的中心。

赫罗图 显示恒星的温度、亮度、大小及颜色的关系图，以恒星的表面温度和亮度为坐标。

褐矮星 大小介于行星和恒星之间的天体。它产生热量，但几乎没有光。

黑洞 一个具有强大引力的时空区域，能吞噬任何靠近的东西，甚至连光也不例外。

红巨星 一种表面温度相对较低，但极为明亮的巨星。

红外线 一种用肉眼无法识别的电磁波。

彗星 围绕太阳运行的小天体，由尘埃和冰构成。当它靠近太阳时，冰冻物质开始汽化，形成两条分别由尘埃和气体构成的彗尾。

极光 来自太阳的高能粒子流进入行星极地地区的高层大气时，与大气中的原子或分子碰撞发光，形成的绚丽多彩的光幕。

假彩色图像 通过非光学望远镜获得的，利用各种非真实的颜色显示人眼在可见光下通常无法识别的物体图像。

间歇泉 从地下间断地喷射出的液体或水蒸气。

近地轨道 一种人造卫星运行轨道，距离地面 200 ～ 2000 千米。

近日点 行星、彗星或小行星的运行轨道中距离太阳最近的点。

开尔文 国际单位制中，热力学温度的基本单位。简称开，符号为 K。0K（绝对零度）约为 -273℃。

科里奥利效应 星球的自转使北半球的气流或洋流的方向向右偏斜，使南半球的向左偏斜。

可见光 人眼能看到的光，本质是电磁波。

类星体 活动星系核的一种，距离地球非常遥远，亮度极高，看起来很像恒星。

亮度 天体的明暗程度。

流星 宇宙尘埃和岩石等太空物质在进入地球大气层时，由于摩擦升温而发光的一种现象。

脉冲星 一种旋转过程中不断发出电磁脉冲辐射的中子星。

米粒组织 太阳大气中的对流气团在太阳表面形成的米粒状结构。

密度 单位体积中所含物质的质量。

平流层 距地球表面约 8 ～ 50 千米的大气层，适宜飞机飞行。

气凝胶 一种密度极低的凝胶材料，用于收集太空尘埃。

强磁星 中子星的一种，拥有极强的磁场。

球状体 太空中，由气体和尘埃构成的小型球状暗星云。

球状星团 围绕大型星系运行的，形状呈球形的星团。

热层 距离地球表面 85～500 千米的大气层。极光在此层出现。

日珥 太阳喷射出的巨大的高密度羽状等离子体流。

日冕 太阳大气的最外层。日全食发生时，日冕看上去就像一个白色的光环。

日球层 包括太阳系、太阳风，以及太阳磁场在内的大片区域。

日球层顶 日球层和星际空间的分界线。

日食和月食 当一个天体从另一个天体的前方经过时，就会遮挡住照射该天体的光线。月食是地球的影子投射到了月球上。日食则是月球的影子投射到了地球上。

赛弗特星系 活动星系核的一种，核心为超大质量黑洞。

色球层 太阳大气的组成部分，包围在光球层之外。

时空 一维时间与三维空间的四维统一描述。

双星 两颗互相环绕着对方运行的恒星，也称为双星系统。

太阳风 太阳向太空中不断释放的高能粒子流。

太阳辐射 太阳所发出的能量。

太阳系外行星 围绕太阳系之外的恒星运行的行星。

探测器 一种无人驾驶的航天器，用于探测未知天体并将信息传回地球。

逃逸速度 物体不再加速也能逃离中心天体的吸引的速度。

天体 我们能看到的太空中的任何物体。

天文台 装载有空间望远镜的建筑物、航天器或人造卫星。

天线 航天器和望远镜上用于发送和接收信号的装置。

外星生命 生存在地球之外的生命体（尚未被证实）。

外逸层 地球大气层的最高层，是大多数航天器飞行的区域。

微波 一种波长 0.1 毫米～1 米的电磁波。

微粒 固体、液体或气体物质的极小的一部分。

微重力 存在，但作用非常微弱的重力。

卫星 环绕行星运行的自然形成的天体。

物质 以固态、液态或气态形式存在的任何物体。

相位 卫星或行星表面被太阳照亮部分的大小变化。

小行星 环绕太阳运行的固态小天体。

小行星带 在太阳系的火星轨道和木星轨道之间，小行星大量聚集的空间区域。

星际 恒星之间的区域。

星盘 一种可以转动的圆盘，用于指示星空中群星的位置。

星系 由于引力作用而聚集在一起的，数以亿计的恒星、气体、尘埃和暗物质等的集合。不同星系之间被大片空无一物的空间分隔。

星云 太空中，由气体和尘埃组成的云雾状天体。恒星正是在这种天体中形成的。

星子 因引力作用聚集在一起的尘埃或冰微粒所构成的天体。

星座 曾经指由恒星构成的图案，现在被天文学家用来定义天空中的一块块区域。

行星 环绕恒星运行的天体。

行星状星云 垂死的中、小质量恒星抛出自身物质时的状态。

亚轨道 距离地球表面 20～100 千米的航天器的飞行轨道。在大气层顶端还可以体验到失重的感觉。

亚原子粒子 比原子小的粒子。

耀变体 一种活动星系核，中心含有一个超大质量黑洞，向地球喷射高速喷流。

银河系 人类所处的大型星系。

引力 将物体吸引到一起的相互吸引力，由质量引起。

有效载荷 由运载火箭或航天飞机携带的送入太空的物品。

宇宙背景辐射 来自整个宇宙空间的微弱电磁辐射，是宇宙大爆炸遗留下来的辐射。

宇宙大爆炸 科学家们认为，138 亿年前的大爆炸创造了宇宙。

原子 化学反应中不可再分的最小粒子，由中子、质子和电子组成。

远日点 行星、彗星或小行星的运行轨道中距离太阳最远的点。

月谷 月球表面曲折蜿蜒的沟壑或裂纹。

月海 月球表面大而平坦的区域，从地球上看是暗的。人们曾认为这些区域是湖泊或海洋，现已证实其为大面积的凝固熔岩。

陨石 落到地球表面的，未燃尽的太空岩石。

陨石坑 陨石撞击岩质行星或卫星形成的凹地或盆地。

运载火箭 由多级火箭组成的航天运载工具，可以将人造卫星、载人飞船、空间站或空间探测器等有效载荷送入预定轨道。

质子 构成原子核的基本粒子之一，带正电荷。

中间层 距离地球表面 50～85 千米的大气层。这里是流星体燃烧的区域。

中微子 在恒星核聚变及宇宙大爆炸过程中产生的，比原子还小的粒子。它很常见，但很难被检测到。

中子 构成原子核的一种基本粒子，不带电。

中子星 一种具有超大密度的坍缩恒星，主要由中子构成。

紫外线 一种电磁波。电磁波谱中处于紫光外的肉眼看不见的波段，是太阳光的重要组成部分，能灼伤人的皮肤。

自转轴 穿过行星或恒星中心的虚拟直线，星球围绕其自转。

阻力 阻碍物体运动的力。

γ射线 一种电磁波，波长很短，但能量非常高。

X射线 一种电磁波，波长介于 γ 射线和紫外线之间，可以穿透可见光无法穿透的物体。

索引

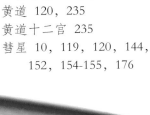

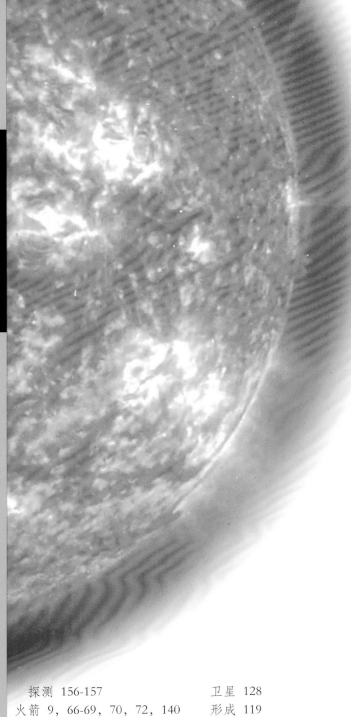

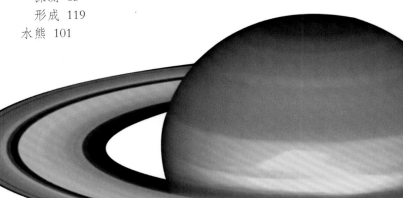

致谢

出版商感谢以下人员对本书的帮助：
编辑协助Ben Morgan, Kelsie Besaw, Mani Ramaswamy, Sai Prasanna, Sukriti Kapoor; 封面设计Harish Aggarwal, Priyanka Sharma, Saloni Singh; 设计协助Peter Radcliffe; 插图Peter Bull.

图片版权
出版商感谢以下名单中的人员和机构为本书提供图片使用权：

（缩写说明：a-上方；b-下方/底部；c-中间；f-底图；l-左侧；r-右侧；t-顶部）

1 Getty Images: Purestock. 2 Corbis: Mark M. Lawrence (tr); Douglas Peebles (cra/Volcano). Dorling Kindersley: NASA (br). NASA: ESA (crb/Huygens); JPL (crb); JPL/ University of Arizona (cra). Science Photo Library: CCI Archives (cra/Herschel). SOHO/EIT (ESA & NASA): (cr). 3 Corbis: Bettmann (ca/Chimps). NASA: (cb/Boot print) (cb/Discovery space shuttle) (br); A.Caulet St-ECF, ESA (cb); JPL-Caltech / SwRI / MSSS / Gerald Eichstadt / Sean Doran © CC NC SA (ca); ESA, and H. Richer (University of British Columbia) (tc); ESA, and the Hubble Heritage (STScI/AURA) -ESA/ Hubble Collaboration (cra); ESA, and The Hubble Heritage Team STScI/AURA (bc); GSFC (crb/Moon crater); MSFC (cr); Voyager 2 (crb) (cra/Antenna). NRAO / AUI / NSF: (c). Reuters: NASA (crb/Telescope). SST, Royal Swe尺寸 Academy of Sciences, LMSAL: (tr). 4 Corbis: Bettmann (cra); NASA/ Science Faction (ca); NOAA (cla); Seth Resnick/ Science Faction (fcla). SOHO/EIT (ESA & NASA): (fcra). 4-5 Getty Images: Stockbyte (Background). 5 Corbis: Ed Darack/ Science Faction (fcla). Getty Images: Robert Glenn/Visuals Unlimited, Inc. (cla). NASA: MSFC (ca). 6-34 Chandra X-Ray Observatory: X-ray: NASA/CXC/SAO; Optical: NASA/STScI; Infrared: NASA/JPL-Caltech/ Steward/O.Krause et al. (l). 6-7 Science Photo Library: David Nunuk (Background). 7 Alamy Images: Dennis Hallinan (fcla). Chandra X-Ray Observatory: X-ray: NASA/CXC/SAO; Optical: NASA/STScI; Infrared: NASA/JPL-Caltech/

Steward/O.Krause et al. (c). Corbis: Mark M. Lawrence (cl). 8 Alamy Images: Dennis Hallinan (cl). 8-9 Alamy Images: Dennis Hallinan (Background). 9 Corbis: Mark M. Lawrence (l). HubbleSite: NASA / ESA / CXC / STScI / B. McNamara (University of Waterloo) (cr). NASA: (c); STS-51A (tr). 10 Getty Images: (cl); Rob Atkins (clb); Jeremy Horner (fclb). NASA: JPL-Caltech/R. Hurt (SSC) (cra). 10-11 NASA: JPL-Caltech/C. Lonsdale (Caltech/IPAC) and the SWIRE Team (Background). 11 Science Photo Library: Mark Garlick (c). 12-13 Science Photo Library: Kaj R. Svensson. 14 Corbis: Stapleton Collection (cr). 15 Corbis: Paul Almasy (cl); Bettmann (tr) (r); Jose Fuste Raga (bc); Rob Matheson (t/Background); Seth Resnick/ Science Faction (c). SOHO/EIT (ESA & NASA): (tc). 16 Corbis: Roger Ressmeyer (tr) (b). 16-17 Getty Images: Stattmayer (t/Background). 17 Corbis: Bettmann (cr) (clb); Roger Ressmeyer (cla); Jim Sugar (br). 18 Science Photo Library: John Sanford. 19 Corbis: Ed Darack/ Science Faction (tr); Roger Ressmeyer (crb). European Southern Observatory (ESO): (bl). Getty Images: Joe McNally (clb). Large Binocular Telescope Corporation: (c). Reuters: NASA (cla). 中科院国家天文台：500米口径球面射电望远镜 (br). 20 Corbis: Matthias Kulka (ca); Mehau Kulyk/ Science Photo Library (bl); NASA/ JPL/ Science Faction (bc). NASA: JPL-Caltech/Las Campanas (br). 21 Corbis: Markus Altmann (fbl); NASA-CAL /Handout /Reuters (bl); NASA, ESA and The Hubble Heritage Team/ Handout/ Reuters (tc). Science Photo Library: David A. Hardy (c); NASA (br); NRAO / AUI / NSF (fbr); JPL/Caltech/Harvard-Smithsonian Center for Astrophysics (bc). 22 NASA: JPL (bl). 22-23 NASA: JPL-Caltech/ University of Arizona (c); JPL-Caltech/ IRAS / H. McCallon (br). 23 NASA: JPL-Caltech/ K. Su (Univ. of Arizona) (tc). Science Photo Library: CCI Archives (tr); Robert Gendler (clb). 24 Courtesy of the NAIC - Arecibo Observatory, a facility of the NSF: (cl). 24-25 NRAO / AUI / NSF: (b). 25 NRAO / AUI / NSF: (cla) (tr). Science Photo Library: Paul Wootton (tc). 26 (c) University Corporation for Atmospheric Research (UCAR): 2007 Copyright/ Carlye Calvin (cl). ESA: ECF (crb). Max Planck Institute for Solar System Research: SUNRISE project/ P. Barthol (bl). NASA: Swift/ Stefan Immler, et al. (tr). 27 Chandra X-Ray Observatory: Optical: Robert Gendler; X-ray: NASA/CXC/SAO/J. Drake et al. (clb). ESA: (ca). NASA: ESA (tl) SDO (tr); Courtesy of SOHO / MDI, SOHO / EIT & SOHO / LASCO consortia. SOHO is a project of international cooperation between ESA and NASA. (crb/Sun rays). 28 Getty Images: NASA (l). HubbleSite: (br). Science Photo Library: Emilio Segre Visual Archives / American Institute Of Physics (cra). 29 Alamy Images: Dennis Hallinan (b/Earth). Alamy Stock Photo:

UPI / NASA (crb). Chris Hansen: (br). NASA: (c); ESA and the Hubble SM4 ERO Team (tr). NRAO / AUI / NSF: (cb). 30 NASA: STScI Digitized Sky Survey/ Noel Carboni; NASA and The Hubble Heritage Team (STScI/AURA) (bl); NASA, ESA, and J. Maíz Apellániz (Instituto de Astrofisica de Andalucía, Spain) (tr). 31 HubbleSite: NASA, ESA and The Hubble Heritage Team (STScI/AURA) (cl). NASA: Courtesy NASA/JPL-Caltech (tl) (cr); JPL-Caltech/J. Bally (Univ. of Colo.) (br). 32 Chandra X-Ray Observatory: NGST (bc); D. Ducros (tr). 32-33 Alamy Images: Dennis Hallinan (Background). 33 Chandra X-Ray Observatory: NASA/ CXC/ SAO (cra); X-ray: NASA/CXC/SAO; Optical: NASA/STScI; Infrared: NASA/JPL-Caltech/ Steward/O.Krause et al. (fcra). ESA: D. Ducros, 2009 (bc). HubbleSite: NASA, ESA, and the Hubble Heritage Team (STScI/AURA) -ESA/ Hubble Collaboration (fcla). NASA: (bl) (br); JPL-Caltech (cla). 34 Global Oscillation Network Group (GONG): NSO/ AURA/ NSF/ MLSO/ HAO (tc). Laser Interferometer Gravitational Wave Observatory (LIGO): (c). National Science Foundation, USA: Glenn Grant (br). 35 ALMA: ESO/ NAOJ/ NRAO (crb). NASA: SOFIA (tl); Carla Thomas (cla). The Sudbury Neutrino Observatory Institute (SNOI): Lawrence Berkeley National Laboratory for the SNO Collaboration (cr). 36-37 HubbleSite: NASA, ESA, J. Hester and A. Loll (Arizona State University) (Background). 36-62 HubbleSite: NASA, ESA, J. Hester and A. Loll (Arizona State University) (l). 37 HubbleSite: (c); NASA, ESA, CXC, and JPL-Caltech (fcl). NASA: JPL-Caltech/R. Hurt (SSC) (cl). 38 Corbis: Moodboard (clb). 38-39 HubbleSite: NASA, ESA, and the Hubble Heritage Team (STScI/AURA) - ESA/Hubble Collaboration (c). 39 Alamy Images: George Kelvin / PHOTOTAKE (cr) (crb) (fcrb). Science Photo Library: Detlev Van Ravenswaay (br). 40 Chandra X-Ray Observatory: NASA/ CXC/ SAO/ P.Slane, et al. (bl). 43 © CERN: Maximilien Brice (crb). Corbis: NASA/ epa (Background). Getty Images: Rob Atkins (fcra); Jeremy Horner (cra). ESA: Planck Collaboration (clb). 44-45 NASA: ESA, H. Teplitz, and M. Rafelski (IPAC / Caltech), A. Koekemoer (STScI), R. Windhorst (Arizona State University), and Z. Levay (STScI) (Background). 45 Anglo Australian Observatory: David Malin (br). HubbleSite: NASA, ESA, Y. Izotov (Main Astronomical Observatory, Kyiv, UA) and T. Thuan (University of Virginia) (crb). NASA: X-ray: CXC/Wesleyan Univ./R.Kilgard et al.; UV: JPL-Caltech; Optical: ESA/S. Beckwith & Hubble Heritage Team (STScI/AURA); IR: JPL-Caltech/ Univ. of AZ/R. Kennicutt) (tc). Science Photo Library: (c); JPL-Caltech/CTIO (bc). 46 NASA: JPL-Caltech (bl) (br). Science Photo Library: Volker Springel / Max Planck Institute For Astrophysics (cl). 46-47 NASA: JPL-Caltech/STScI/CXC/UofA/ESA/AURA/ JHU (c). 47 European Southern Observatory (ESO): (bl). NASA: Al Kelly (JSCAS/NASA) & Arne Henden (Flagstaff/USNO) (bc); ESA, A. Aloisi (STScI / ESA), Hubble Heritage (STScI / AURA) - ESA/Hubble Collaboration (fbl); The Hubble Heritage Team (STScI/AURA) / Ray A. Lucas (ca). 48-49 HubbleSite: NASA

and The Hubble Heritage Team (STScI/AURA, x). 50 European Southern Observatory (ESO): Yuri Beletsky (cl). Science Photo Library: Chris Butler (bl). 50-51 NASA: JPL-Caltech/R. Hurt (SSC) (c); CXC/ MIT/ Frederick K. Baganoff et al. (crb). 51 NASA: CXC/ UMass/ D. Wang et al. (tr); JPL-Caltech/ R. Hurt (SSC) (bc); JPL-Caltech/ S. V. Ramirez (NExScI/ Caltech) , D. An (IPAC/Caltech) , K. Sellgren (OSU) (clb); NASA/ CXC/ M.Weiss (cra). 52 Chandra X-Ray Observatory: NASA/ SAO/ CXC (crb). NASA: JPL-Caltech /M. Meixner (STScI) & the SAGE Legacy Team (cl). 53 CSIRO: Dallas Parr (br). ESA: Hubble and Digitized Sky Survey 2 (tl); NASA, ESO and Danny LaCrue (cra). NASA: ESA, and the Hubble Heritage Team (STScI/AURA) (tr). 54 Science Photo Library: Mark Garlick (br); MPIA-HD, BIRKLE, SLAWIK (c). 55 NASA: Adam Block/ NOAO/ AURA/ NSF (c); JPL-Caltech/D. Block (Anglo American Cosmic Dust Lab, SA) (tr); JPL-Caltech/Univ. of Ariz. (cl); Paul Mortfield, Stefano Cancelli (br); UMass/Z. Li & Q.D.Wang (tc). 56-57 NASA: JPL-Caltech/ ESA/ CXC/ STScI. 58 NASA: X-ray: NASA / CXC/ CfA/ E. O'Sullivan Optical: Canada-France-Hawaii-Telescope/ Coelum (c). 58-59 Courtesy of Dr Stelios Kazantzidis (Center for Cosmology and Astro-Particle Physics, The Ohio State University): (b/Spiral galaxy collision); NASA, ESA, and the Hubble Heritage Team (STScI/ AURA) (tr); NASA, ESA, and the Hubble Heritage Team (STScI/ AURA) -ESA/ Hubble Collaboration (crb); NASA, ESA, Richard Ellis (Caltech) and Jean-Paul Kneib (Observatoire Midi-Pyrenees, France) (clb); NASA, H. Ford (JHU) , G. Illingworth (UCSC/LO) , M.Clampin (STScI) , G. Hartig (STScI) , the ACS Science Team, and ESA (cr). 59 HubbleSite: NASA, ESA, CXC, C. Ma, H. Ebeling, and E. Barrett (University of Hawaii/ IfA) , et al., and STScI (tl). 60 Corbis: STScI/ NASA (crb). Till Credner , Allthesky.com: (Background). HubbleSite: (bl). Science Photo Library: NRAO / AUI / NSF (cr). 61 Chandra X-Ray Observatory: X-ray: NASA/CXC/Univ. of Maryland/A.S. Wilson et al.; Optical: Pal.Obs. DSS; IR: NASA/JPL-Caltech; VLA: NRAO/ AUI/NSF (bl). HubbleSite: John Hutchings (Dominion Astrophysical Observatory) , Bruce Woodgate (GSFC/NASA), Mary Beth Kaiser (Johns Hopkins University), Steven Kraemer (Catholic University of America), the STIS Team., and NASA (tl). NRAO / AUI / NSF: Image courtesy of National Radio Astronomy Observatory / Associated Universities, Inc. / National Science Foundation (cra). Science Photo Library: NASA / ESA / STSCI / J. BAHCALL, PRINCETON IAS (crb). 62 Science Photo Library: Mike Agliolo (crb); Volker Springel / Max Planck Institute For Astrophysics (cl). 62-63 Science Photo Library: Lynette Cook. 63 NASA: X-ray: NASA / CXC / Caltech / A. Newman et al. / Tel Aviv / A.

Morandi & M. Limousin; Optical: NASA / STScI, ESO / VLT, SDSS (bc). **Science Photo Library:** M. Markevitch/ CXC/ CFA/ NASA (bl). **64-65 Getty Images:** AFP/ Jim Watson (Background). **64-88 Dorling Kindersley:** ESA - ESTEC (l). **65 Corbis:** Bettmann (fcl). **ESA:** (c). **US Geological Survey:** Astrogeology Team (cl). **66 Getty Images:** Sir Godfrey Kneller (c). **NASA:** KSC (l); United Launch Alliance/ Pat Corkery (r). **67 NASA:** Bill Ingalls (c); Pratt & Whitney Rocketdyne (tr). **68-69 John Kraus. 70 Alamy Images:** Linda Sikes (br). **Corbis:** NASA/CNP (c). **Science Photo Library:** Mark Garlick (cl). **71 Alamy Images:** Stock Connection Blue (c). **Corbis:** (cr); Bettmann (tl). **Getty Images:** NASA (clb). **Science Photo Library:** NASA (crb). **72 NASA:** (tr); KSC (crb); MSFC / KSC (cl). **73 ESA:** (cl). **EUROCKOT Launch Services GmbH:** (cra). **Getty Images:** Space Imaging (bl). **NASA:** Victor Zelentsov (tl). **Courtesy Sea Launch:** (br). **74 ESA:** CNES/ Arianespace/ Photo optique video du CSG (clb) (cb); Service Optique CSG (cr). **74-75 ESA:** CNES/ Arianespace/ Photo optique video du CSG (t). **75 ESA:** CNES/ Arianespace/ Photo optique video du CSG (bc) (cr); Service Optique CSG (cl). **76 Corbis:** Alain Nogues/ Sygma (br). **NASA:** JPL (clb). **77 NASA:** (b). **78 Corbis:** Bettmann (b). **ESA:** D. Ducros (c). **NASA:** Goddard Space Flight Center/ MODIS Rapid Response Team/ Jeff Schmaltz (cr). **79 CNES:** Illustration P.Carril - Mars 2003 (clb). **© EADS :** Astrium (crb). **ESA:** J. Huart (cra). **80-81 USGS:** Courtesy of the U.S. Geological Survey. **82 Getty Images:** Ludek Pesek (b). **NASA:** NSSDC (tl). **Science Photo Library:** Detlev Van Ravenswaay (c). **83 NASA:** Ames Research Center (cra); JPL (tl); NSSDC (clb). **Science Photo Library:** NASA / JPL (bc). **US Geological Survey:** Astrogeology Team (fclb). **Wikimedia Commons:** Daderot (br). **84 ESA:** (c). **NASA:** (crb). **85 CNES:** Illustration D. Ducros - 1998 (cr). **ESA:** (tr). **NASA:** (cb) (bc) (br). **86 NASA:** ISRO/ JPL-Caltech/ USGS/ Brown Univ. (bl). **Science Photo Library:** Indian Space Research Organisation (r). **87 CBERS:** INPE (cra). **Corbis:** Li Gang/ Xinhua Press (tc). **Alamy Stock Photo:** Xinhua (cl). **Akihoro Ikeshita:** (clb). **Courtesy of JAXA:** NHK (b/ Background) (cb). **88 ESA:** AOES Medialab/ ESA 2002 (cb). **Science Photo Library:** David A. Hardy, Futures: 50 Years In Space (ca). **89 Courtesy of JAXA:** (crb). **Science Photo Library:** David A. Hardy (clb); NASA (tl) (cra). **90-114 Dorling Kindersley:** NASA (l). **90-91 Getty Images:** NASA/ National Geographic (Background). **91 Corbis:** Bettmann (cl). **NASA:** (fcl). **SpaceX:** (c). **92 Corbis:** Bettmann (cl) (cr); NASA - digital version copyright/Science Faction (bl). **NASA:** 5909731 / MSFC-5909731 (cr). **92-93 Corbis:** Bettmann (Background). **93 Corbis:** Bettmann (cla) (bc) (cr); Karl Weatherly (cb). **Dorling Kindersley:** Bob Gathany (tl). **NASA:** (clb); MSFC (tr). **94 NASA:** ESA (r); Robert Markowitz/ Mark Sowa (bc). **95 ESA:** (cla) (cra); ASI-Star City (crb). **NASA:** (cl) (br) (clb); Bill Ingalls (tl). **Science Photo Library:** NASA (cr). **96 NASA:** JSC (clb) (b) (tr). **97 Dorling Kindersley:** NASA (clb). **NASA:** JSC (crb) (br) (fbr). **Science Photo Library:** NASA (t). **98 NASA:** (cl) (bc). **Science Photo Library:** NASA (crb) (br). **99 NASA:** (tl) (bc) (tr). **Wikimedia Commons:** Aliazimi (bl). **100 Alamy Images:** RIA Novosti (cl). **Corbis:** Bettmann (c); Hulton-Deutsch Collection (tr). **Getty Images:** Hulton Archive (ca). **NASA:** 5909731 / MSFC-5909731 (br). **101 Corbis:** Roger Ressmeyer (tr). **NASA:** Kennedy Space Center (bl). **Dreamstime.com:** roblan (fbr). **Science Photo Library:** Power And Syred (crb). **102-103 NASA:** (Background). **104 Alamy Images:** RIA Novosti (cla). **The Kobal Collection:** MGM (crb). **NASA:** (clb). **104-105 Science Photo Library:** NASA (b). **105 NASA:** (tl) (cra). **106 NASA:** (cl) (br). **107 NASA:** (br) (cla) (cr) (tr). **108 NASA:** (cra) (cb) (crb). **109 Corbis:** Bettmann (tc). **NASA:** (c); MSFC (bl) (clb). **Science Photo Library:** NASA (cra). **110 Alamy Stock Photo:** Blue Origin (bl). **NASA:** KSC (br). **NASA:** Scaled Composites (ca). **110-111 Corbis:** Ed Darack/ Science Faction (Background). **111 Bigelow Aerospace :** (bl). **Getty Images:** Daniel Berehulak (ca). **courtesy Virgin Galactic:** (tl) (cra). **SpaceX:** (crb). **112 Reaction Engines Limited / Adrian Mann:** Reaction Engines Ltd develops SKYLON, a space plane which evolved from the HOTOL project (b). **Science Photo Library:** Richard Bizley (cra). **113 Agence France Presse:** (crb). **iStockphoto.com: 3DSculptor** (cl). **NASA:** DFRC/ Illustration by Steve Lighthill (b). **SpaceX:** (tr). **114 Alamy Images:** Pat Eyre (crb). **Corbis:** James Marshall (cb). **ESA:** S. Corvaja (bl). **Science Photo Library:** Sinclair Stammers (ca). **115 Alamy Images:** Photos 12 (cr). **NASA:** MSFC (clb). **PA Photos:** AP/ NASA (br). **Science Photo Library:** Victor Habbick Visions (t). **116-117 NASA:** JPL/ University of Arizona (Background). **116-162 Dorling Kindersley:** NASA /Finley Holiday Films (l). **117 Corbis:** Dennis di Cicco (c). **NASA:** JPL-Caltech / SwRI / MSSS / Gerald Eichstadt / Sean Doran © CC NC SA (cl). **118 NASA:** JPL-Caltech / T. Pyle (SSC) (c). **Science Photo Library:** Detlev Van Ravenswaay (crb). **119 David A. Hardy :** PPARC (br). **Julian Baum:** (clb). **120 HubbleSite:** Reta Beebe (New Mexico State University) / NASA (cb); NASA, ESA, L. Sromovsky and P. Fry (University of Wisconsin) , H. Hammel (Space Science Institute) , and K. Rages (SETI Institute) (crb). **NASA:** (clb/Earth); NASA and The Hubble Heritage Team (STScI / AURA) Acknowledgment: R.G. French (Wellesley College), J. Cuzzi (NASA / Ames), L. Dones (SwRI), and J. Lissauer (NASA / Ames) (crb/ Saturn). **120-121 NASA:** JPL-Caltech (solar system planets). **121 NASA:** Johns Hopkins University Applied Physics Laboratory / Southwest Research Institute (bc). **122 NASA:** JPL / USGS (r); NASA and The Hubble Heritage Team (STScI / AURA) Acknowledgment: R. G. French (Wellesley College), J. Cuzzi (NASA / Ames), L. Dones (SwRI), and J. Lissauer (NASA / Ames) (crb/ Saturn). **123 Getty Images:** Dieter Spannknebel (tl). **NASA:** Johns Hopkins University Applied Physics Laboratory / Carnegie Institution of Washington (clb). NSSDC/ GSFC (ca). **Science Photo Library:** M. Ledlow Et Al / NRAO / AUI / NSF (cb). **SOHO/EIT (ESA & NASA) :** (cr). **124 NASA:** NASA and The Hubble Heritage Team (STScI / AURA) Acknowledgment: R. G. French (Wellesley College), J. Cuzzi (NASA / Ames), L. Dones (SwRI), and J. Lissauer (NASA / Ames) (clb/ Saturn). **124-125 Science Photo Library:** NASA (tc). **125 ESA:** MPS/ Katlenburg-Lindau (crb). **NASA:** JPL (cla); NSSDC (bl) (bc). **126 NASA:** JPL (cra) (b) (clb). **127 ESA:** (crb). **NASA:** Ames Research Center (tr); JPL (tl); JPL-Caltech (cra) (c) (cl). **Science Photo Library:** David P.Anderson, SMU/ Nasa (cb). **128 ESA:** DLR/ FU Berlin (G. Neukum) (bc). **NASA:** (cra); ESA (cr); JPL (cb); JPL/ Malin Space Science Systems (br); NSSDC (bl). **129 Getty Images:** Time & Life Pictures (clb). **NASA:** GSFC (r); JPL / MSSS (tl); JPL/ Malin Space Science Systems (ca); NASA and The Hubble Heritage Team (STScI / AURA) Acknowledgment: R. G. French (Wellesley College), J. Cuzzi (NASA / Ames), L. Dones (SwRI), and J. Lissauer (NASA / Ames) (bl/ Saturn). **130 Corbis:** Lowell Georgia (bc); JPL / USGS (r); JPL /MSSS (cb). **NASA:** JPL/ University of Arizona (cl); JPL/ Cornell (fbr). **Science Photo Library:** NASA (br). **131 ESA:** G. Neukum (FU Berlin) et al./ Mars Express/ DLR (cra); JPL-Caltech (cb/Rover). **NASA:** JPL-Caltech (clb); JPL-Caltech/ MSSS (crb, br); JPL/ Cornell (t) (bc) (ca). **132-133 NASA:** HiRISE/ JPL/ University of Arizona. **134 Alamy Images:** Mary Evans Picture Library (tr). **Science Photo Library:** Chris Butler (bc). **NASA:** JPL-Caltech (crb). **135 Rex by Shutterstock:** Uncredited / AP (tc). **Science Photo Library:** Chris Butler (tr); Henning Dalhoff / Bonnier Publications (crb); D. Van Ravenswaay (cl). **136 HubbleSite:** NASA/ESA, John Clarke (University of Michigan) (tr). **NASA:** JPL-Caltech / SwRI / MSSS / Gerald Eichstadt / Sean Doran © CC NC SA (br). **137 Corbis:** NASA-JPL-Caltech - digital versi/Science Faction (r). **NASA:** JPL-Caltech / SwRI / MSSS / Gabriel Fiset (clb); JPL/ Cornell University (cla); NASA and The Hubble Heritage Team (STScI / AURA) Acknowledgment: R. G. French (Wellesley College), J. Cuzzi (NASA / Ames), L. Dones (SwRI), and J. Lissauer (NASA / Ames) (bl/ Saturn). **138 Corbis:** Bettmann (tr); JPL / USGS (b). **NASA:** JPL/ University of Arizona (c); JPL/ Brown University (bl); JPL/ DLR (tr); JPL/ University of Arizona (cr). **139 NASA:** JPL (cla) (bc) (cl) (clb). **140 NASA:** JPL-Caltech (crb); MSFC (bl); NASA and The Hubble Heritage Team (STScI / AURA) Acknowledgment: R.G. French (Wellesley College), J. Cuzzi (NASA / Ames), L. Dones (SwRI), and J. Lissauer (NASA / Ames) (cb/ Saturn). **141 NASA:** JPL (clb); JPL-Caltech (cr) (cl) (br); JPL/ Space Science Institute (clb). **142 NASA:** JPL/ STScI (tr). **Science Photo Library:** D. Van Ravenswaay (crb); NASA, ESA, J. Clarke (Boston University), and Z. Levay (STScI) (c). **142-143 NASA:** NASA and The Hubble Heritage Team (STScI / AURA) Acknowledgment: R. G. French (Wellesley College), J. Cuzzi (NASA / Ames), L. Dones (SwRI), and J. Lissauer (NASA / Ames) (b). **143 Corbis:** NASA - digital version copyright/ Science Faction (tc); STScI/ NASA (bc). **Science Photo Library:** NASA/ JPL/ University Of Arizona (tl). **NASA:** NASA and The Hubble Heritage Team (STScI / AURA) Acknowledgment: R. G. French (Wellesley College), J. Cuzzi (NASA / Ames), L. Dones (SwRI), and J. Lissauer (NASA / Ames) (bl/ Saturn). **144 Alamy Images:** The Print Collector (tr); JPL / USGS (bc). **NASA:** JPL/ Space Science Institute (clb) (cl) (crb); NASA and The Hubble Heritage Team (STScI / AURA) Acknowledgment: R.G. French (Wellesley College), J. Cuzzi (NASA / Ames), L. Dones (SwRI), and J. Lissauer (NASA / Ames) (cb/ Saturn). **NRAO / AUI / NSF:** (cr). **144-145 NASA:** JPL/ Space Science Institute (tc). **145 ESA:** (br); NASA/ JPL/ University of Arizona (tr) (cb) (crb). **NASA:** JPL-Caltech (cla); JPL (bl); JPL/ GSFC/ Space Science Institute (clb); JPL/ University of Arizona (ca). **146-147 NASA:** JPL/ Space Science Institute. **148 Getty Images:** John Russell (cl). **W.M. Keck Observatory:** Lawrence Sromovsky, (Univ. Wisconsin-Madison) (cb). **NASA:** JPL (br); NSSDC (l). **149 NASA:** GSFC (br); JPL (c); JPL / USGS (bl); JPL-Caltech (cla) (cr) (fcr); NSSDC (cra); NASA and The Hubble Heritage Team (STScI / AURA) Acknowledgment: R. G. French (Wellesley College), J. Cuzzi (NASA / Ames), L. Dones (SwRI), and J. Lissauer (NASA / Ames) (tr/ Saturn). **150 NASA:** (bl); Voyager 2 (c). **151 NASA:** (cra); JPL (bl); JPL / USGS (cla); NASA and The Hubble Heritage Team (STScI / AURA) Acknowledgment: R. G. French (Wellesley College), J. Cuzzi (NASA / Ames), L. Dones (SwRI), and J. Lissauer (NASA / Ames) (br/ Saturn). **Science Photo Library:** Royal Astronomical Society (cr). **152 NASA:** Johns Hopkins University Applied Physics Laboratory / Southwest Research Institute / Roman Tkachenko (clb). **152-153 NASA:** JHUAPL / SwRI (tc). ESA and G. Bacon (STScI) (b). **153 HubbleSite:** ESA, H. Weaver (JHU/APL) , A. Stern (SwRI) , and the HST Pluto Companion Search Team (clb). **Getty Images:** Universal Images Group (cr). **NASA:** JHUAPL / SwRI (cl). **154 Corbis:** Dennis di Cicco (b). **155 Corbis:** Jonathan Blair (bl); Gianni Dagli Orti (cla). **HubbleSite:** NASA / ESA / M. Wong (Space Telescope Science Institute, Baltimore, Md.) / H. B. Hammel (Space Science Institute, Boulder, Colo.) / Jupiter Impact Team (cr). **Science Photo Library:** Mark Garlick (br); Gordon Garradd (tr); NASA / ESA / STSCI / H. Weaver & T. Smith (c). **156 Corbis:** NASA (crb); Roger Ressmeyer (c). **Dorling Kindersley:** ESA (cra). **ESA:** SOHO (clb). **NASA:** JPL (br). **157 HubbleSite:** NASA, ESA, P. Feldman (Johns Hopkins University) and H. Weaver (Johns Hopkins University Applied Physics Laboratory) (tr); JPL/ UMD (cra). **NASA:** JPL (tl); MSFC (cl). **Science Photo Library:** Erik Viktor (crb). **ESA:** Rosetta / NAVCAM, CC BY SA 3.0 IGO (bl). **158 ICSTARS Astronomy:** Vic & Jen Winter. **159 Corbis:** Tony Hallas/ Science Faction (br). **Spacewatch:** Jim Scotti, Spacewatch (cl). **Alex Alishevskikh:** cyberborean (cr). **Kwon, O Chul:** (cr). **160 Corbis:** Hans Schmied (ca). **Science Photo Library:** Mark Garlick (cla). **160-161 Corbis:** Bryan Allen (b). **161 Dorling Kindersley:** The Natural History Museum, London (ca). **Galaxy Picture Library:** UWO/ University of Calgary/ Galax (tr). **NASA:** Ted Bunch/ JPL (fcra); M. Elhassan/ M. H. Shaddad/ P. Jenniskens (crb); Michael Farmer/ JPL (cr); JPL-Caltech / Cornell University (cl). **162 Selden E. Ball:** Cornell University (cl). **NASA:** JPL-Caltech / MSSS / JHU-APL / Brown Univ. (cr). **Science Photo Library:** Christian Darkin (b); NASA (ca); T. Stevens & P. Mckinley, Pacific Northwest Laboratory (cra). **163 NASA:** (tc); JPL / USGS (clb); JPL/ University of Arizona (cl); JPL/ University of Arizona/ University of Colorado (tr); NOAA (cr). **William Falconer-Beach:** (clb). **Science Photo Library:** Mark Garlick (br); US Geological Survey (crb). **164-165 Science Photo Library:** Planet Observer (Background). **164-176 Dorling Kindersley:** NASA (l). **165 Corbis:** Momatiuk - Eastcott (fcl); Douglas Peebles (c). **Getty Images:** Barcroft Media (cl). **166 Dorling Kindersley:** Planetary Visions Ltd (clb). **NASA:** NASA and The Hubble Heritage Team (STScI / AURA) Acknowledgment: R. G. French (Wellesley College), J. Cuzzi (NASA / Ames), L. Dones (SwRI), and J. Lissauer (NASA / Ames) (cl/ Saturn) **166-167 NASA:** (c). **167 NASA:** (bc) (tr/Earth); MSFC (cr). **168-169 Alamy Images:** Rolf Nussbaumer Photography. **170 Alamy Images:** Alaska Stock LLC (b). **NASA:** JPL (cl). **171 iStockphoto.com:** Janrysavy (cl) (cb) (cr) (fcrb). **NASA:** GSFC (bl); MODIS Ocean Science Team (br). **Science Photo Library:** European Space Agency (c). **172 Corbis:** Douglas Peebles (crb). **172-173 Corbis:** Galen Rowell (b). **173 Corbis:** Momatiuk - Eastcott (ca). **Science Photo Library:** Bernhard Edmaier (crb); David Parker (br); Ron Sanford (tr). **174 Corbis:** Bryan Allen (clb); Hinrich Baesemann / DPA (cl). **NASA:** (tr). **Science Photo Library:** Detlev Van Ravenswaay (br). **175 Corbis:** (br); Mike

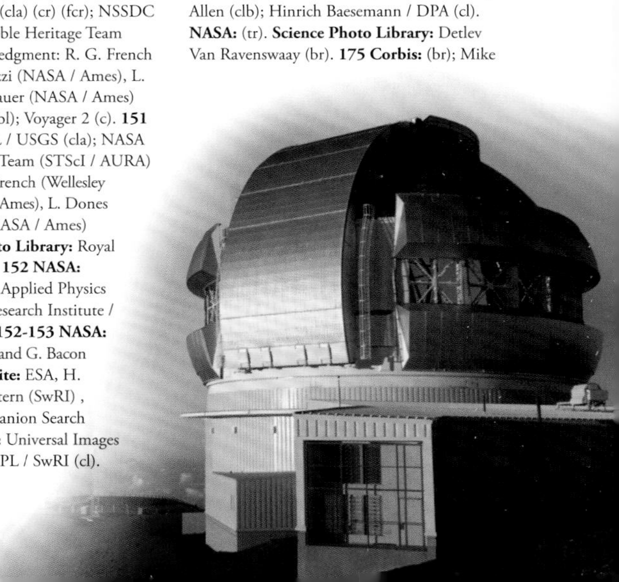

Hollingshead / Science Faction (bl); Gerolf Kalt (clb); NOAA (cr). **Science Photo Library:** David R. Frazier (cl). **176 Dorling Kindersley:** The Royal Museum of Scotland, Edinburgh (br). **Science Photo Library:** Lynette Cook (Volcanoes); Henning Dalhoff / Bonnier Publications (clb). **177 Alamy Images:** Amberstock (tl). **Dorling Kindersley:** Jon Hughes (bl) (bc). **ESA:** (crb). imagequestmarine. com: Peter Batson (cb). **NOAA:** Office of Ocean Exploration; Dr. Bob Embley, NOAA PMEL, Chief Scientist (ca). **Science Photo Library:** Victor Habbick Visions (tr); P. Rona/ OAR/ National Undersea Research Program/ NOAA (cl). **178-179 Alamy Images:** Melba Photo Agency (Background). **179 NASA:** (cl) (c). **180 Alamy Images:** Patrick Eden (b). **Science Photo Library:** Andrew J. Martinez (cra) (fcra). **181 Corbis:** William Radcliffe/ Science Faction (cr). **Science Photo Library:** Planetary Visions Ltd (bc). **NASA:** NASA and The Hubble Heritage Team (STScI / AURA) Acknowledgment: R. G. French (Wellesley College), J. Cuzzi (NASA / Ames), L. Dones (SwRI), and J. Lissauer (NASA / Ames) (tr/ Saturn). **182 Getty Images:** VGL/ amanaimagesRF (fcra). **NASA:** Image courtesy of the Image Science & Analysis Laboratory, NASA Johnson Space Center (cra). **Science Photo Library:** Dr Fred Espenak (ca); NOAO (tc); David Nunuk (crb). **182-192 Dorling Kindersley. 183 Corbis:** Tom Fox/ Dallas Morning News (crb); Reuters (cl). **Getty Images:** VGL/ amanaimagesRF (cr). **NASA:** Image courtesy of the Image Science & Analysis Laboratory, NASA Johnson Space Center (fcr). **Science Photo Library:** NOAO (c). **184 NASA:** JSC (cl). **184-185 Getty Images:** Stocktrek RF (c). **Moonpals.com:** (b). **185 Getty Images:** SSPL (crb). **NASA:** JSC (cb); MSFC (cla); NSSDC (cra). **186 Corbis:** Viewstock (bl). **187 NASA:** (cr) (cb) (crb); Neil A. Armstrong (cl) (br); JPL-Caltech (bc). **Science Photo Library:** D. Van Ravenswaay (cr); Ria Novosti (bl). **188 Moonpals.com:** Charlie Duke (bc). **NASA:** JSC (tl) (cl). **189 Corbis:** (tl); Roger Ressmeyer (bl). **NASA:** (crb); Charlie Duke (cra) JSC (ca). **Science Photo Library:** NASA (tr). **190 Corbis:** NASA / Roger Ressmeyer (bl). **NASA:** MSFC (cla) (clb). **190-191 NASA. 192 Courtesy of JAXA:** (cra). **NASA:** (cb) (cr); JPL-Caltech / MIT / GSFC (clb); JPL (br). GSFC (ca); NSSDC (l). **193 Courtesy of JAXA:** (tl). **Shutterstock:** testing (clb). **NASA:** **Alamy Stock Photo:** Xinhua (cra). **194-195 NASA:** SOHO. **194-208 Alamy Images:** Brand X Pictures (l). **195 NASA:** GSFC / TRACE (cl); TRACE (c). **SST, Royal Swe尺寸 Academy of Sciences, LMSAL:** (fcl). **196 NASA:** (cl); SOHO (fbr); Goddard Space Flight Center Conceptual Image Lab (tl); NASA and The Hubble Heritage Team (STScI / AURA) Acknowledgment: R. G. French (Wellesley College), J. Cuzzi (NASA / Ames), L. Dones (SwRI), and J. Lissauer (NASA / Ames) (crb/ Saturn). **Science Photo Library:** John Chumack (cr). **SOHO/EIT (ESA & NASA) :** (br). **197 NASA:** SOHO. **198 (c) University Corporation for Atmospheric Research (UCAR) :** Illustration by Mark Miesch (tr). **NASA:** (b). **199 NASA:** (cl); GSFC / A. Title (Stanford Lockheed Institute) / TRACE (tl); GSFC / SOHO (br). **200 NASA:** TRACE (bl). **200-201 NASA:** Steve Albers / Dennis di Cicco / Gary Emerson. **201 NASA:** (br); JPL-Caltech (tl); SOHO (cra). **202 NASA:** GSFC (b). **SST, Royal Swe尺寸 Academy of Sciences, LMSAL:** (tr). **203 NASA:** GSFC (clb); SOHO / ESA (t); SOHO / MSFC (c) (br). **204-205 Getty Images:** Moment / Steffen Schnur. **206-207 SOHO (ESA & NASA):** (t). **207 David Hathaway/Stanford University:** (cb). **208 Corbis:** Bettmann (tr). **Science Photo Library:** Royal Astronomical Society (cr). **NASA:** MSFC (crb). **Alamy Images:** BWAC Images (bl). **208-209 National Science Foundation's National Solar Observatory:** NSO / AURA / NSF (b). **209 Reuters:** Ho New (tr). **210-211 HubbleSite:** NASA / ESA / A. Nota (STScI / ESA). **210-238 HubbleSite:** NASA, ESA, and Martino Romaniello (European Southern Observatory, Germany) (l). **211 Corbis:** Stapleton Collection (cl); NASA / ESA / HEIC / The Hubble Heritage Team / STScI / AURA (c). **HubbleSite:** NASA / ESA / J. Hester (ASU) (fcl). **212 HubbleSite:** NASA / ESA / M. Roberto (Space Telescope Science Institute / ESA) / Hubble Space Telescope Orion Treasury Project Team (bc). **213 Anglo Australian Observatory:** D. Malin (AAO) / AATB / UKS Telescope (ftr). **NASA:** (tr); Compton Gamma Ray Observatory/ GSFC (tc); ESA / H. Bond (STScI) / M. Barstow (University of Leicester) (ftl). **Science Photo Library:** European Space Agency (cla) (bl) (br) (clb) (crb) (c); NASA / A. Caulet / St-ECF/ ESA (tr). **214 HubbleSite:** NASA / Jeff Hester (Arizona State University) (tl). **214-215 HubbleSite:** heic0506b / opo0512b. **215 HubbleSite:** A. Caulet (ST-ECF, ESA) / NASA (cla); NASA / ESA / SM4 ERO Team (br). **NASA:** ESA (tr); Ryan Steinberg & Family / Adam Block / NOAO / AURA / NSF (tl). **216 HubbleSite:** NASA / ESA / H. E. Bond (STScI) / The Hubble Heritage Team (STScI / AURA). **216-217 HubbleSite:** NASA / ESA / the Hubble Heritage Team (STScI / AURA). **218 Anglo Australian Observatory:** David Malin (tl); NASA / ESA / Hans Van Winckel (Catholic University of Leuven, Belgium) / Martin Cohen (University of California, Berkeley) (br); NASA / ESA / HEIC / The Hubble Heritage Team / STScI / AURA (bl); NASA / Jon Morse (University of Colorado) (cr). **HubbleSite:** NASA / ESA / Andrea Dupree (Harvard-Smithsonian CfA) / Ronald Gilliland (STScI) (ca). **219 Chandra X-Ray Observatory:** X-ray: NASA / CXC / Rutgers / G.Cassam-Chenaï / J.Hughes et al. / Radio: NRAO / AUI / NSF / GBT / VLA / Dyer, Maddalena & Cornwell / Optical: Middlebury College / F. Winkler / NOAO / AURA / NSF / CTIO Schmidt & DSS (cr). **NASA:** (bc); NASA / Andrew Fruchter / ERO Team - Sylvia Baggett (STScI) / Richard Hook (ST-ECF) / Zoltan Levay (STScI) (br). **HubbleSite:** NASA / The Hubble Heritage Team (STScI / AURA) / W. Sparks (STScI) / R. Sahai (JPL) (bl). **220 HubbleSite:** NASA / ESA / The Hubble Heritage Team (STScI / AURA) / P. McCullough (STScI). **NASA:** NOAO / T. A. Rector / U. Alaska / T. Abbott / AURA / NSF (br). **Naval Research Lab.:** Rhonda Stroud / Nittler (2003) (cra). **221 HubbleSite:** NASA / K.L. Luhman (Harvard-Smithsonian Center for Astrophysics, Cambridge, Mass.) / G. Schneider, E. Young, G. Rieke, A. Cotera, H. Chen, M. Rieke, R. Thompson (Steward Observatory, University of Arizona, Tucson, Ariz.) (bl). **NASA:** NOAO / T. A. Rector / U. Alaska / WIYN / AURA / NSF / GSFC (t). **222 HubbleSite:** NASA / ESA / G. Bacon (STScI) (bc). **NASA:** CXC / SAO / M. Karovska et al; (cl). **223 HubbleSite:** NASA / ESA (STScI / AURA) / J. Maíz Apellániz (Institute of Astrophysics of Andalucía, Spain). **224-225 HubbleSite:** NASA / ESA / the Hubble Heritage Team (STScI / AURA) / A. Cool (San Francisco State University) / J. Anderson (STScI). **225 HubbleSite:** NASA / ESA / H. Richer (University of British Columbia) (cr). **NASA:** GSFC (crb). **226 ESA:** NASA / L. Ricci (ESO) (ca) (br) (cr) (fbl) (fclb). **HubbleSite:** NASA / ESA / M. Roberto (Space Telescope Science Institute / ESA) / the Hubble Space Telescope Orion Treasury Project Team (crb). **NASA:** JPL-Caltech (fcra). **227 NASA:** JPL (br). **ESA:** A. M. Lagrange et al. (cra); M. Kornmesser (clb). **228 HubbleSite:** NASA / H. Richer (University of British Columbia) (cra). **NASA:** (cl); CXC / M. Weiss (bl); JPL-Caltech (crb). **229 NASA:** (tr); Dana Berry (fr); CXC / SAO / F. Seward (c); JPL (clb). **230 Dorling Kindersley:** NASA (bc) (crb) (fcr). **HubbleSite:** ESA, NASA, and Felix Mirabel (French Atomic Energy Commission and Institute for Astronomy and Space Physics / Conicet of Argentina) (cl). **EHT Collaboration:** (tr). **Science Photo Library:** CXC / AlfA / D. Hudson and T. Reiprich et al. / NRAO / VLA / NRL / NASA (bl). **231 Science Photo Library:** European Space Agency (tr). **232 Science Photo Library:** David Nunuk (b). **232-233 Science Photo Library:** Larry Landolfi (b). **233 Alamy Images:** Tony Craddock / Images Etc Ltd (ca). **Corbis:** Jay Pasachoff / Science Faction (bl). **234 Corbis:** Stapleton Collection (cl) (tr). **Getty Images:** The Bridgeman Art Library / Andreas Cellarius (br). **235 Science Photo Library:** Pekka Parviainen (tl). **236 Science Photo Library:** Davide De Martin (tr); NASA / JPL-Caltech / STSCI (cl); Eckhard Slawik (cr). **238 Corbis:** Radius Images (cl). **Getty Images:** Robert Gendler/Visuals Unlimited, Inc. (tr); Stone / World Perspectives (cr). **240 Corbis:** Bettmann (cla) (fcrb); Gianni Dagli Orti (clb); Stapleton Collection (fclb). **Getty Images:** Science & Society Picture Library (cra). **Dorling Kindersley:** NASA /Finley Holiday Films (fcr); Rough Guides (fcla). **Science & Society Picture Library:** (cra). **Science Photo Library:** Chris Butler (crb). **NASA:** NASA and The Hubble Heritage Team (STScI / AURA) Acknowledgment: R. G. French (Wellesley College), J. Cuzzi (NASA / Ames), L. Dones (SwRI), and J. Lissauer (NASA / Ames) (bc). **241 Corbis:** Bettmann (cra); NASA - digital version copyright/Science Faction (cl). **Dorling Kindersley:** Anglo-Australian Observatory/ David Malin (clb). **Getty Images:** Time & Life Pictures (fclb). **NASA:** ESA and G. Bacon (STScI) (tl). **Science Photo Library:** NASA / JPL (br). **242 Alamy Images:** Stock Connection Blue / Novastock (cra). **Dorling Kindersley:** The Science Museum, London (cr). **NASA:** JPL (bc); JPL-Caltech (cb). **Science Photo Library:** Ria Novosti (bl) (ftl); Detlev Van Ravenswaay (fcrb). **242-243 iStockphoto.com:** Gaffera. **243 Corbis:** Reuters (clb); JPL / Scaled Composites (tr). **NASA:** JPL (crb) (tl); NASA / ESA / STSCI / H. Ford Et Al (fcla). **Science Photo Library:** NASA (fcr); Friedrich Saurer (br); 国家航天局 网站：嫦娥四号(cr). **244 Science Photo Library:** Henning Dalhoff / Bonnier Publications. **245 HubbleSite:** NASA, ESA, and The Hubble Heritage Team (STScI / AURA). **246-247 Moonpans.com:** (b). **248-249 Alamy Images:** Dennis Hallinan. **249 Dorling Kindersley:** NASA. **250 NASA:** SOHO / EIT Consortium / ESA. **251 NASA:** NASA and The Hubble Heritage Team (STScI / AURA) Acknowledgment: R. G. French (Wellesley College), J. Cuzzi (NASA / Ames), L. Dones (SwRI), and J. Lissauer (NASA / Ames) (br). **252-253 Corbis:** Bryan Allen. **253 Science Photo Library:** Chris Butler (tr). **254 Dorling Kindersley:** Bob Gathany (tr). **HubbleSite:** ESA, NASA, and Felix Mirabel (French Atomic Energy Commission and Institute for Astronomy and Space Physics / Conicet of Argentina) (bl). **255 Corbis:** Ed Darack/ Science Faction (br). **256 NASA:** JPL-Caltech / T. Pyle (SSC)

所有其他图片的版权属于DK公司。